中华文脉
SINIC CONTEXT
从中原到中国
王战营/主编

《中华文脉》编辑出版委员会

主　编　王战营

编　委　（按姓氏笔画为序）

王　庆　王中江　王守国　冯立昇
刘庆柱　李向午　李伯谦　李国强
张西平　林疆燕　顾　青　耿相新
黄玉国　董中山　葛剑雄

中华文脉
SINIC CONTEXT

从中原到中国

王战营 / 主编

灵魂之水
芬芳酒香里的中华文踪

王守国　卫绍生　著

中原出版传媒集团
中原传媒股份有限公司

大象出版社
·郑州·

图书在版编目（CIP）数据

灵魂之水：芬芳酒香里的中华文踪 / 王守国，卫绍生著. —郑州：大象出版社，2024.9
ISBN 978-7-5711-2246-1

Ⅰ.①灵… Ⅱ.①王…②卫… Ⅲ.①酒文化-中国 Ⅳ.①TS971.22

中国国家版本馆 CIP 数据核字（2024）第 109090 号

灵魂之水：芬芳酒香里的中华文踪
LINGHUN ZHI SHUI：FENFANG JIUXIANG LI DE ZHONGHUA WENZONG

王守国　卫绍生　著

出 版 人	汪林中
责任编辑	郑强胜　连　冠
责任校对	李婧慧　安德华
书籍设计	王　敏　张　胜
责任印制	张　庆

出版发行	大象出版社（郑州市郑东新区祥盛街27号　邮政编码450016）发行科 0371-63863551　总编室 0371-65597936
网　　址	www.daxiang.cn
印　　刷	北京汇林印务有限公司
经　　销	各地新华书店经销
开　　本	720 mm×1020 mm　1/16
印　　张	21.5
字　　数	267千字
版　　次	2024年9月第1版　2024年9月第1次印刷
定　　价	82.00元

若发现印、装质量问题，影响阅读，请与承印厂联系调换。
印厂地址　北京市大兴区黄村镇南六环磁各庄立交桥南200米（中轴路东侧）
邮政编码　102600　　　　电话　010-61264834

目 录

引言：魔幻之水　　　1

一、酒之所兴：源出传说的酒文化　　　3
　　仪狄献旨酒　　　6
　　杜康造秫酒　　　9
　　"五齐"与"三酒"　　　15
　　酒之种类说略　　　18

二、饮酒之具：物质层面的酒文化　　　21
　　三代之前的陶制酒器　　　23
　　夏商周三代的青铜酒器　　　28
　　林林总总的各类酒器　　　33
　　出土文物的酒液遗存　　　40
　　酒望子与各类酒招牌　　　46

三、酒以成礼：制度层面的酒文化　51
　　《诗经》中的饮酒礼　54
　　《尚书》中的饮酒礼　58
　　"三礼"中的饮酒礼　61
　　民间文化中的饮酒礼　65
　　饮酒礼仪与觞政　68
　　中国古代的禁酒令　74

四、壶里乾坤：酒文化中的历史风云　79
　　酒池肉林留笑柄　81
　　借酒婉转劝君王　84
　　鸿门宴中转乾坤　87
　　妙识先机存己身　90
　　美酒与盛唐气象　95
　　巧借美酒释兵权　99
　　朱元璋借酒试大臣　102

五、以酒会友：酒文化与文人雅会　107
　　梁园之游聚高士　110
　　邺下之游逞才华　112
　　金谷雅集赛诗会　117
　　曲水流觞留美名　120
　　香山九老传佳话　124
　　洛阳耆英多率真　129

六、对酒当歌：酒文化与诗词歌赋   135

    对酒当歌曹孟德   139
    篇篇有酒陶渊明   142
    最是七绝堪佐酒   146
    斗酒百篇李太白   150
    沉饮放歌杜子美   157
    醉吟先生白乐天   162
    酒至微醺邵尧夫   169
    月夜泛舟苏东坡   173
    挑灯看剑辛弃疾   178
    巨野河倾陆放翁   184

七、美酒妙笔：酒文化与古典小说   189

    从《世说新语》到宋元话本   192
    《三国演义》：酒文化的英雄化   199
    《水浒传》：酒文化的江湖化   205
    《金瓶梅》：酒文化的世俗化   214
    《红楼梦》：酒文化的雅趣化   219
    《聊斋志异》：酒文化的奇幻化   231

八、酒赋灵感：酒文化与书画艺术   237

    张旭三杯草圣传   239
    好酒使气吴道子   246
    酒徒醉后扫千张   249

夜宴图中藏秘密　　253
晓得酒趣文徵明　　257
花前酌酒唐伯虎　　260

九、挥洒灵动：酒文化与音乐舞蹈　　265

祭祀宴飨与音乐舞蹈　　268
缘酒而成的音乐舞蹈　　271
酒文化与琴曲名作　　275
酒文化与音乐舞蹈家　　277
临终一曲《广陵散》　　281

十、各色酒会：酒文化与民间习俗　　285

酒文化与节日习俗　　288
酒文化与婚聘习俗　　294
酒文化与丧葬习俗　　298

十一、酒令览胜：雅俗酒令各擅场　　303

酒令的功能妙用　　306
文人墨客之雅令　　313
雅俗共赏之通令　　319
古典小说与酒令　　324

结束语：饮者留名　　331

魔幻之水

引言

天地玄黄，宇宙洪荒。水是一切生命之源，有了水，才有生命和世界。

在中国传统文化的语境中，水被赋予了精神道德内涵，更是一种君子人格的象征和包罗万象的存在。智者乐水、上善若水、温柔似水、静水深流、水落石出、中流击水、山高水长等等，都是水的人格化、审美化表达。

水的形态千变万化，多种多样。但有一种水最为奇特、最为魔幻，那就是以水为质的酒，中国人所称的酒水。

香港一位散文家把酒称作"有灵魂的水"，可谓精警。"水不在深，有龙则灵"，但龙只是图腾和传说，酒水却是真实的存在。水灵、水灵，水有了灵魂便会奇妙无穷，而且源远流长、薪火传承，汇聚成博大精深的酒文化长河。

进入酒文化的历史长河，我们会发现酒的历史是那样漫长，以至于打开中华五千年文明史的第一页，就能嗅到它的芬芳；酒的作用是那样广泛，以至于放眼现实生活的方方面面，都能感受到它的存在。它是欢乐者的良友，更是悲伤者的知己；它让得意者放达，更让失意者解脱；它给灰色的生活添彩，更给苦涩的人生增趣；它给寂寞者以安慰，更给孤独者以温暖；它给凡夫俗子以现实的欢愉，更给骚人墨客以浪漫的吟咏；它给英雄以展示本色的媒介，更给谋士以运筹帷幄的平台……

今天，我们就进入酒文化的历史长河，寻觅芬芳酒香里的中华文踪，感受魔幻之水中的奇妙存在，体会"惟有饮者留其名"的丰富内涵。

一、酒之所兴：源出传说的酒文化

一、酒之所兴：源出传说的酒文化

酒是人们日常生活的重要饮品。逢年过节，迎来送往，三五好友相聚，红白喜事操办，都少不了酒。说起酒，很多人都能聊上几句，白酒、红酒、黄酒、啤酒，老白干、烧刀子、老窖，威士忌、伏特加、马爹利，等等。有些人甚至会滔滔不绝，如数家珍。但是，若说起酒是怎么产生的，说起中国酒文化的起源，很多人却不甚了了，甚至有些人根本不知道是怎么一回事儿。

西晋人江统有一篇《酒诰》，介绍了酒的产生："酒之所兴，肇自上皇。或云仪狄，又云杜康。有饭不尽，委余空桑。郁积成味，久蓄气芳。本出于此，不由奇方。"这段记载提供的信息非常丰富，它告诉人们，在酒的产生问题上，上古时期就已经有了三种说法：一是始于伏羲（上皇），二是仪狄造酒，三是杜康造酒。酒是怎样造出来的呢？人们把没有吃完的饭食，都丢在空心的桑树里，时间久了，这些食物经过发酵产生出浓郁的芳香。人们试着尝一尝，发现其味道很美。《酒诰》告诉人们，酒就是这样造出来的，并没有什么奇妙的配方。

《酒诰》记载的"酒之所兴"的三种说法,并非凭空蹈虚之论,而是都有相关的文献记载作为支撑。这些文献记载,都是我们探讨中国酒文化起源的重要资料和依据。

仪狄献旨酒

传说仪狄是尧舜时代的人。对于仪狄造酒,先秦文献已经有一些记载。据《战国策·魏策二》记载,梁惠王在范台宴请各诸侯国国君。大家酒意正浓时,梁惠王起身向鲁国国君鲁景公敬酒。鲁景公站起身来,离开座席,恭敬地祝酒说:"从前,大禹的女儿见父亲治理国家很辛苦,就让仪狄酿造美酒给父亲用。仪狄造出来的酒味道很美,进献给大禹。大禹饮用后,感觉味道甘美,非常好喝。可是,大禹不仅没有奖赏仪狄,反而因此疏远了他,并且不再饮用仪狄酿造的美酒。他说:'后世必定有因嗜好美酒而亡国的人。'"鲁景公这番话的意思是,美酒是个好东西,但是要少饮,喝多了容易让人上瘾。如果上瘾了,就会误事,甚至亡国。当然,鲁景公还说了另外几种亡国的情形,如齐桓公食五味,认为后世必有因为嗜好美食而亡国的人;晋文公得到南之威,认为后世必定有因贪恋美色而亡国的人;楚王登强台而望崩山,认为后世必定有因修建高台陂池而亡国的人。鲁景公把美酒与美味、美色、宫室等联系在一起,认为都是亡国之因。可见,

大禹像

早在战国时期，仪狄造酒的传说就已经比较流行了。

参加梁惠王宴会的，都是当时的诸侯国国君。鲁景公对梁惠王的一番话，各诸侯国国君都在一旁听着呢，所以，他不可能瞎编乱造，一定是言之有据的。与鲁景公大约同时的孟子也说过类似的话："禹恶旨酒，而好善言。"大禹不喜欢美酒，却喜欢听对他有用的话。孟子所说的"禹恶旨酒"，大概就是鲁景公所说的"禹绝旨酒"吧。比孟子大约晚了百年的吕不韦，著有《吕氏春秋》，书中也有"仪狄作酒"的记载。把孟子和吕不韦的话联系起来，可以佐证鲁景公那番话是大抵可信的。

据记载，仪狄酿造的酒是"醪酒"，《世本》有"仪狄始作酒醪，变五味"之说。"醪"即"醪糟"，是用大米、高粱、麦子等粮食煮熟（或蒸熟）后发酵而成，和我们今天所说的米酒差不多。这种酒酒精浓度不高，但味道甜美，很容易喝多，喝多了同样能醉人。更为主要的是，人们平时都以五味作为美味，而醪酒的出现，则在五味之外又增加了一道令人食之难忘的美味。

醪酒

在民间传说中，仪狄造酒是一个颇富戏剧性的故事。说的是大禹的妃子为讨大禹的欢心，找到了仪狄，问他能不能造出一种好喝的饮品，让人喝了还想喝，喝多了就会飘飘然。仪狄为感谢平时对他多有关照的大禹妃，经过反复试验，酿出了美酒。大禹妃把美酒进献给大禹，大禹饮用之后，不仅觉得味道非常美，而且感觉精神有所提振，于是就经常饮用。有一次，大禹一高兴喝多了酒，一醉就是多天，把需要处理的国家大事给耽误了。酒醒之后，大禹反思自己的行为，深

感醉酒误事，于是下决心把酒戒了。他深有感触地对妃子说："后世一定有因为好酒而亡国的国君。"另有一种传说是，大禹的女儿眼看父亲每天操劳国事，十分心疼，就请大禹的御厨想想办法，以减少父亲的劳累。仪狄接受任务后，独自一人到深山打猎，希望捕猎到山中珍兽，为大禹做一顿可口的饭菜。在山中的一个小水潭边，仪狄发现一只猴子倒在潭水边。仪狄想走近看一看，却闻到了一股沁人心脾的芳香。他掬一把潭水尝了尝，很快感到浑身热乎乎的，十分舒服。仪狄仔细观察了一下，原来小水潭周边是一些果树，果子成熟后掉落到潭水中，经过发酵，时间一长都变成了甘甜的水汁。这一发现让仪狄受到启发，他仿照水果发酵的方法，用稻米等粮食酿造出了美酒，进献给大禹。在一次庆功宴上，大禹把美酒拿出来犒劳大家。人们第一次喝到这么好的美酒，无不开怀畅饮，结果很多人都喝醉了。为了奖赏仪狄，大禹封仪狄为造酒官，并把女儿嫁给仪狄为妻。第二天早朝时，大臣们都在宫门前等候，可是从早晨等到中午，都没有看见大禹的身影。原来，前一天晚上大禹一高兴，比大臣们喝的还多，竟然一醉不起。待大禹醒来后上朝，见大臣们都还等在那里，就语重心长地对他们说："酒是个好东西，但也会

戒酒防微图

误事。我今后戒酒了，不然的话后世会有人因为好酒而亡国的。"

大禹之后，因为好酒或嗜酒而误事甚至亡国的国君真的出现了。夏朝的最后一个国君履癸，史称夏桀，是一个荒淫残暴之君。为了和宠爱的妃子妹喜淫乐，他在宫中修建了一个酒池。这是一个大得惊人的酒池，里面可以行船。夏桀和妹喜在酒池中嬉戏淫乐，不少人因醉酒掉进酒池中而被淹死。大禹的预言，竟然在他创建的夏朝的最后一任国君身上应验了。或许，这就是历史的轮回吧！

杜康造秫酒

杜康造酒的故事在汉代就已经广为流传了，东汉许慎《说文解字》已有"古者少康初作箕、帚、秫酒。少康，杜康也"的记载。少康是夏朝的第六位国君。他在位时，励精图治，实现了夏朝的中兴，史称"少康中兴"。传说少康还是一个发明家，他制作了簸箕、扫帚，还酿造出秫酒。三国时期，曹操的诗歌中有"何以解忧？唯有杜康"的名句，把酒的酿造者杜康作为解忧之人，实际上是用杜康代指酒。

所谓秫酒，就是用高粱酿造的酒。秫，古指有黏性的谷物，又指蜀黍，即高粱。杜康作秫酒，是说杜康用有黏性的谷物，包括麦子、秫子、粟子、黍子、稷子等来酿酒，其用料和现在的白酒比较接近。杜康是秫酒最早的酿造者，因此被后人称为"酒祖"。

杜康是什么时代的人，真实身份怎样，历代颇多争议。宋人高承在其所著《事物纪原》中明确地说："不知杜康何世人，而古今多言其始造酒也。"许慎著《说文解字》说杜康是夏朝的国君少康，但《史记·夏本纪》中没有相应的记载，所以许慎的说法只能略备一说。成书在《说文解字》之前的《世本》说"杜康作酒，少康作秫酒"，显然把杜康、

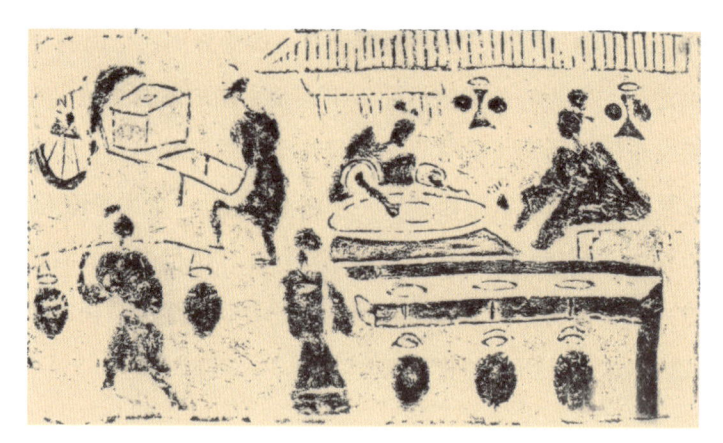

汉代的画像砖酿酒图

少康作为两个不同的人。西晋张华《博物志》采信《世本》的说法，称"杜康作酒"。西晋之后，有关杜康的记载虽然各有所本，但基本上超不出上述诸说的框范。当杜康进入民间传说系统之后，杜康的身份、杜康生活的时代、杜康造酒的故事等，便丰富多彩起来。有关杜康造酒的传说究竟有多少，一时很难说清楚，比较流行的有如下几种。

一种说法认为，杜康是黄帝时期的人，曾经做过黄帝的储粮官。当时天下太平，粮食丰收，打下来的粮食没有地方贮藏，杜康就把多余的粮食藏在空心的树洞里。过了一段时间，杜康前往查看粮食是否完好，发现树洞前有一些山羊、野猪和野兔等，由于喝了从树洞里流出来的液体，东倒西歪地倒在树洞旁。杜康也隐隐闻到了芳香味道，来到树洞边，捧了一捧尝了尝，味道十分鲜美，且有一种说不出的舒坦劲儿。杜康把这种泛着清香的液体收回去，给众人饮用。大家喝了，连声称赞。杜康无意间发现了一种口感非常好的饮品，于是就仔细琢磨，认真研究，最终找到了酿酒之法，成功地酿制出美酒。

另一种说法比较流行，后世认可度也比较高。杜康是夏朝第五位君主姒相的儿子少康。夏启的儿子太康荒淫无道，不理朝政。大臣后羿乘机夺取政权，但后羿很快又被寒浞所取代。太康失国，逃到斟鄩。寒浞攻克斟鄩，拥立仲康为帝。仲康在位时，时有战乱发生，其子姒相逃到丘这个地方，被拥立为帝，但不久又发生叛乱，已经怀有身孕的姒相之妻后缗被迫逃到有仍氏，在那里生下了儿子少康。他们希望少康像他的祖父仲康那样，让国家重新回归正轨。少康长大成人后，发愤图强，重振大夏雄风，使夏朝得以中兴。他在位的时候，施行善政，关心人民，想方设法为百姓创造良好的生活条件和生产环境。秫酒就是他在位时酿造出来的。

还有一种说法在民间也比较流行，说杜康本是一介平民，不知他是哪个时代的人。传说有一天夜里杜康做了一个梦，梦中一个老者对他说，将赐给他一眼清泉，他如果能在 9 天之内在泉水对面的山中找到三滴不同的人血，滴进泉水中，就可以把泉水变成最美的饮品。杜康醒来后，只身一人来到南山中，寻找所需要的人。他先遇到一位文士，说明来意后，那个文士毫不犹豫地刺破手指，滴下一滴血给了杜康。杜康接着寻找，遇见一位武士，杜康再次说明自己的意图，那个武士也刺破手指滴了一滴血给杜康。杜康在荒无人烟的山中苦苦寻觅第三个人，直到第 9 天约定日期将满，才见到一个叫花子。杜康花钱币买了那人一滴血。凑齐之后，杜康连夜赶到那眼泉水边，把三滴血滴进泉水中。泉水不大一会儿就变得热气腾腾，散发出诱人的芳香。杜康尝了尝，泉水香甜甘冽，芳香扑鼻，令人飘飘欲仙。因为用了 9 天时间才完成老者的嘱咐，杜康就把这芳香扑鼻、沁人心脾的泉水称为酒（谐音"九"）。

关于杜康，流传最广的故事是杜康酿酒刘伶醉。刘伶是魏晋之际著名文士，"竹林七贤"之一，生性爱酒，嗜酒如命。有一次饮酒之后，刘伶裸体在屋内。有人来拜访他，见他赤身裸体，觉得有失体统。刘伶却不以为然，说："我以天地为室宇，以房屋为裈衣。诸位为何入我裈

刘伶像（唐　孙位绘《高逸图》局部）

中?"刘伶喜欢一个人到处走,一天,他来到一家酒馆,见酒馆的一副对联很霸气,上联是"猛虎一杯山中醉",下联是"蛟龙三盏海底眠",横批是"不醉三年不要钱"。刘伶酒量很大,是有名的酒仙,就走进了酒馆。这家酒馆正是杜康所开。杜康见刘伶进来,忙上前招呼。刘伶也不客气,要了三杯酒。一杯下肚,不觉异样;二杯下肚,回味绵长;三杯下肚,才感到酒意增长。他感到微微有点晕,站起来准备付账,一摸口袋,里面却是空空如也,于是不好意思地说:"掌柜的,先记个账吧,改天把酒钱送过来。"杜康微微一笑,说:"三年后再说吧。"刘伶跌跌撞撞回到家中,倒头便睡,竟然一醉不醒。妻子过来看看,发现刘伶一动不动,用手试一试,发现呼吸正常。就这样,刘伶一醉三年。到了满三年那天,杜康前来讨酒钱。刘伶妻说:"三年前,他喝了一场酒,回来就醉倒了,到现在还醉着呢。"杜康说:"我进去看看。"他来到刘伶的卧室,在刘伶脸上轻轻拍了几下,刘伶忽然坐起,伸伸懒腰,打了个酒嗝儿,说:"这一觉睡得真舒服!"于是就有了杜康酿酒刘伶醉的故事。后来,有的酒家就以"醉刘伶"或"刘伶醉"

焦作云台山的刘伶醒酒台

为酒馆招牌，借此招徕南来北往的顾客。

还有一种调和说法，说仪狄和杜康是酒的共同发明者。三国时期的曹植在《七启》中写道："春清漂酒，康狄所营。应化则变，感气而成。"这里的"康狄"指的是杜康和仪狄。其意思是清酒最早是杜康和仪狄酿造的，这种酒经过粮食发酵而生变化，感受阴阳二气而成为美酒。东晋大诗人陶渊明有《述酒》诗，题下小记云酒是"仪狄造，杜康润色之"，意思是仪狄发明了酒，杜康在仪狄的基础上酿造出了清酒。这种说法和仪狄作醪酒、杜康作秫酒的说法有内在一致性。前秦赵整作《酒德歌》，也是把仪狄、杜康作为酒的共同发明者："地列酒泉，天垂酒池。杜康妙识，仪狄先知。"

在酒的起源上，还有其他多种说法，如黄帝造酒说、猕猴作酒说等。但从文献记载来看，至迟在尧舜时期，酒就已经出现了。《孔丛子·儒服》有这样的话："尧舜千钟，孔子百觚；子路嗑嗑，尚饮十榼。古之圣贤，无不能饮者。"尧舜既然能饮"千钟"，则当时应该已经有酒了。按照这种说法，酒出现于尧舜时期，而在相关传说中，仪狄和杜康是大禹或稍后一些时间的人，把造酒的发明权归属于仪狄或杜康，就不是那么可靠了。后世有关杜康的传说，试图模糊杜康生活的年代，甚至说杜康是黄帝时人，大概就是为了弥补酒文化产生时间上的巨大差异。

西方文化中酒的产生也和传说相关。传说古波斯国王把吃不完的葡萄藏在密闭的容器内，为防止别人偷偷食用，就在容器上写下"毒药"二字，置于仓储间中收藏。国王的一个妃子因触怒国王而被打入仓储间，心灰意冷，遂产生了轻生的念头，看到容器上有"毒药"二字，就打开容器，取出一大杯已经发酵的葡萄汁喝了下去。过了好大一会儿，不仅没有死，反而有一种飘飘欲仙的感觉。她请人把这种情况报告国王。国王感到好奇，也取出一杯尝了尝，果然味道极美，口感非常好。于是，酒就这样产生了。这种传说和中国仪狄造酒的传说有异曲同工之妙，寄托了人们对酒的产生的美好情感。

"五齐"与"三酒"

无论是仪狄酿造的醪酒，还是杜康酿造的秫酒，都是酒的早期形态。自酒出现之时起，人们便对酿酒原料和酿酒工艺不断改进和完善。到了西周时期，酿酒的原料和工艺才基本定型，酒文化也初布奠基，其标志就是"五齐""三酒"的出现。

从有关文献记载来看，酿酒术出现之后，酿酒很快就成为官酿。上古社会是典型的农耕社会，粮食自给自足是很大的奢望，自上而下对粮食安全都十分重视。而酿酒是需要粮食的，所以，为了保证人们有饭吃，酿酒就纳入了国家管控的范围，国家专门设置了负责酿酒和管理酒政的行政官员酒正。根据《周礼·天官冢宰》记载，酒正主要是执掌酒之政令，根据酿酒的方法和工艺发放酿酒所用的各种材料。酒正负责官酿，而官酿有"五齐"之分，因而酒正还要负责分辨"五齐"。酿造的酒因用料不同、发酵程度不同而呈现出不同形态，不同的形态有不同的名称。"五齐"就是五种酒的名称，即泛齐、醴齐、盎齐、醍齐和沉齐。

"泛齐"是指酒料经发酵后，酒糟成浮滓状，漂浮在酒水上，像水波那样泛泛然。这种酒就是仪狄酿造的那种酒醪，类似于今天所说的米酒。漂浮在酒水上面的，往往是一些轻质的米滓，类似白蚁，故称为"浮蚁"。后人常用"浮蚁"代指酒醪或酒，张衡《南都赋》有"醪敷径寸，浮蚁若萍"之句；刘禹锡和白居易的赠答诗"动摇浮蚁香浓甚，装束轻鸿意态生"，让人过目不忘；元代仇远的"欲是旗亭浮蚁美，杖头能费几青蚨"，令人记忆深刻。"醴齐"在汉代称为"恬酒"，是酒糟与酒水

19世纪《中国自然历史绘画》所刊造烧酒炉

19世纪《中国自然历史绘画》所刊造白酒炉

浑然一体的酒。这种酒发酵比较充分，糖化程度较高，酒糟与酒水融为一体，很难把它们分开。所以，郑玄说"醴犹体也，成而汁滓相将，如今恬酒矣"。"盎齐"是酒色呈现白色的酒，这种酒发酵至极致，酒液中不时有气泡冒出，随气泡冒出来的酒液呈葱白色，气泡冒出时嗡嗡有声。"缇齐"类似于酿造酒的尾酒，酒色呈赤红色，这是酒料中的蛋白质生成的氨基酸与糖分反应而产生的色素。"沉齐"是酿造酒经过沉淀、过滤之后的清酒，酒糟被捞出，酒液中的杂质也被过滤掉，酒色如水。"沉齐"酒精浓度虽然不高，但因经过严格过滤和澄清，酒液与现在的白酒比较接近。

"五齐"是古代的五种酒，因酿造用料不同、发酵程度不同、过滤澄清方式不同而酿成的五种酒合称"五齐"，普通饮酒者很难严格区分它们之间的差异，但对于酒正来说，这是职责所在，必须具备分辨清楚的能力，如此鉴定起来就比较容易了。

酒正不仅要辨"五齐"，还要辨"三酒"。所谓"三酒"，指的是事酒、昔酒和清酒。功能不同，用途不同，事由不同，所用的酒液也不同。事酒是因重要的事情而临时酿造的酒，比如大到国家的一些重要活动，小到家庭的红白喜事，都要饮酒。事酒就是为了这些事情而特意酿造的。因为是临时酿造的，事酒又称新酒，意思是新酿造的酒。中国古代是农耕社会，春、夏、秋三季农事活动比较多，冬天则是相对清闲的季节。所以，冬天也是酿酒的时节，冬天开始酿，到来年开春酿成，故有"事酒冬酿春成"之说。如果说"事酒"是有事而饮，那么，"昔酒"就是无事而饮。昔酒一般也是冬天开始酿造，且酿造时间相对比较久，酿成之后存放时间也比较久，待闲暇无事的时候才开坛饮用，所以称作"昔酒"。"清酒"是古代高等级的酒，属于祭祀用酒。清酒酿造时间长，通常要自冬至夏，用去大半年的时间。清酒存放时间也较长。由于是祭祀所用，为表示对神灵和祖先的敬意，酒一定要滤去浮糟，沉淀酒中的杂质，做到清澈纯净。《诗经·小雅·信南山》有"祭以清酒，从以骍牡，享于祖考"，《诗经·大雅·旱麓》有"清酒既载，骍牡既备。以享以祀，以介景福"等诗句，都写到清酒用于祭拜祖先的祭祀活动。

酒之种类说略

中国的饮用酒就其酿造所用原料而论，主要可以分为米酒、秫酒和果酒三个大类。仪狄造的是米酒，杜康造的是秫酒，果酒传说是猕猴无意中酿造而成，之后被人们发现的。米酒与秫酒的配料和酿造工艺后世不断改进，形成了甜酒和白酒两大系列。果酒后来则形成了以葡萄为主要原料的葡萄酒。

中国古代，酒的分类基本上就是《周礼》所说的"五齐"，以及因事由、用途和功能不同而分的"三酒"。从饮酒习惯上看，南方人比较喜欢米酒，北方人比较喜欢秫酒。白酒虽然是从秫酒发展而来，但在古代仅有地域之分或酿造厂家之分，而没有像今天这样分得那么细致。曹操《短歌行》"何以解忧？唯有杜康"所说的"杜康"，是以酒的发明者杜康代替酒；杜牧的"借问酒家何处有，牧童遥指杏花村"，其中的"杏花村"指的是酒家所在地，当然，可能杏花村酿造的酒也称作"杏花村"。总之，中国古代的白酒虽然也有高度酒和低度酒之分，但由于对酒精浓度的测量技术尚不过关，所以不像当下这样划分得那么细致。白酒的香型虽然实际存在，但也没有今天那么多的分类。

近现代以来，酒作为人们日常生活的重要饮品，其分类趋于细分化。按酿造的原料划分，可以分为白酒、葡萄酒、啤酒、黄酒等；按照酒精浓度含量划分，可以分为高度酒和低度酒，40度以上的白酒是高度酒，40度以下的为低度酒；按酒水的颜色分，可以分为白酒、黄酒、红酒，以及由两种或两种以上的酒、饮料、果汁勾兑而成的鸡尾酒等。

我国最流行的是白酒，而白酒的分类最为复杂。按照酿造方式，白酒可分为固态法白酒、液态法白酒、固液勾兑白酒和调香白酒等四大类。按照香型划分，白酒可分为酱香型、清香型、浓香型、米香型及其他香型。此外，按照酒精浓度含量划分，可分为高度酒和低度酒。至于按品牌分，那就更多了。

葡萄酒在中国有着悠久的历史。据《史记·大宛列传》记载，汉武帝时，张骞出使西域，与西域建立了良好的关系。当时，西域盛产葡萄酒，当地人把葡萄酿成酒，供平时或有重要活动时饮用。有些富人家中藏有很多葡萄酒，多者至万余石。这种经过发酵的葡萄酒便于储藏，有的可以储存几十年。汉朝使者把葡萄籽带回来，最初在肥沃的土地上试种。试种成功后，汉武帝干脆把葡萄大量种植在离宫和别观旁，形成了颇为壮观的葡萄园，一眼望不到边。自汉武帝开始，中原王朝不仅移植葡萄，学习葡萄栽培技术，而且学习西域的葡萄酒酿造技术，葡萄酒自此流行开来，成为一种新的果酒饮品。汉代以后，随着葡萄酒的流行，咏葡萄酒的诗歌也多了起来：西晋诗人有"葡萄四时芳醇，琉璃千钟旧宾"之诗；唐代诗人李白把葡萄酒和美少女联系起来，有"葡萄酒，金叵罗，吴姬十五细马驮"之句，而王翰的"葡萄美酒夜光杯，欲饮琵琶马上催"更是千古传诵的佳句。

进入现代社会，葡萄酒具有的养生价值和良好的口感，使得饮用葡萄酒的人越来越多。葡萄酒的分类与白酒不同，它主要分为静止葡萄酒和起泡葡萄酒两大类。静止葡萄酒可分为白酒、红酒和玫瑰红，这三类葡萄酒又称静态葡萄酒。起泡葡萄酒，就是通常所说的香槟酒。这种葡萄酒在装瓶后经历两次发酵过程，产生气泡（二氧化碳），因而称为起泡葡萄酒。此外，还有加入烈酒的葡萄酒。葡萄酒的酒精浓度通常比较低，为适应不同的消费者，制造商通常会在葡萄酒中加入适量的烈度白酒，以提高酒精浓度。按颜色划分，葡萄酒可分为白葡萄酒、红葡萄酒和桃红葡萄酒等。

啤酒是一种舶来品，20世纪初传入中国。啤酒是以大麦芽、酒花、水为主要原料酿造而成，酒精浓度较低，被称为"液体面包"，因而成为现代人的重要饮品。按灭菌情况分类，啤酒可分为生啤和熟啤。生啤又称鲜啤酒，是没有经过巴氏消毒而直接销售的啤酒；熟啤是在瓶装或罐装后经过巴氏消毒，活性酶成分比较稳定。按啤酒色泽划分，可以分为黄啤和黑啤。黄啤采用短麦芽做原料，色泽呈淡黄色，酒花香气浓郁，口感比较清爽；黑啤是用高温烘烤的麦芽酿造的，麦芽汁浓度大，麦芽香气较重，色泽呈褐色或深褐色。

酒的分类是一个看似简单，实际很复杂的问题。比如西方的酒类，人们比较熟知的有威士忌、白兰地、伏特加、金松子、朗姆酒、特吉拉等。如果加以细分，又可分为若干类。但化繁为简，中国的酒基本上没有超出古代"五齐""三酒"的基本范围。所以，要了解中国的酒文化，"五齐""三酒"是不能不了解的基本知识。

二、饮酒之具：物质层面的酒文化

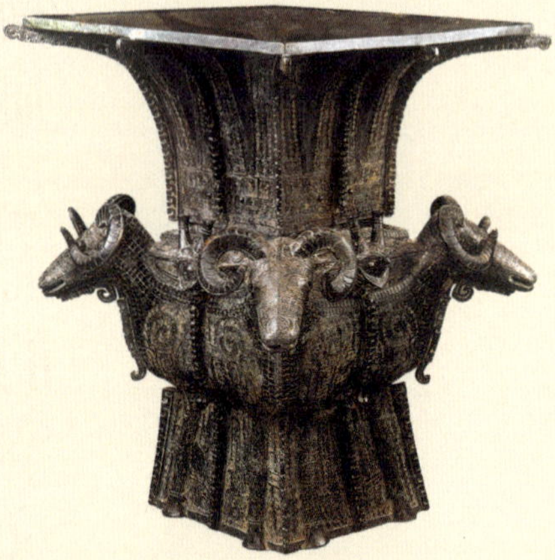

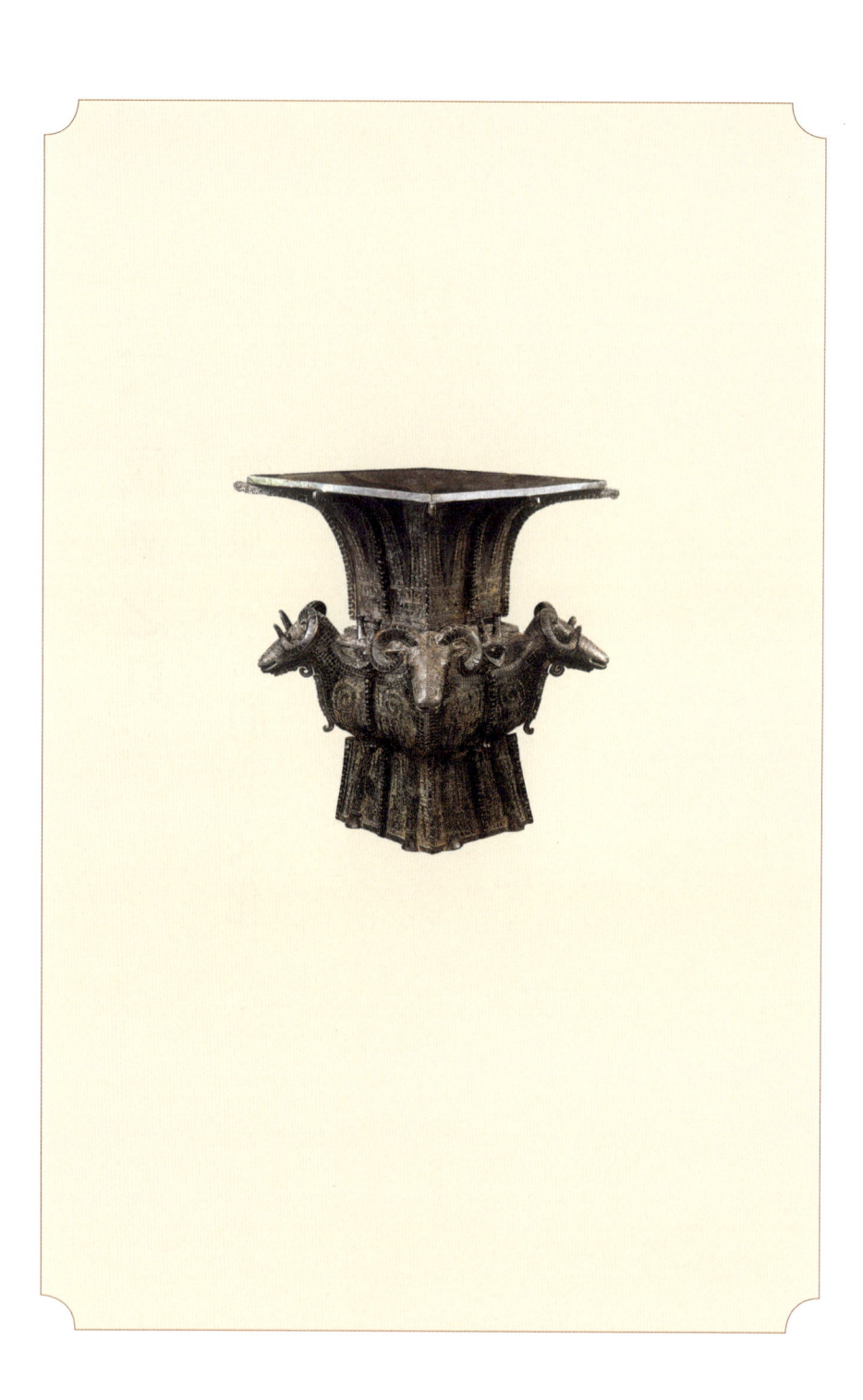

酒作为一种酿造饮品，它首先是物质的，属于物质文化范畴。循着酒文化产生发展的轨迹可以发现，物质层面的酒文化丰富多样、精彩绝伦。中国是世界文明古国，中华文明是世界文明中唯一从远古延续至今从未中断过的文明。在中华文明的早期发展阶段，处处可以看到酒文化的身影，嗅到酒文化的芳香，感受到各种饮酒之具的精彩。

三代之前的陶制酒器

夏商周三代之前，中华文明属于古史传说时代。司马迁《史记·五帝本纪》记载的远古历史虽然有不少被认为属于传说范畴，但它记述的时代以及当时的生活状况，却已经陆续被现代考古发掘所证实。这一时期相当于新石器时代的中后期，大约公元前 5000 年至公元前 2000 年，跨越了裴李岗文化、仰韶文化、龙山文化等几个时期。在各个不同文化时期的出土文物中，都有一些陶制酒器，说明饮酒在当时就已经比较流行了。

以河南新郑市裴李岗命名的裴李岗文化，属于新石器时代中期的文化。在裴李岗文化遗址中，出土最多的是石棒、石铲、石镰、石磨等生产和生活用石器，但也有一些粗制陶器。这一时期的陶器比较粗糙，没有或只有很少纹饰，烧制温度比较低，陶质比较疏松，表皮容易脱落。其中有一些生活用陶器，如陶杯、陶壶、陶瓮、陶豆等，或与早期的酒文化有关。

到了仰韶文化时期，陶制酒器就多了起来。酒的酿造要经过原料的淘洗、蒸煮、发酵、贮藏、过滤等工艺。不同阶段使用的陶器是不同的，用于淘洗酿酒原料、搅拌酒曲的无流盆和带流盆，用于酿酒原料发酵的大口缸、大口尊等，用于蒸煮酿酒原料的釜、鼎、甑等，用于储藏酒的瓮、罐等，用于过滤酒的钵形滤器、勺等，用于酒的转注的漏斗等。仰韶文化遗址中出土的小口尖底彩陶瓶，被认为是仰韶文化酒器的典型代表。据报道，在2008年8月启动的仰韶村遗址第四次考古发掘中，河南省文物考古研究院委托美国斯坦福大学等单位的科研人员，对仰韶村遗址发掘出来的8个尖底彩陶瓶的残留物进行科学分析。科研人员采用对陶器进行非损伤性、多学科综合分析的方法（淀粉粒、植硅体、酵母和霉菌），从尖底

裴李岗文化遗址出土的双耳红陶壶

彩陶瓶的残留物中获得了古代酿造谷芽酒和曲酒技术的证据。仰韶村遗址第四次考古发掘发布的重要考古成果报告认为，在仰韶村遗址仰韶文化中期、晚期小口尖底瓶样品中检测出谷物发酵酒残留，很可能是以黍、粟、水稻、薏苡、野生小麦族和块根类植物为原料制作的发酵酒，采用的是发芽谷物和曲发酵两种酿酒技术。

位于郑州市北郊的大河村遗址，属于仰韶文化中后期。遗址中出土的器物有陶器、石器、玉器、骨器、蚌器等，其中尤以陶器为多，也最具代表性。在出土的诸多陶器中，彩陶双连壶最为引人注目。彩陶双连壶属于红陶，造型十分精美。两壶于腹部并连，相连处有一圆孔互通。壶体呈橄榄形，通体红色，有黑彩平行线条纹相间。有学者推测，彩陶双连壶应是当时的礼器，可能是氏族部落结盟或重大礼仪活动时，首领或长者对饮的酒器。对饮时使用彩陶双连壶，有共结友好或化干戈为玉帛之意，同时，也有用彩陶双连壶表示和平共处、平等友好的象征意义。

仰韶文化遗址出土的小口尖底彩陶瓶

大河村遗址出土的彩陶双连壶

大汶口文化遗址出土的红陶鬶

龙山文化遗址出土的白陶高柄高足杯

大汶口文化和龙山文化遗存中也有很多陶制酒器。大汶口文化的典型陶器是陶鬶。陶鬶通常由长流、长颈、腹部、三个袋足和把手组成。如大汶口文化中的红陶鬶，就由一个像鸟喙的长流、侈口长颈、三个瓮形袋足、一个连接长颈和袋足的把手组成。高足酒杯在大汶口文化和龙山文化遗存中比较常见。大汶口文化遗存中有不少长柄酒杯，容器部分多属于侈口圆唇，下部是长柄，长柄上通常有镂孔。为保持高足酒杯的稳定性，底部通常要比长柄更宽一些。属于龙山文化的白陶高柄高足杯，质地为夹细砂白陶，上为侈口圆唇盛酒容器，盛酒容器下是五孔上下均匀竖排的长柄，酒杯底座较长柄稍宽。这种酒杯不仅为夏商周三代的青铜酒杯提供了范本，也和后来饮酒常用的高足酒杯已经十分接近。

从裴李岗文化到龙山文化，前后时间跨度达3000多年，其间出现的酒器虽然都是陶器，但发

二、饮酒之具：物质层面的酒文化

展轨迹还是比较清晰的，用材上从粗砂到细砂，质地上从比较疏松到相对坚硬，工艺水平从粗糙到比较精致，纹饰上从简单的纹线到比较复杂美观的纹饰。在发展过程中，酒器的器型和功用也逐渐丰富。裴李岗文化时期的酒器，不论饮酒用的酒杯，还是贮藏酒的酒瓮，都显得简易粗糙。而到了仰韶文化时期，尤其是仰韶文化中后期，陶制酒器逐渐多了起来。在出土文物中，竟然能够见到彩陶尖底瓶、彩陶双连壶、白陶高足酒杯、黄陶鬶等稀世珍宝，让人大饱眼福，叹为观止。

三代之前的酒器以陶器为主，也有一些角器和蚌器。这一时期，酒器的种类已经比较齐全，有发酵用的陶缸、陶尊，蒸煮原料用的陶釜、陶甑等，储藏酒用的瓮、罐、瓶等，过滤酒用的钵形滤器，斟酒用的陶鬶，转注酒用的漏斗，取酒用的勺等。饮酒用的则以高足杯为主，从裴李岗文化时期的白陶高足杯，到龙山文化时期的红陶和黄陶高足杯，用材、质地和工艺都有很大进步。从酒器的大小、器型、质地等方面来看，三代之前的酒器已经有明显的等级之分，具有一定的礼仪内涵，从一个侧面反映出三代之前的社会文化生活。

仰韶文化遗址出土的尖底彩陶瓶和陶瓶上的图案纹饰，值得特别注意。把尖底瓶和瓶上的图案纹饰结合起来看，很像一个拉长了的变形的"酉"字。在甲骨文中，"酉"就是酒的本字，是一个象形字，其所象之形应该就是仰韶文化时期的酒器尖底瓶。许慎《说文解字》说："酉，就也。八月黍成，可为酎酒。"酎酒就是醇酒。新酿的酒经过多次过滤之后，清澈而味道醇厚。在中国古代，只有天子、诸侯、长者可以饮酎酒，所以《礼记·月令》说，孟夏之月，"天子饮酎"。为了保证"天子饮酎"，诸侯每年要按照食邑多少向天子供奉"酎金"，如果不能按时供奉"酎金"，则可能被剥夺爵位。汉代，就发生了多起因不向朝廷供奉"酎金"而被剥夺侯爵之位的事情，列侯坐酎金失侯者达一百多人。

夏商周三代的青铜酒器

夏商周三代属于"青铜器时代"。自夏朝建立至秦始皇统一中国的1800年间,铜的冶炼技术越来越完善,青铜器铸造技术和工艺也日趋进步。这一时期出现的青铜器,不仅代表了夏商周三代的科技发展水平,反映出夏商周三代的经济社会发展状况,而且浓缩了夏商周三代的礼仪文化。而作为生活和礼仪用具的青铜酒器,在夏商周三代得到了长足发展,从一个侧面反映了这一时期的社会生活和礼制文化。

夏商周三代的青铜酒器属于礼器范畴,主要是国君或王公贵族在重大礼仪活动时使用。有"华夏第一王都"之誉的偃师二里头遗址,被考古界称为最早的夏都。二里头遗址出土的青铜器有生活工具、兵器、礼器、乐器和装饰品等。出土的青铜礼器较有代表性的是爵和斝。爵是盛放、斟酒和加热酒的器皿。许慎《说文解字》解释说:"爵,礼器也,象爵之形,中有鬯酒。又持之也,所以饮器象爵者,取其鸣节节足足也。"因其造型像雀,故称为"爵"。二里头出土的青铜爵前尖后翘,口沿外撇,口与流之间有一对三棱锥状矮柱。腹为束腰状,素面无柱,有些有简单纹饰或镂孔。底部为平底,平底下三

二里头遗址出土的夏代青铜爵

足以三棱锥状和刀状居多。斝的用途与爵差不多,属于贮藏酒和加热酒的器皿。许慎《说文解字》解释说:"斝,玉爵也。夏曰盏,殷曰斝,周曰爵。从叩从斗,冂。象形,与爵同意。"斝素面敞口,口沿上有一对三棱锥状矮柱,单把,束腰平底,平底下三足亦呈三棱锥状。二里头遗址出土的夏代青铜爵和斝的胎质都很薄,工艺较为粗糙,整治不精,大多无花纹,有些有简单的乳钉纹,反映了早期青铜器的基本特点。

到了殷商时期,作为礼器的青铜酒器得到了普遍运用。这从出土的殷商时期青铜酒器中可以看出来。河南是殷商都城的主要所在地,现今已经发现的殷商时期的文化遗址,有偃师商城遗址、郑州商城遗址、安阳殷墟等。在这些殷商文化遗址中,出土了大量的青铜器,其中青铜酒器占了较大比例。殷商时期崇尚鬼神,崇尚鬼神就会有各种各样的祭祀,祭祀多了饮酒就多。殷商时期青铜酒器的流行与此有很大关系。有资料表明,从殷商早期开始,礼器就已经是重酒器而轻饮食器具了。殷墟的妇好墓出土的青铜器210件,属于酒器的占到74%。这种以酒器规格和多寡来表明墓主身份的现象,在整个殷商时期一直存在。殷商时期文化遗址出土的青铜酒器,数量不仅比夏朝要多得多,而且器型更为丰富,用途更为广泛。就其用途而论,可分为饮酒器、盛酒器、温酒器、取酒器等。饮酒器主要有觚、杯、觯、觥等,盛酒器主要有鼎、瓿、卣、盉、彝、壶、罍等,温酒器主要有爵、尊、角、斝,取酒器主要是勺、斗等。

殷商时期的青铜酒器,质地厚

商妇好爵

妇好鸮尊

四羊方尊

重，造型精美，工艺考究。这从殷墟妇好墓出土的青铜器可以看出端倪。妇好是商王武丁之后，其墓地出土的妇好爵是殷商中后期青铜爵的代表性文物。该爵长流尖尾，流两侧有龙纹饰，口、流、尾下各有蝉纹饰；立柱为伞形顶，柱顶有火纹，柱侧是三角纹和雷纹；腹部为圆柱体，有龙纹饰；鋬为兽头，鋬下有"妇好"二字铭文；爵底部雷纹，其下有三棱锥实心足作支撑。

妇好鸮尊是殷商青铜器的珍品，妇好墓出土了两件。其形状似一只站立的鸮，头微微昂起，面部朝天，圆眼宽喙，双翅并拢。其上有小耳高冠，其下是双足与鸮尾构成三个支撑点。鸮尊通体遍布十几种神态各异的动物形象，并以雷纹衬底。鸮尊头后为器口，器口盖面铸站立

二、饮酒之具：物质层面的酒文化

状的鸟。口内有"妇好"二字铭文。整个妇好鸮尊造型奇特，纹饰绚丽，动物形象栩栩如生，堪称商代青铜器中的精品。

1938年，湖南宁乡炭河里遗址出土的四羊方尊，是商代青铜礼器的代表性作品。四羊方尊器身为方形，边长为52.4厘米，器身高58.3厘米，方口大沿，长颈，高圈足。颈部四边有蕉叶纹、三角夔纹和兽面纹。腹部与足部由四只卷角羊构成。四角是四个卷角羊头，羊头与羊颈伸出于器外，形成方尊的四肩。羊身为方尊之腹，有鳞纹和长冠凤纹。两羊中间接合部各有一双龙角从腹部突出来。羊腿变形为圈足，圈足上有夔纹。整个方尊想象奇特，造型精美，典雅大气，是殷商青铜酒器中的珍品。

两周和春秋战国时期，青铜器更为发达，铸造技术和制作工艺也更为先进。这一时期的青铜酒器较夏商时期更为精美，使用也更为普遍，等级制度也更为森严。洛阳东周王城遗址出土的青铜制品"天子驾六"，是现今发现的东周时期最完整的天子车驾，证明了古文献天子"御六马"的记载。"王作宝彝"也是东周王城遗址出土的青铜器。两周时期，除周天子外，尚有王室成员分封的诸侯。他们使用的酒器虽然都是青铜器，但有严格的等级之分，最显著的标志是青铜器的大小和铜器内的铭文。"王作宝彝"意思是给周天子制作的彝。彝是盛酒器，彝的主人则是周天子。有研究者认为，这个"王作宝彝"可能就是东周第一个天子周平王使用的彝。

被称为"青铜器时代终结者"的莲鹤方壶，1923年出土于河南新郑县（今新郑市）李家楼郑公大墓。莲鹤方壶同时出土两件，一件现存北京故宫博物院，一件现藏河南博物院。莲鹤方壶是储酒器，是郑国王室的祭祀重器，既是酒器，也是礼器。河南博物院现藏莲鹤方壶通高126.5厘米，壶身为殷商中期之前很少见的扁方体。壶盖呈莲花瓣形状，

莲鹤方壶

双层花瓣向四周张开，花瓣上有镂孔。莲瓣中央有一个可以关启的小盖，一只仙鹤站立小盖之上，昂首振翅，翘首望着远方。壶的腹部呈扁方状，两只蟠龙首上尾下伏于壶腹之上，龙角竖立。壶体四面各有一只神兽，兽角弯曲，长尾上卷。圈足下有两只卷尾兽，有枝形角，身有鳞纹，头转向外侧。莲鹤方壶鹤立于顶，莲护于顶部四围，龙蟠于壶腹，壶腹部神兽作势攀缘而上，承托壶身的卷尾兽作挣脱向外状。整体造型立意新颖，想象奇特，富有动感和美感，堪称夏商周三代青铜器的神品。

夏商周三代的礼仪和祭祀活动，以及越来越盛的重酒之风，极大地促进了青铜器的发展，同时也促进了青铜酒器的发展。酒器作为礼器的一种，明显具有"明贵贱，辨等列，顺少长，习威仪"的礼仪价值和作用。酒器的多少、大小、种类和质量，不仅成为一个人身份地位的象征，而且成为"经国家，定社稷，序民人"的重要礼制象征。夏商周三代的青铜酒器，虽然可以作为生活用品而使用，但它最主要的功能是规范和约束人们的文化行为，进而形成全社会共同遵守的礼仪规范。

林林总总的各类酒器

从上古传说时代的陶器，到夏商周三代的青铜器，中国古代的酒器逐渐丰富和完备。秦汉时期，虽然偶见陶器、玉器、漆器、角器等酒器，但正式场合尤其是国家层面的礼仪活动仍以青铜酒器为主。秦汉以后，瓷器开始出现，瓷器制作相对青铜器要简便得多，且具有坚固、轻便、美观等特点，比粗糙的陶器和沉重的青铜器用起来更方便。所以，秦汉以后，瓷质酒器逐渐流行开来，除国家重大礼仪活动外，瓷质酒器和玉质酒器逐渐取代青铜酒器。尤其是唐宋以后，伴随着唐三彩和官、定、汝、钧、哥五大名窑的出现，瓷质酒器迅速流行。与此同时，玉质、角质、漆器等酒器也并行不悖，一起出现在人们的日常生活中，丰富了中国古代的酒文化。现撮其要，略述于后。

青铜合卺杯。1968 年，河北满城西汉中山靖王刘胜妻窦绾墓出土。青铜合卺杯是两个高足青铜杯的联合体，杯体为圆形，浅腹，高足。高足上部呈竹节状，下部为喇叭口。二杯之间，有鸟兽各一。鸟在兽上，长颈，口衔玉环，双翅伸开作飞翔状。鸟的腹部与二杯连接。鸟身上嵌有两颗绿松石，杯子外壁和高足上嵌有十三颗绿松石。这件酒器造型灵动活泼，结构对称均衡，装饰豪华美丽，显示出主人的高贵身份和地位。刘胜是汉景帝刘启之子，汉武帝刘彻的异母兄，11 岁时被封为中山靖王，成人后娶窦太后的孙女窦绾为王后。青铜合卺杯，应是刘胜与窦绾的结婚纪念物，可见在汉代已经有婚礼上新郎和新娘喝合卺酒的习俗。墓葬出土的还有错金银鸟篆文铜壶、鎏金银蟠龙纹铜壶、鎏金银镶

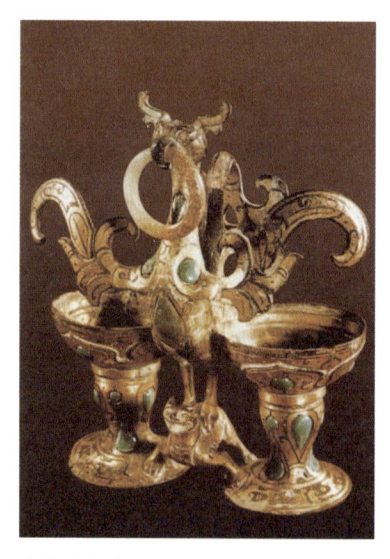

青铜合卺杯 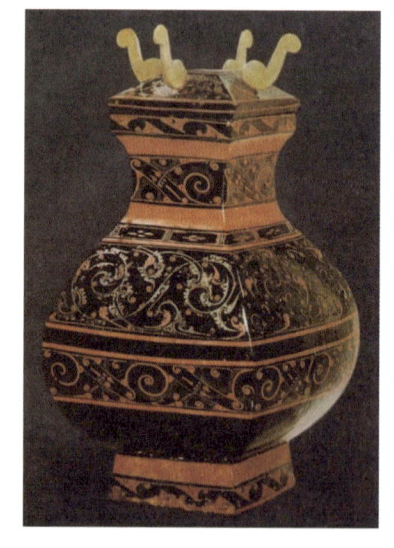　　　　　　漆画枋酒器

二、饮酒之具：物质层面的酒文化

嵌乳钉纹铜壶等，也是汉代非常珍贵的酒器。

漆画枋酒器。1973年，长沙马王堆汉墓出土。马王堆汉墓是西汉初年长沙国丞相利苍及其家属的墓葬，出土有许多漆器，有枋、卮、耳杯等酒器。其中出土于马王堆一号汉墓的漆画枋酒器，为漆器中的珍品。该酒器为木胎斫制，方口，器体有方棱，方圈足。盖上四纽为橙黄色，盖顶有朱漆绘云纹组成的米字形图案。口沿上绘朱红色鸟头纹，颈绘朱红色宽带纹和勾云纹，上腹部有朱红、灰绿相间的云气纹饰，下腹有红勾云纹饰。圈足上有一道宽带纹和一周鸟头纹饰。器底朱书"四斗"二字。马王堆汉墓同时出土的还有竹简，其中三片竹简记录了漆画枋酒器，172号竹简载"漆画枋二，有盖，盛白酒"、173号竹简称"漆画枋一，有盖，盛米酒"、174号竹简有"漆画枋一，有盖，盛米酒"的记载。据此可知，马王堆汉墓中的漆画枋酒器是分别用来盛白酒（清酒）和米酒的。

越王白玉觥杯。1983年，广州市越王赵眜墓出土。赵眜是西汉第一位南越王赵佗之孙，汉武帝时在位，死后赐谥号"文王"，以此表彰他治理南越的功绩。白玉觥杯质地为和田白玉，呈半透明状，局部有红褐色浸斑。该白玉觥杯造型模仿犀牛角，杯口呈椭圆形，杯末端呈卷索形。觥杯上有一条夔龙雕饰，从杯口到底部由浅浮雕逐渐变为高浮雕，回环缠绕，活灵活现。杯底为圆雕，且有单线浅刻的勾连云雷纹作为衬饰。因杯体有夔龙纹饰，故又称为夔龙白玉

白玉觥杯

觥。这件犀角形白玉觥，玉质坚致，光泽温润，造型独特，工艺精美，是汉代玉质酒器中的精品。

东汉夔凤玉卮。卮为圆形饮酒器，夏商周三代至秦汉时期比较流行。夔凤玉卮是一件清代皇宫珍藏过的东汉时期的和田玉酒器，局部有褐色和紫红色侵蚀。玉卮为圆筒形，上口略大，底部略小。玉卮有圆形隆顶盖，盖中央有漩涡纹饰圆纽，边沿作三花瓣形，每瓣均有穿孔。盖面上有三只立雕羊首作为饰物。玉卮通体以勾连云纹为锦地，锦地上有三组变形的夔凤纹。玉卮腹中部有环形耳，环形面有一兽面纹饰。腹壁近足处亦各有一段兽面纹，卮底三足呈兽蹄状。整个玉卮设计新颖，纹饰清晰，工艺精美，是玉卮中的神品。楚汉战争中，项羽在鸿沟摆设鸿门宴，与刘邦共饮，使用的饮酒器就是卮。刘邦在宴会前与项伯相会，曾经"奉卮酒为寿"，并约为儿女亲家。鸿门宴上，项羽见刘邦的卫士樊哙是壮士，"赐之卮

东汉夔凤玉卮

西汉渔阳凤致漆耳杯

酒",樊哙立而饮之。项羽问他"复能饮乎",樊哙豪气干云,说:"臣死且不惧,卮酒安足辞!"据说,汉代玉雕酒卮,目前国内仅此一件。

西汉渔阳凤致漆耳杯。1993年,长沙望城坡西汉渔阳王后墓出土了一套十件漆耳杯。漆耳杯质地为斫木胎,椭圆形,曲腹,平底。长边有双耳,双耳部朱色描绘云气纹。双耳的作用类似卮的环形耳,便于饮者拿捏。杯身内外皆为朱绘凤鸟纹与云气纹,杯内有栩栩如生的凤鸟,亭亭玉立,顾盼生姿。凤冠与凤尾细若游丝,飘逸灵动,蔓卷缠绕。通体髹黑漆,杯底有"渔阳"铭文。漆耳杯质量轻盈,薄如鸟翼,因而又称羽觞。汉代,这种羽觞比较流行。《汉书·孝成班婕妤传》记载,班婕妤失宠后,作赋自我伤悼,就说到了羽觞:"顾左右兮和颜,酌羽觞兮销忧。"看着身边的人一个个喜笑颜开,自己却是拿起羽觞借酒消愁。看来,曹操之前,借酒消愁者大有人在。不过,到了东晋,王羲之等人永和九年(353)三月三修禊日相聚于兰亭,却玩起了曲水流觞的游戏。唐代大诗人李白的名句"开琼筵以坐花,飞羽觞而醉月",也提到了羽觞。王羲之和李白提及的羽觞,就是这种漆耳杯。

汉魏以后,铜质酒器和银质酒器一并流行。由于银器较铜器轻便得多,且传说具有试毒的作用,达官显贵和富裕人家的酒器和炊具喜欢用银器,银质酒器的流行与这种文化心理有一定关系。1970年大同市南郊出土的北魏人物动物纹鎏金银高足杯,是一件较为罕见的酒器。杯高10.3厘米,口径9.4厘米,银质鎏金,敞口高足,微束颈,深鼓腹。杯口雕有

北魏人物动物纹鎏金银高足杯

唐代狩猎纹银高足杯

八只相对而卧的鹿，杯身雕有手持器物的女性，两足交叉站立。人和动物均为高浮雕，其间有浅刻"阿堪突斯"叶纹饰，叶上承托高浮雕男性头像。此杯为波斯萨珊王朝饮器，是北魏与波斯王朝经济文化交流的见证。

1970年出土于陕西西安沙坡村的唐代狩猎纹银高足杯，圆唇侈口，直壁深腹，腹下部略收，下承外撇高足。口沿下刻一周缠枝花，近底处亦有一周缠枝花饰。腹部刻有四幅骑马狩猎图，狩猎者策马飞驰，或张弓欲射，或箭已离弦，被狩猎的动物惊慌失措，四处逃窜。狩猎图饰生动形象，雕工精细，甚为精美。此外，何家村狩猎纹银高足杯、北京大学狩猎纹银高足杯、凯波狩猎纹银高足杯等，与此杯形制相同，纹样及装饰风格颇为相似，表明狩猎图纹饰银质酒杯在当时颇为流行。

唐宋以后，伴随着瓷器的流行，瓷质酒器成为人们生活中常用的酒器。藏酒器、饮酒器和温酒器中都有不少瓷质酒器。上海博物馆珍藏的"醉乡酒海"经瓶，是一件宋代磁州窑生产的著名瓷质酒瓶。经瓶小口溜肩，上腹鼓起，下腹呈内斜收敛状，小平底。经瓶高43厘米、口径4厘米、底径9厘米，挺拔俊秀，古朴大方。瓶体上下有用墨笔勾画出的五组纹饰，正中主题纹饰带有四个圆，内有"醉""乡""酒""海"四字。瓶底部是黑白相间的环形纹饰。瓶体上的"醉乡酒海"四字，表明此瓶为储酒器。称之为"酒海"，是继承前代"酒海"的说法。唐代著名词人温庭筠在其所著《乾馔》中记述了唐代裴弘泰饮酒事，其中有"请在座银器,尽斟酒满之"
之语,表明当时饮酒器
具已经以银器为主。而
且"筵中有银海,受一
斗以上,其内酒亦满",
表明唐代酒器中已经有
银质酒海,容量在一斗
以上。宋代则出现了瓷
质银海,容量大小各有

"醉乡酒海"经瓶

不同。后人称某人酒量大为"海量",是说其能够饮一整个酒海的酒。
今天不少人以为"海量"就是有大海之量,其实是一种误解。

明代学人袁宏道在其《觞政》一书中,对酒具作了一番品评。关于饮酒之器杯杓,袁宏道认为,古代玉质酒具和窑器为上品,犀牛角和玛瑙酒器次之,近代上好的瓷器又次之,黄白金叵罗酒具等而下之,螺形锐底数曲者是最低一等。富贵人家的菜肴也很讲究,有清品、异品、腻品、果品、蔬品等,清品如鲜蛤、糟蚶、酒蟹之类,异品如熊白、西施乳之类,腻品如羔羊、子鹅炙之类,果品如松子、杏仁之类,蔬品如鲜笋、早韭之类,都堪称美味佳肴。饮酒的场所要有一些饰物,棐几明窗,时花嘉木,冬幕夏荫,绣裙藤席,都非常适合饮酒。为了助兴宥酒,饮酒时还需要行酒令的器具、消遣的器具和文房四宝等,有下围棋用的楸枰,行酒令用的高低壶、觥筹、骰子、古鼎、昆山纸牌等,有娱乐所需的羯鼓、冶童、女侍史等,有品茶用的沉茶具,有挥毫泼墨用的吴笺、宋砚、湖笔、佳墨等。古人饮酒不纯粹是饮酒,常常借助饮酒清谈、为文赋诗、挥毫泼墨、品茶论酒、欣赏歌舞,故而对饮酒之具格外讲究。寻常人家如果仅是村醪薄酒,粗茶淡饭,虽然也可尽兴,但格调和档次显然不及富贵之家。

陶器和青铜器酒器是远古和上古时期的酒器，其大小、质地、器型等，都反映出不同时期的礼仪和等级，所以，人们通常把新石器中期至夏商周三代的酒器视为礼器。当今社会，青铜酒器已经很少见了，银质酒器和玉质酒器通常也是作为工艺品而为人们所收藏，很少在宴会上使用。人们日常生活和宴会上常用的是瓷质酒器和玻璃酒器。已经恢复的宋代五大名窑以及瓷器重镇景德镇等，都烧制有十分精美的酒器。此外，中原地区恢复的唐宋名窑登封窑、邓州窑、当阳窑等，烧制的传统酒器，都有一些上乘之作。其中一些精品，无论器型还是色釉，相较传统的五大名窑都毫不逊色。国内一些名酒随着卖品也配置一些酒器，如飞天茅台配备有小型玻璃酒杯，十分精致；仰韶彩陶坊系列酒配备的彩陶酒杯和分酒器，系采用仰韶文化遗址出土的彩陶烧制技术和工艺制作而成，典雅精美，古朴大方，具有一定的收藏价值。

出土文物的酒液遗存

不论是陶器、青铜器、银器、玉器，还是瓷器和玻璃制品的酒器，都是实物。而酒液属于液体，易挥发和浸渗，即使是埋入地下，时间久了，也会荡然无存。酒液尽管会挥发或浸渗，但多少还会残留一些渣滓或酒液。近年来，不时有考古出土文物中含有酒液的新闻出现，不仅让人们见识了古代中国的各种酒类，而且为人们了解中国酒文化的发展史提供了许多可资借鉴的材料。

我们从文献中知道夏商周三代已经有醪酒、秫酒和果酒，两周更是酒香缭绕。但令人非常惊奇的是，今人在出土文物中发现了更为久远的酒。舞阳贾湖遗址是淮河流域迄今所知年代最早的新石器文化遗存，被评为

20世纪全国100项重大考古大发现之一。贾湖遗址不仅出土了闻名中外的七孔骨笛,还出土了大量的陶器,其中不少陶片上留有沉淀物。2000年前后,中美科学家对此进行了一系列化学分析,结果显示,沉淀物中含有酒类挥发后的酒石酸。这

贾湖遗址出土的陶器壁上的沉淀物酒石酸

表明早在新石器时代早期,贾湖人就开始饮用含有酒精的发酵饮料,这种饮料由大米、蜂蜜、水果酿成。据新华社2004年报道,8000多年前的贾湖人已经掌握了目前世界上最古老的酿酒方法,这一消息震惊了海内外。据报道,美国的一个厂家还据此酿造了贾湖城啤酒。在遗址所在地舞阳,据此研制的贾湖白酒目前在中高端市场很受欢迎。同时,考古工作者在新郑裴李岗遗址也发现了距今约8000年的使用红曲霉发酵酿成的酒。

2021年是仰韶文化发现100周年,9月29日,仰韶村遗址第四次考古发掘发布重要考古成果:在仰韶村遗址仰韶文化中晚期小口尖底瓶样品中,检测出谷物发酵酒残留,很可能是以黍、粟、水稻、薏苡、野生小麦族为原料制作的发酵酒,采用的是发芽谷物和曲发酵两种酿酒技术,为新石器时代仰韶文化中心区域粮食酒的酿造和消费提供了直接证据。

1994年,考古工作者在山东滕州前大掌遗址进行发掘。这里是西周早期薛国贵族墓地,从中出土了一种名为"提梁卣"的青铜酒器。在发掘时,这件提梁卣里还保留有一些液体。青铜卣是盛酒器。考古专家认为,青铜卣里的这些液体应该就是西周早期的酒。据说有考古专家当

仰韶遗址出土的小口尖底瓶中有酒沉积物

场还尝了尝酒的味道，由于年代久远，其味道非常一般，与现今的美酒根本没法相提并论。

2012年，考古工作者对陕西宝鸡石鼓山西周早期贵族墓葬进行发掘，出土了包括铜鼎、铜簋、方座簋、铜禁等在内的西周青铜礼器30多件。从墓室北侧壁龛发掘出的一件青铜卣，里面存有液体。由于青铜卣盖沿超出罐体，排除了雨水渗入罐体的可能性。有学者推测，铜卣中的液体应该就是中国最早的红酒"醍齐"。"醍齐"属于果酒，是"五齐"之一，常用于祭天、祭祖等重大活动。《孔子家语·问礼》有"故玄酒在室，醴盏在户，粢醍在堂，澄酒在下。陈其牺牲，备其鼎俎，列其琴瑟管磬钟鼓，修其祝嘏以降上神与其先祖，以正君臣，以笃父子，以睦兄弟，以齐上下"的记载，可以证明"醍齐"在礼仪活动中的重要作用。

无独有偶，2020年山西垣曲也出土了两周果酒。2020年，山西省考古研究院等对垣曲北两周白鹅墓地进行抢救性发掘时，考古工作者在一件铜壶中发现了液体残留。经研究者检测发现，铜壶残留物中有乙醇、乙酸、乙酯等挥发性有机物，存在较多与酒相关的酒石酸、丁香酸、苹果酸、草酸、乳酸等多种有机酸，以及一些分子量较大的酯类、醇类和糖类等，证明铜壶中的液体残留确实是古代酒类遗存。两周墓葬出土的果酒，以实物形式证明了中国酒文化的悠久历史，为研究两周时期的社会、礼制、文化、葬俗等提供了重要的佐证材料，也为研究中国酿酒技术的发展历程提供了可靠的科学资料。

二、饮酒之具：物质层面的酒文化

战国佳酿。 2009年，陕西扶风县上宋乡村民薛红旗开着挖掘机帮同村一村民挖土时，发现断崖上有泛绿色的器物露出，便用螺丝刀小心地抠挖，挖到一件铜质扁状器物，立即上缴当地文物部门。这是一件盛行于战国中晚期的青铜器酒具扁壶，具有鲜明的三秦文化特征。该扁壶保存完整，有壶盖，带錾手。壶盖有三只相同的铜兽，壶体有编织笼状纹饰。壶内有少量液体，打开壶盖能够闻到一阵酒香。为弄清壶内液体究竟是不是酒，当地文物部门分别请中国科学院成都生物研究所、中国食品研究院等权威机构对壶内液体进行检测。检测结果显示，扶风县战国扁壶液体样品中含有酒精、正丙醇、异丁醇和异戊醇等，完全符合古老原始酒的特征。

西汉美酒。 现今已经发现的西汉美酒有清酒，有果酒，也有药酒。2003年，西安市文景路枣园村发现了一座西汉早期列侯级的墓葬。墓葬中出土的两件西汉鎏金凤鸟铜钟，高78.7厘米，重20.13千克，细颈宽腹，圆体圈足，圆体中部有两个对称的铜环。上有铜盖，铜盖的正中站立一只凤鸟，凤鸟口含一枚铜珠，昂首而立，凤尾高挺。整个铜钟既古朴典雅，又洋溢着灵动之气。但最让考古专家感兴趣的，是这个铜钟里沉重的液体。由于该墓葬曾经进过积水，是不是积水渗进去了？考古专家带着这样的疑问，打开了铜钟上面的盖子，一阵淡淡的酒香从铜钟里缓缓飘出来。

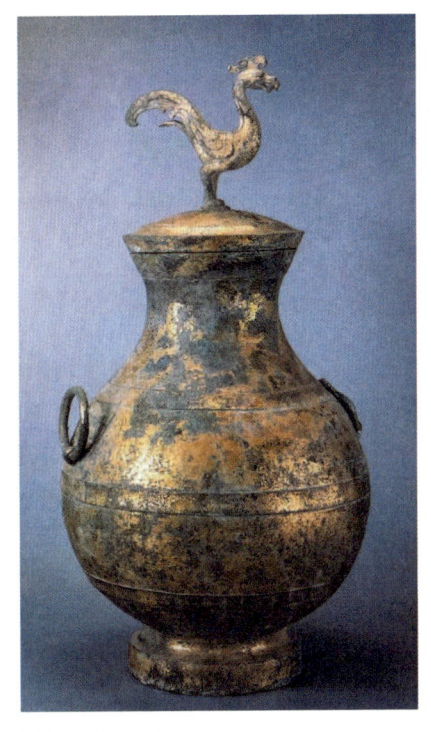

西汉鎏金凤鸟铜钟

再一看铜钟里的液体，翠绿清澈，哪里会是积水？于是，来自考古、历史、化工、文物、酿酒等行业的 30 多名专家学者对铜钟里的液体进行鉴定，鉴定结果证实：这些液体是来自 2000 多年前的美酒。为了进一步确认，文物工作者取出一点样品，送至中国食品发酵工业研究院全国酒类检测中心鉴定，结果显示酒精含量为 0.1%。铜钟里的液体是西汉早期的酒液确定无疑！考古专家在征得上级文物部门的许可之后，把铜钟里的酒液全部倒了出来，称了一下重量，竟达 26 公斤！

西汉果酒。2019 年，湖北考古工作者对郧西县杨家坪古墓群进行发掘，确定此古墓群为两汉之际的墓葬。8 号墓出土一件汉代小型盛酒器铜制鉌鎪。这件高 24.6 厘米、口径 7.4 厘米、腹径 15.6 厘米的铜器密封完好，内盛大约 600 毫升较浑浊液体，没有任何气味，颜色接近墨绿色。为了弄清楚铜器内的液体究竟是什么，湖北方面邀请中国科学院青藏高原研究所重点实验室专家对液体提取物进行气相色谱 – 联用质谱分析，发现其中含有少量苹果酸、柠檬酸等，液体残留物可能来自水果发酵产物，因此推断铜器中不明液体是汉代酿造的果酒。

西汉药酒。自 2017 年开始，河南省三门峡文物考古研究所对湖滨区后川村古墓群进行发掘，从古墓群出土了大量有价值的古代文物，其中鹅首曲颈青铜壶最引人注目。鹅首曲颈青铜壶上部为造型逼真的鹅首，鹅首因曲颈而下视。最上端有一圆口。曲颈下是细颈宽腹梅瓶，底座为圈足。鹅首曲颈青铜

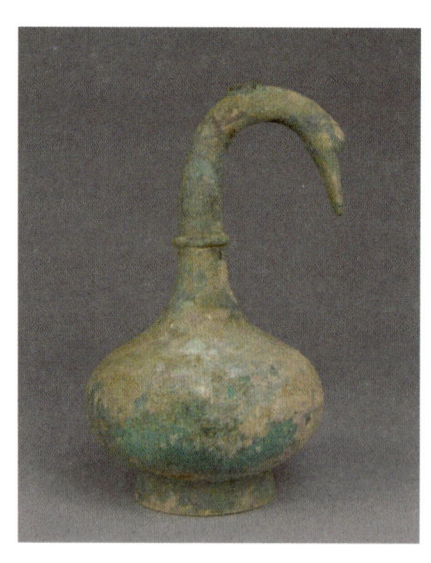

西汉鹅首曲颈青铜壶

壶不仅造型优美独特，而且在出土时壶中还储存着大约3000毫升的液体。经中国科学院大学研究人员取样检测，鹅首曲颈青铜壶内的液体为西汉早期的酒液，该酒液是可以止血消炎的药酒，与湖南长沙马王堆汉墓出土的医学方书《五十二病方》中的相关记载颇为相符。三门峡有"天鹅之城"的美誉，每年冬季都有近万只天鹅从遥远的北方迁徙到三门峡黄河湿地过冬。鹅首曲颈青铜壶的出土，穿越了历史长河，把古代与当今的三门峡联系起来，成为"天鹅之城"的历史见证。

金代家酿。2015年，在陕西西安南郊西影路附近，考古工作者首次发现了金代墓葬。墓葬主人李居柔是当时陕西东路转运使兼六部尚书，属于金代陕西地方最高行政长官。李居柔虽然贵为一方大员，但他死后的随葬品并不多，仅有30多件瓷器、铜器和玉石器等。其中有一只瓷质梅瓶在出土的时候瓶口还是密封着的，里面存有液体，液体颜色比较清澈。梅瓶是古代的一种盛酒器具，梅瓶里面装的液体一般应该是酒。有专家推测，梅瓶里装的应是当时酿造的酒，因容器密闭性较好，此酒得以保存七八百年。

元代家酿。在金代家酿出土之前，四川省眉山市青神县曾经出土了元代家酿。2010年，为配合成（都）绵（阳）乐（山）铁路客运专线建设工程，省市县三级考古专家组成的考古发掘队，正式对成绵乐铁路客运专线青神段陈家山唐宋时期遗址进行抢救性考古发掘，发掘出1条灰沟、3个灰坑、5座宋元时期墓葬和较为清晰的唐代至清代时期文化层。在元代出土文物中，有一对盛满液体的谷仓罐。考古工作者经分析认为，这对谷仓罐疑为元代陶器，里面盛装的可能是墓主人家自酿的酒。

中国是一个崇尚礼仪的国度，而酒文化与礼仪密不可分，古代墓葬也最能体现礼仪文化。所以，在古墓葬中发现的陶器、青铜器、玉器、漆器、瓷器等酒器，有一些存留有酒液，在做相关报道时常见诸媒体。

虽然由于时间久远，容器中残存酒液的酒精浓度已经很低了，但通过现代科技手段，还是能够检测出乙醇、酸类、脂类、醛类等的含量，从而判断出古代酒器中的残留物是否属于酒类的遗存。现在，有关的报道似乎越来越多，有些报道属于推测或猜测，可信度不大。但经过权威检测机构检测的报告，可信度应该是比较高的。

酒望子与各类酒招牌

　　酒器是酒文化的重要载体，而酒望与各类酒招牌承载的文化意义也非常丰富。酒望是酒家或酿酒作坊为招徕顾客而设置的，通常是在店外竖立一高杆，上面悬挂一块布条，布条上大书一个"酒"字，或者写上店家姓氏，以便招揽过往行人。酒望由此成为酒家或售酒的招牌。

　　酒望又称酒旗、酒望子等。早在春秋战国时期，酒家就已经用酒望招徕客人了。韩非子讲了一个很有意思的故事，说的是宋国有个卖酒的人，公平买卖，对客人也很客气。他酿造的酒很好喝，就把酒望挂得高高的，以方便让客人找到。可非常奇怪的是，他家的酒店有一段时间都没有客人光顾，以至于酒都变酸了。他感到不可思议，就询问一个知情的老人。老人说："你家的狗太凶猛了！"宋人不解，问："狗凶猛和酒卖不出去有什么关系呢？"老人说："人们害怕你家的狗。有的人家打酒，是让小孩子揣着钱、提着壶前来，而你家的狗龇着牙迎上去，把人都吓跑了。没有人敢来，所以，你家的酒放到发酸也卖不出去。"韩非子讲这个故事，目的在于说明治国理政的道理，但却无意中透露出，春秋战国时期已经出现酒家悬挂酒望卖酒的情形。

　　酒望是酒家或酒肆卖酒的招牌，所以有酒家、酒肆就会有酒望。历朝历代，不论是官家的酒作坊，还是私家的小酒馆，只要有酿造和经营，就都会悬挂酒望。只是时代不同，悬挂的酒望有所变化而已。北宋张择端的《清明上河图》，描绘了北宋都城汴京从郊外、汴河到城内的生活景象，犹如一部市井生活纪录片，定格了数百个北宋人的生活日常，其中就有酒家酒望。比如桥头有家酒店，门口的红木围栏里有个灯箱，灯箱上一面写着"脚店"，一面写着"十千"。"十千"是美酒的代称，典出曹植的《名都赋》："我归宴平乐，美酒斗十千"。"脚店"是相较于"正店"而言。"正店"是指获得了酿酒许可证的大酒店，不仅自营酒楼，还向"脚店"、酒户批发酒。"脚店"就是指没有酿酒资质的小酒店。这家脚店门口有根立柱，上面还挂着两块招牌，分别写着"天之""美禄"。这四个字也是美酒的代称，相当于推销广告，起的正是酒望的作用。南宋洪迈对酒肆悬挂的酒望有这样一段记载："今都城与郡县酒务，及凡鬻酒之肆，皆揭大帘于外，以青白布数幅为之，微者随其高卑小大，村店或挂瓶瓢，标帚秆。唐人多咏于诗，然其制盖自古以然矣。"（《容斋随笔·酒肆旗望》）这段话透露的信息比较丰富。首先，在都城和郡县都设有酒肆，有负责酒肆的酒务。其次，每一家酒肆都在店外悬挂几幅用青布或白布制作的大布帘，其形状有长方形的，有三角形的。酒肆悬挂的酒望，视酒肆大

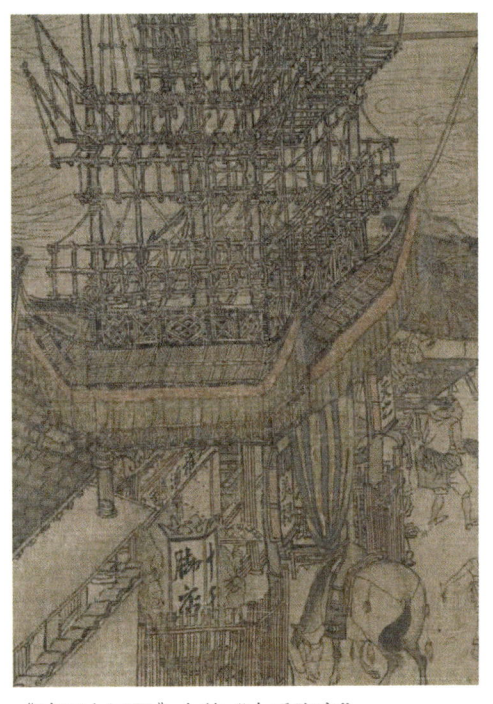

《清明上河图》上的"十千脚店"

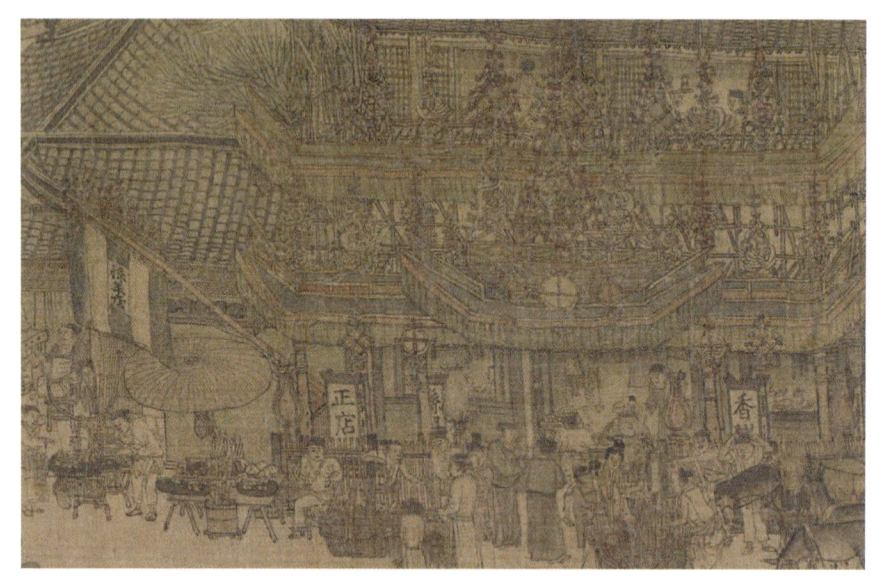

《清明上河图》中的酒肆

小、旗杆长短而定。乡村的酒肆则比较随意，有的悬挂酒瓶，有的悬挂酒瓢，甚至还有斜插一根扫帚秆的，因地制宜，各随其意。酒望向客人传递"此处有酒卖"的信息，其作用是招徕客人，所以，讲究的人把酒望做得大大的，颜色也比较鲜艳。不讲究的人，在酒肆随便悬挂一样东西，告诉客人这里有酒卖就是了。这就像竹林七贤中的阮咸，到了七月七日晾晒衣服这天，看见别人家晒的衣服都是丝绸锦绣，自己就用竹竿挑着当牛犊鼻用的大裤衩子，晒在院子中间，还不好意思地说："未能免俗。"

酒望是卖酒所用的招牌和指引，也是卖酒的广告。其作用可以从小说《水浒传》的相关描写中看出一二。《水浒传》写了很多酒肆，有村野的，有州县的，也有都市的。每一个酒肆都有酒望，酒望上有的有文字，有的没有。酒望是酒肆与酒肆之间相互区别的重要标志。如快活林酒楼的酒旗上，写的是"河阳风月"，其门前插的两把销金旗上，则写着"醉里乾坤大""壶中日月长";景阳冈下的小酒馆悬挂的酒旗上,写的是"三碗不过冈";浔阳酒楼的酒旗上,写的是"浔阳江正库",意思是官方经营的酒楼,其朱红华表柱上有两块粉牌,各写五个大字"世间无比酒""天下有名楼"。酒肆的酒望通常大书一个"酒"字,但《水浒传》中写到的这些酒肆,不仅有酒望,还有自我宣传的招牌。快活林酒楼,突出的是"快活"二字,而其招牌中的"河阳风月"四字,不仅说出了酒楼所在地,而且告诉前来饮酒的客人,这里还有"风月",有锦绣美景和无边风月。销金旗上的"醉里乾坤大""壶中日月长",更是酒中君子从来最痴恋的。人一喝醉,便会神接宇外,梦连乾坤,越发觉得这酒真是太好了,越发生出耽于美酒之想,感觉这有酒的日子真是越久越好。景阳冈下的小酒馆,以"三碗不过冈"为招牌,旨在宣扬自己的美酒酒力大,如果喝下三碗,就要醉倒了,哪里还过得去景阳冈?至于浔阳酒楼,则是官家办的,宋江能在这里饮酒题诗,也是宋押司的造化了。钉在华表柱上的招牌"世间无比酒""天下有名楼",虽然是典型的自吹自擂,但作为酒楼招牌还是有点吸引力的。酒楼的酒"世间无比",那该是怎样的美妙滋味呢?这就有点令人神往了。

　　正因为酒望具有如此之多的妙用,历代骚人墨客,不论好酒者还是很少饮酒者,都对酒望很感兴趣,留下了不少吟咏酒望、酒旗的诗作,有些写得还比较雅致。唐代诗人陆龟蒙有《奉和袭美酒中十咏·酒旗》,让人见识了立在江边、大书"香醪"二字的酒旗,是怎样一番情形:"摇摇倚青岸,远荡游人思。风欹翠竹杠,雨澹香醪字。才来隔烟见,已觉临江迟。大斾非不荣,其如有王事。"经过风吹雨打,酒旗已经褪色了,酒旗上"香醪"二字已经有点淡了。但是,这面酒旗非常大,像竖立军中的一面大旗,在风雨中飘荡,似乎有国家大事曾经在这里发生。"大斾非不荣,其如有王事"二句,如神来之笔,气势恢宏,把酒楼与国家联系在一起，令人对这家江边酒楼另眼相看。

比较而言，皮日休《酒中十咏·酒旗》的格局就显得小了点："青帜阔数尺，悬于往来道。多为风所飐，时见酒名号。拂拂野桥幽，翻翻江市好。双眸复何事，终竟望君老。"路边一家酒肆的酒旗，数尺见方，不时吹来的风把酒旗吹起，露出酒旗上酒家的名号。想一想乡野的清幽和朝市的热闹，再看一看路边的酒肆和那飘荡的酒旗，不由得感慨人终将老去。宋人彭齐《酒旗》诗颇为大气："太平天子束戈矛，惟许青旗在酒楼。我有百瓢元帅量，使君酣战客中愁。"诗歌中又是天子，又是元帅，把酒肆比作了征战之场，气场颇为宏大。但最后一句"使君酣战客中愁"，仍旧离不开借酒浇愁的俗套。宋人郑楷的《诉衷情·酒旗摇曳柳花天》，虽然是写酒旗，却写得委婉曲折，莺莺燕燕，散发着脂粉气息："酒旗摇曳柳花天。莺语软于绵。碎绿未盈芳沼，倒影蘸秋千。奁玉燕，套金蝉。负华年。试问归期，是酴醾后，是牡丹前。"

在中国古代，卖酒的广告往往和酒望联系在一起。酒家通过那空中高扬的酒望，把酒家经营的酒告诉南来北往的客人，把酒的特色宣扬出去。有时为了更好地招徕客人，酒家在店门前还要竖几块牌子，介绍酒家的美酒和美味佳肴。如林冲发配沧州时路过的古道孤村酒店，"杨柳岸晓垂锦旆，杏花村风拂青帘。刘伶仰卧画床前，李白醉眠描壁上"，是以饮中名士刘伶、李白做广告。武松所奔的村野酒肆，"一条青旆舞寒风，两句诗词招过客"，不仅有酒旗，还有咏酒的诗词做广告。当今社会，往往是生产厂家和经销商在做酒的广告，在大都市和各种高档酒楼，经常可以看到有关酒的招贴画和各种彩绘、喷绘。由于是纯粹的广告，无论是效果还是意境，都与古代酒家的广告无法相提并论。

三、酒以成礼：制度层面的酒文化

三、酒以成礼：制度层面的酒文化

与物质层面的酒文化相比，制度层面的酒文化虽然看不见摸不着，但对人们的日常生活和文化精神的影响却更广泛、更深刻。制度层面的酒文化包括酒礼、酒德与酒道，但在实际生活中，人们似乎更看重酒礼，正如东汉班固在《汉书》中所说："百礼之会，非酒不行。"在《诗经》《尚书》和"三礼"（《周礼》《仪礼》《礼记》）等经典文献中，一个最基本的原则，就是"酒以成礼"。《左传·庄公二十二年》有这么一句话："酒以成礼，不继以淫，义也。"酒是用来成就礼仪的，饮酒不能过分，这就是道义。

自夏商周三代开始，"酒以成礼"就是一个不成文的原则。关于酒以成礼，还有一个很有意思的故事。说的是三国时期，钟繇有两个儿子，长子钟毓，次子钟会，都非常聪明。有一次，钟繇午睡的时候，小兄弟俩偷钟繇的药酒喝。其实钟繇已经醒了，发现了两个儿子的意图却继续装睡，是想借机观察一下他们。钟毓拿到酒行礼之后才喝，钟会却是拿过来就饮。钟繇装作刚醒来，问他们为何这样。钟毓说："酒是用来完成礼仪的,所以要先行礼再饮酒。"钟会说:"偷酒喝本来就不符合礼仪,所以不必行礼。"看来,酒以成礼也是对不同的人来讲的。懂规矩守礼仪的人,明白酒以成礼的道理。如果过分追求张扬个性,不太把传统礼仪当回事儿,那就另当别论了。

《诗经》中的饮酒礼

《诗经》是中国最早的诗歌总集,收录了自西周初年至春秋时期的诗歌305首,原叫《诗》或《诗三百》,至汉代被奉为经典,故称《诗经》,一直沿用至今。据统计,《诗经》中与酒有关的诗歌有55首,"酒"字在《诗经》中出现了63次,其中《国风》出现过7次,《大雅》和《小雅》出现得最多,达50次,《颂》有6次。总计305首诗歌,酒出现的次数竟有63次之多,由此不难看出酒在当时人们生活中的地位和作用。《诗经》提到了不同的酒类,如《周颂·丰年》的"有酒有醴",就把曲酒和蘖酒区分开来。《诗经》还提到了"旨酒"和"清酒",有"旨酒思柔""酒既和旨,饮酒孔偕""清酒百壶"等诗句,表明当时人们对美酒的认知在芳香、醇厚、柔和、甘美等方面。当然,《诗经》中最多的还是关于酒与礼仪的描写。

《豳风·七月》是《国风》中提供与酒相关信息最多的诗篇。"六月食郁及薁,七月亨葵及菽。八月剥枣,十月获稻。为此春酒,以介眉寿"数句,不仅描绘了当时的农事活动,而且透露出当时是如何酿造春酒的。这种春酒是以粮食为主,同时又掺杂有水果(郁,即李子)、干果(枣)酿造而成。酿造春酒,是为了给长寿老人祝寿,所以有"为此春酒,以介眉寿"之句。用春酒为长寿老人祝寿的礼仪具有哪些内容和形式?下一章作了比较详细的描述:"九月肃霜,十月涤场。朋酒斯飨,曰杀羔羊。跻彼公堂，称彼兕觥，万寿无疆。"经历了九月的严霜，到了十月打谷场都已经收拾得干干净净。摆上两樽酒，宰杀一只羔羊，犒劳乡亲们。大家一起来到乡间的学校里，共同举起酒杯，祝贺长者们万寿无疆。在《七月》这首诗中，人们既看到了春秋时期酿酒的情形，也看到了人们为老者祝寿的场景，同时也看到了秋收之后，乡亲们煮酒宰羊，在乡校庆贺秋收并为老者祝寿的情形。

《周南·卷耳》描写的饮酒则是另一番景象。通常认为这是一首闺中少妇思念远征的丈夫的诗。丈夫骑着玄黄马远征去了，闺中少妇想象着丈夫远征的情形，不由得思在心头，愁上眉头。"陟彼崔嵬，我马虺隤。我姑酌彼金罍，维以不永怀"，登上高高的山峰，我的马已经疲倦了，拿出有云雷纹的酒杯姑且饮上一杯，冲淡一下绵绵的思念；"陟彼高冈，我马玄黄。我姑酌彼兕觥，维以不永伤"，登上高高的山冈，跳下疲惫至极的玄黄马，拿出用野牛角做的酒杯姑且饮上一杯，用以减弱一下那无尽的忧伤。从上述两段文字可以看出，春秋时期的酒杯非常讲究，铜制的罍上有云雷纹，野牛角制作的酒杯也很精致。能使用这样的酒杯，其家境一定比较富裕。但富裕归富裕，丈夫远征，少妇留在深闺，却是难掩愁闷，就一边想象丈夫远征的情形，一边小酌浇愁。《邶风·柏舟》也有借酒浇愁的描写："泛彼柏舟，亦泛其流。耿耿不寐，如有隐忧。微我无酒，以敖以游。"看来，借酒浇愁是由来已久的事情，古今如此。

既然"酒以成礼"，那么，敬酒、饮酒都和礼仪有密不可分的联系。什么场合敬酒、饮酒，怎样敬酒、饮酒，《诗经》中都有描述。《小雅》中的《吉日》和《湛露》描写了周天子与诸侯宴饮的场景，让人们看到了饮酒与礼仪情况。"厌厌夜饮，不醉无归""以御宾客，且以酌醴"，描述的都是周天子和诸侯宴饮的欢乐场景。尤其是"厌厌夜饮，不醉无归"二句，让人们看到了西周王室和贵族奢靡无度的生活状况。《诗经》

中有一些描写贵族饮酒的诗歌,如《南有嘉鱼》,写对君子的思念,表达了思贤若渴的心境。诗歌反复咏叹,"君子有酒,嘉宾式燕以乐""君子有酒,嘉宾式燕以衎""君子有酒,嘉宾式燕绥之""君子有酒,嘉宾式燕又思",君子已经摆好美酒,与嘉宾共饮,其乐融融,非常融洽和谐。《小雅》中涉及饮酒礼仪的内容比较多,有描写射猎饮酒的:"既张我弓,既挟我矢。发彼小豝,殪此大兕。以御宾客,且以酌醴。"(《吉日维戊》)有描写婚姻宴会饮酒的:"彼有旨酒,又有嘉肴。洽比其邻,昏姻孔云。念我独兮,忧心殷殷。"(《正月》)有和节气有关的饮酒:"维南有箕,不可以簸扬。维北有斗,不可以挹酒浆。维南有箕,载翕其舌。维北有斗,西柄之揭。"(《大东》)有写献酒祭祀祖先的:"祭以清酒,从以骍牡。享于祖考,执其鸾刀。以启其毛,取其血膋。"(《信南山》)有通过饮酒祈福的:"兕觥其觩,旨酒思柔。彼交匪敖,万福来求。"(《桑扈》)《小雅》中还有其他一些诗篇涉及饮酒礼仪,从不同侧面和角度展示了西周至春秋时期的饮酒礼仪。

　　《诗经》中集中表现饮酒礼仪的是《小雅·宾之初筵》。这是一首描写宾客宴饮的诗歌,用了五章的篇幅,表现了从"宾之初筵"到"宾既醉止"的整个宴饮过程。宴会有主有宾,有美酒菜肴,有各种歌舞侑酒助兴,甚至还有一些竞技表演,煞是热闹。宴会刚开始的时候,宾客分列左右,一个个正襟危坐,秩序井然,餐具里是美味佳肴、生鲜果蔬,每个人面前的酒杯里已经斟上了美酒。在主人的殷勤劝说下,大家举杯共饮,一派和谐景象。这时,钟鼓抬了上来,大家一起举杯,欢迎宴会中一个新的节目登台。君侯潇潇洒洒而来,拿起弓箭,张弓朝靶子射去,一矢中的。于是,各种器乐同时演奏,呈现出一派欢乐和谐之音。在乐曲的伴奏下,开始了祭祀祖先和神灵的仪式,希望祖先和神灵能够保佑子孙,赐给他们幸福快乐。再看宴会中的人们,开始的时候,一个

三、酒以成礼：制度层面的酒文化

个温良恭俭让，彬彬有礼。到了饮酒尽兴的时候，人们相互敬酒，找人碰杯，似乎就不那么注重自身形象了。到了最后，客人们开始吆五喝六，胡言乱语，宴席上的菜肴果蔬都被弄得乱糟糟的。"宾既醉止，载号载呶，乱我笾豆，屡舞僛僛。是曰既醉，不知其邮"，形象地描绘了众人喝醉酒之后的情形，让人们看到了那些所谓的高贵者醉酒之后失态的样子。值得注意的是，喝醉酒之后，场面虽然很混乱，甚至有些不堪，但这个时候，不论是喝醉的还是没有喝醉的人，同样都得听从酒监的号令，听从酒史的指挥，所谓"既立之监，或佐之史"。有了酒监和酒史在一旁监督记录，喝醉了的人不会躲到一边去，没有喝醉的人这时候反而觉得自己喝酒没有尽力因而感到不好意思。喝醉之后，该说的话，不该说的话，都可以说出来，但是却没有人对这些酒话予以追究，都是说过即忘。酒后之言，谁都不会计较。从《宾之初筵》一诗可以看出，西周时期，贵族阶层饮酒非常讲究礼仪，不仅宴席上所用酒类、菜肴、果蔬很讲究，餐具的摆放位置很讲究，祭祀先祖和神灵很讲究，宴会中的歌舞娱乐活动很讲究，而且还设置了酒监、酒史，负责监督饮酒，记录饮酒全过程。仔细看一下《宾之初筵》，后世的许多饮酒礼仪、场面和习俗，似乎都能找到最早的源头。

《大雅》中的一些诗章对当时贵族的饮酒礼仪有所记载。如《大雅·行苇》写为黄耇台背老者祝寿之事，可见当时的尊老、敬老习俗。主持祝寿的人，拿出醴酒中最醇厚的酒，斟满大斗，为黄耇台背等老者祝寿，祝福他们健康长寿，希望他们享受大福，所谓"以祈黄耇台背，以引以翼，寿考维祺，以介景福"。《大雅·既醉》是为君子祈福的诗歌，"既醉以酒，既饱以德。君子万年，介尔景福""既醉以酒，尔肴既将。君子万年，介尔昭明"，借助宴会为大德君子祈福，可以视为《诗经》中的祝酒歌。

《尚书》中的饮酒礼

早在西汉时期,《尚书》和《诗经》《周易》《仪礼》《春秋》等已经被尊为"五经"。《诗经》中有很多关于饮酒礼仪的诗章,《尚书》有关饮酒礼仪的内容则集中在《周书·酒诰》中。

武王伐纣灭了殷商之后,采纳周公的建议,把殷商的都城和周围地区一分为三,分别是邶、鄘、卫三国,并把弟弟管叔、蔡叔和霍叔分封到那里,共同监管殷商遗民和其统领武庚。周武王去世后,成王即位,周公摄政,引起管叔和蔡叔的猜忌。武庚乘机挑拨离间,发动叛乱。周公亲自率师东征,杀了武庚和管叔,把蔡叔流放,废霍叔为庶民,一举平定了武庚之乱。为保持殷都旧地妹乡等地的安全,周公封康叔于卫国,并以摄政王的身份,采用诰命的形式,对卫国君臣颁布了禁酒令,这就是《尚书》中的《酒诰》。

邶、鄘、卫三国,殷商时属于都城或京畿之地,这里的人们受王公贵族的影响,都喜爱饮酒。尤其是殷纣王帝辛,更是嗜酒如命,荒淫无度,整天沉湎于酒池肉林,把整个国家的风气都带坏了。周公颁布的《酒诰》,先把周文王抬了出来,说文王刚刚肇基开国的时候,就已经颁布过禁酒令,告诫各级官员平时不要无缘无故地饮酒,因为丧德败行的行为都和饮酒有关,之前发生的那些丧邦亡国的事情,也都是饮酒造成的罪孽。周文王还告诫各级官员和他的子民,平时不要无故饮酒,只有在祭祀之后才可以饮酒。即便如此,饮酒也要端庄大方,不能醉酒失态。有时为了表示对父母的孝敬,可以给他们敬杯酒,子女们也可以随着痛饮几杯。周文王提出了"祀兹酒"的原则,明确只有在祭祀的时候人们才可以饮酒,以及"有正有事:无彝酒""越庶国:饮惟祀,德将无醉"

的饮酒礼仪和原则。

西周初年的饮酒礼仪，除了可以通过《诗经》的相关描写略知一二，比较重要的文献资料就是《尚书·酒诰》了。《酒诰》不仅透露出西周初年实行禁酒的政策，而且还记载了当时的饮酒礼仪，那就是有祭祀活动时可以饮酒，为老人或父母祝寿可以饮酒。但无论哪种情况，饮酒都要讲究酒德，要端庄大方，不能失态，更不能借酒滋事。周公对卫国君臣百姓颁布的《酒诰》，除了重申周文王当年的禁酒令，还告诉人们，在周文王的禁酒令下，各级官员和百姓"罔敢湎于酒，不惟不敢，亦不暇"。没有人敢沉湎于酒，不仅不敢，而且因为每个人都忙于国事家事，根本没有时间饮酒。与之形成鲜明对比的，是殷纣王好酒纵欲，终于亡国。"酗身厥命，罔显于民""淫佚于非彝，用燕丧威仪，民罔不尽伤心。惟荒腆于酒，不惟自息，乃逸厥心"，都是在说殷纣王好酒亡国之事。周公把周文王禁酒和殷纣王纵酒进行比较，让人们明白了禁酒可以兴国、纵酒容易亡国的道理。

《酒诰》最后一部分，是周公对康叔说的。周公借古人的话，说明顺应民心的道理："古人有言曰：'人无于水监，当于民监'。"意思是说，如果没有水当镜子用，就把百姓当作一面镜子，殷商的灭亡就是一面镜子。周公告诫卫国君臣和百姓，要恪尽职守，每个人都要认真完成自己的工作，不要沉湎于酒。周公郑重地告诫康叔："'群饮'，汝勿佚。尽执拘以归于周，予其杀。"如果有人告发有群聚饮酒的事情发生，康叔不要放过聚饮者，而要把他们都抓起来，送到周地，由我下令杀了他们。至于殷商旧臣和遗民，如果他们旧病复发，违背禁令饮酒，沉湎于酒水之中，不能轻易杀了他们。要对他们进行说服教育，让他们明白殷纣王因酒亡国的道理，帮助他们戒除不良嗜好，让他们知道嗜酒会因酒误事，嗜酒会败德丧身。把道理讲给他们，他们如果仍然执迷不悟，该杀就杀，不必手下留情。最后，周公严肃地告诫康叔说："封，汝典听朕毖，勿辩乃司民湎于酒！"告诫康叔一定要听取劝告，不要让属下官员和百姓沉湎于酒。

《尚书·酒诰》产生的背景是殷商刚刚亡国不久，以商纣王为代表的末代君臣沉湎于酒、荒淫无度是亡国的重要诱因之一。所谓殷鉴不远，周公不能不对此特别警觉，所以在总结历史经验教训的基础上，对饮酒之事做出了明确的规定，体现出周代的饮酒礼仪。酒是用来成就礼仪的，在祭祀天地、神灵和祖先的时候，是可以饮酒的；为了给父母或长者祝寿，也是可以饮酒的。故而，《酒诰》并非一味地排斥饮酒。《酒诰》排斥的是饮酒无德，是饮酒无度，排斥的是纵酒嗜酒，是沉湎于酒。因为一旦出现这些情况，就会荒废正事，耽误大事，最终会误国误民。结合中国历史进程来看，因纵酒嗜酒沉湎于酒而误国误民的例子确实不少。除了周公说到的殷纣王，后世还有很多类似的沉痛教训。

《尚书·酒诰》书影

"三礼"中的饮酒礼

中国的饮酒礼仪,集中表现在"三礼"——《周礼》《仪礼》《礼记》之中。"三礼"较为详尽地记载了中国古代的传统礼仪,是中国传统礼仪的集大成之作。饮酒礼作为传统礼仪的重要内容,"三礼"都有涉及。《周礼·天官冢宰》中的"酒正"系执掌有关酒的政令的长官,是制度层面的酒文化。《仪礼》有《乡饮酒礼》,《礼记》有《乡饮酒义》,讲述的都是饮酒礼仪。后世许多饮酒礼仪,都是从《仪礼》和《礼记》而来。

中国的酒政和酒官制度由来已久。《周礼·天官冢宰》记载了许多官职,酒正就是其中之一。西周时期,掌管酒之政令、按照酿造程序和工艺为酿酒者提供酒材的官员称为酒正。凡是为国家酿造酒,或是用酒,都要听从酒正的指令,所谓"酒正掌酒之政令,以式法授酒材。凡为公酒者,亦如之"。具体到酒的业务方面,酒正还负责辨别"五齐之名",即要负责区分泛齐、醴齐、盎齐、醍齐、沉齐。"五齐"是五种酒,前面已经介绍过,此处不赘述。要辨别"三酒之物",即要辨别事酒、昔酒、清酒。事酒是冬天酿造到春天才酿成的酒,供有事情的时候饮用;昔酒为农闲时节或没有事情的时候饮用的酒;清酒是供祭祀专用的酒。不同情况下饮用不同的酒,这样的事情由酒正来决定。酒正还要负责辨别"四饮之物",即四种饮料,一曰清(醴酒),二曰医(药酒),三曰浆(薄酒),四曰酏(甜酒)。酒正最重要的职责是负责祭祀用酒和供酒。在国家有祭祀活动的时候,酒正要按照规定提供"五齐"三酒,每一种都准备一尊,共计八尊。同时还要各预备一份。祭祀之后,酒正还要负责为参加祭祀的宾客提供饮酒。天子饮用的酒,需要酒正亲自准备,并亲自敬奉天子。天子饮酒的数量要按规定数目敬奉。酒正属下有一支颇为壮观的队伍，共有中士4人，下士8人，府2人，史8人，胥8人，徒80人，酒人奄10人，女酒30人，奚300人，总计450人。其属下各司其职，各负其责，按照酒正的指令，完成各种酒政活动。

除酒正外，尚有酒人、浆人、凌人等职官，其职责也涉及酒事。酒人负责掌管"五齐""三酒"，祭祀的时候负责供奉。浆人掌管王侯所用六饮，即水、浆、醴、凉、医、酏，把这些酒类存入库府。凌人掌管冰事，冬天制冰，为各种米酒、果酒、药酒的贮存提供条件。

西周时期酒正的设立，初步完善了中国的酒政，使造酒、饮酒、用酒、藏酒等活动都进入规范化程序，确立了中国的饮酒礼仪。

《仪礼》和《礼记》对饮酒礼仪不仅有详细的记载，而且规范化的意味比较浓厚。

《仪礼·乡饮酒礼》记载的是诸侯之乡的官员宴请退休官员、宾客、贤士等人的整个过程，每一个环节都具有非常浓厚的礼仪味道。整个礼仪活动从"主人就先生而谋宾、介"开始。宴会开始前，作为宴会主人的大夫来到参加宴会的退休官员、宾客、贤士等人面前，对他们出席宴会表示欢迎，宾客等则共同施礼表示感谢。主人回拜，然后请客人入席。各位客人的席位相互独立，不相连接。宴会各项工作准备好之后，负责乐舞的乐正走进来，在西面的台阶之东站立，歌舞艺人在西面的台阶之西，面朝北坐

《礼记》书影

下。这时,有人呈上瑟,艺人开始演奏《鹿鸣》《四牡》《皇皇者华》等欢快的乐曲,作为宴会开始的前奏曲。然后,主人送上饮酒用的爵,并向客人推荐果脯和肉酱等美味。饮酒一轮过后,笙人进来,躬身向北站立,演奏《南陔》《白华》《华黍》等乐曲。主人从西阶开始,为客人劝酒,在阶前座位上行祭祀之礼,客人随之答谢饮酒。这一轮过后,笙人登场,站立饮酒之后,由歌者歌唱《鱼丽》,笙人吹奏《由庚》;歌者歌唱《南有嘉鱼》,笙人吹奏《崇丘》;歌者歌唱《南山有台》,笙人吹奏《由仪》。最后由歌者和笙人合乐,演唱国风《周南》中的《关雎》《葛覃》《卷耳》,《召南》中的《鹊巢》《采蘩》《采蘋》。演唱结束后,乐正告诉宾客礼乐已毕。然后向参加宴会者献酒,主要宾客用爵,其他客人用觯。享受用爵献酒的宾客接受敬酒时,不必离开座位,而是坐在座位上饮酒。只要是接受敬酒的宾客,通常都要接受三次敬酒,饮三爵。

《礼记·乡饮酒义》直接把饮酒礼仪与政教对应起来,所谓"立宾以象天,立主以象地,设介僎以象日月,立三宾以象三光。古之制礼也,经之以天地,纪之以日月,参之以三光,政教之本也"。饮酒礼仪是政教的体现,饮酒中的人物和礼制一一对应。明确主宾,以像自然之天;明确主陪,以像自然之地;设立副主宾和副主陪,以像自然之日月;设立三宾,以像大辰、大火、北辰三光,表示政教之所出。今天的宴会,人们对参加宴会的人的身份似乎没有太多讲究,但在《礼记》中,每一个人都有不同的身份,都在扮演着礼制中的不同角色,承担着不同的政教身份。

参加宴会的人物与礼制密切相关,宴会的整个程序也反映出当时非常严格的礼仪规范。宴会开始前,主人在庠门之外拜迎主宾。主宾相见之后,相互拜揖三次,而后一同来到台阶边,三让之后共同登上台阶,以此来表示尊让之礼。接着是洗手净面,清洗酒具。在主宾落座前,还有一系列的拜礼程序，如拜洗、拜受、拜送、拜既等。通过这些来表示敬意，表示尊让，表示不争。本来是欢快融洽的饮酒场合，由于每一个环节都彬彬有礼而变得十分庄重严肃。在酒以成礼的思想意识主导下，把饮酒和宴会变成礼仪场所，在古人看来是十分必要的。因为通过这些礼仪活动，让参加宴会的人都充满敬意，都表现出礼让精神，以此来远离相互争斗，而远离争斗就不会发生暴乱这样的灾祸。这又是讲究饮酒礼仪的重要目的之一，所谓"君子之所以免于人祸也，故圣人制之以道"。

再从宴会饮酒程序来看，礼仪也是环环相扣，无处不在。首先是座位次序。古人饮酒是围方桌而坐，四面八方的方位非常明确。不同方位有不同的含义，代表的物象也不同。天地严凝之气盛于西北，此气乃天地尊严之气，也是天地之义气。主宾像天，故主宾在西北之位落座；天地温厚之气盛于东南，此气乃天地盛德之气，也是天地之仁气，主人像地，故主人之位在东南；副主宾的任务是辅佐主宾，所以在西南之位落座；副主陪的任务是辅佐主人，所以在东北之位落座；南北两个方位有尊卑之别，不论坐北朝南，还是坐南朝北，都不符合宴请宾客之礼，故南北之位空置。如果参加宴会的还有其他宾客，如乡党、士子、有道君子等，则另外设席，四面而坐，以象征每年有四季。

宴会的酒和菜肴也很有讲究。尊中备有玄酒（即清水），清澈无杂质，主要用于祭祀。开始之前，主人和宾客互拜，表示礼貌。接着要敬天地，祭祖先，表达对天地和祖先的敬意。然后是品酒，之后大家同饮福酒，一饮而尽。此后，开始向老人和长者敬酒，敬酒的数量因老人和长者的年龄不同而不同。60岁以上的老人坐着，60岁以下的人在一旁站立，侍奉老人饮酒。宴会敬酒的时候，敬60岁以上的老人三豆（豆，类似高脚杯的一种器皿，可以盛放酒和食物），70岁以上的老人四豆，80岁以上的老人五豆，90岁以上的老人六豆。向老人和长者敬酒这个环节，彰显了中国古老的饮酒礼仪，表明了中国传统文化尊老敬长和孝悌之义，具有浓厚的儒家思想文化意蕴。

在整个宴会过程中，有三次献歌侑酒活动。主人酬谢歌者和乐工之后，歌者进入宴会厅，歌者歌唱三曲之后，主人向宾客敬酒；歌者退出，笙人入场，奏乐三曲之后，主人向宾客敬酒；歌者再入场，与乐工合作，先歌三曲，再合作三曲，主人向宾客敬酒。主人敬酒完毕之后，主宾回敬主人，主人酬谢。然后，副主宾代替主宾向客人敬酒，按照年龄大小顺序，依次答谢。最后是答谢那些为宴会付出辛劳的人。

古人饮酒注重节制，有"饮酒之节，朝不废朝，暮不废夕"之说。一般情况下，饮酒对于饮酒数量多少没有明确或硬性规定，饮几杯，用几爵，都不作限制，即所谓"修爵无数"。但总的原则是早上饮酒不耽误早上的事情，晚上饮酒不耽误晚上的事情。说白了，什么时候都可以饮酒，但是饮酒不能过量，不能耽误正事，不能坏了礼数。

由于过于繁文缛节，《仪礼》和《礼记》关于饮酒礼仪的规定，只有在重大活动或场合才能得以严格执行。人们通常的酒宴，仅是遵守其大义而已，比如讲究座次、尊老敬长、饮酒有节等，大家还是要遵守的。但有的时候，饮者为了尽兴，似乎可以把所有的礼仪都置于脑后，那就变成狂饮滥饮，彻底有违饮酒的礼仪了。

民间文化中的饮酒礼

民间文化中的饮酒礼仪，是从传统饮酒礼仪传承而来，具有较为鲜明的时代特色和地域烙印，且往往因时代、地域、事件等因素的不同而有不同表现。民间饮酒，名头很多，随便找个理由，都可以呼朋唤友，摆上几桌，一起痛饮。除了传统节日饮酒之外，以其他由头饮酒的更多。

中国文化重视安居乐业，而建造房屋是安居的前提，所以，民间对建造房屋向来非常重视。为表示隆重，同时也为了博个好彩头，在建房的不同环节都要摆设宴席，宴请宾客。先是选择建造房屋的地址，需要请风水先生前来勘定。这个时候要小范围请客，参加者除主人外，风水先生是主宾，此外还要请本村本族有身份、受尊重的长者和老人作陪。接下来是奠基，通常还要请客，除主人外，房屋承建者是主宾，本村本族的长者和老人作陪。房屋上梁的当天，张贴对联，披红挂彩。主人家要大宴宾客，左邻右舍，乡里乡亲，能参加的都参加，能来的都来，十分热闹。乔迁新居的时候，还要办乔迁酒宴，祭祀天地祖先，祝贺乔迁之喜，表示不忘本来，祝福未来。

生儿育女是大事。在古代，但凡生儿育女，都要举办几次宴会。一是满月酒。婴儿出生满一个月，要举办满月酒宴，亲朋好友齐来祝贺，同时还要给主人家准备一份贺礼。新生婴儿满百天，要举办百日宴，其寓意与满月宴差不多，都有祝福新生婴儿诸事圆满之意。新生儿满周岁的时候，通常也要举办宴会，宴请亲朋好友。有的家庭因忌讳孩子出生之后可能有什么厄难，还要举办"寄名"酒会，即把孩子寄名在寺院或道观里，在方丈或道长为孩子赐名之后，家人要举办宴会，邀请亲朋好友痛饮一番。孩子出生要办酒，老人祝寿有寿酒，60岁有花甲酒会，70岁有古稀酒会，80岁有杖朝酒会，88岁有米寿酒会，90岁有上寿酒会，99岁有白寿酒会，百岁有乐期颐酒会，等等。子孙和亲朋为老人祝寿时敬酒和饮酒，也都有饮酒礼仪。此外，还有饯别酒、壮行酒、开业酒、欢迎酒等多种名目的宴会，饮酒也都要符合相应的礼仪，都要符合"酒以成礼"的基本要求。

中国民间有"无酒不成席"之说，但凡有宴会，都少不了饮酒，饮酒就要讲究饮酒礼仪。饮酒礼仪首先表现在座次的安排上。大家聚在一起宴饮，座次如何安排很有讲究。通常情况是：主人居主位，副主陪在主人的对面落座。主宾在主人右边的座位落座，副主宾在主人左边的座位落座。然后依据客人的年龄大小或重要性分别在主宾和副主宾两边落座。主人这边的陪客，则分别在副主陪两边落座。如果是家宴，中国古代有男女不混席的规矩，男宾和主人家的成人男性在一席，女宾和主人家的女性在一席。如果客人都是男性，主人家的女性则是不入席的。现代社会，讲究男女平等，家宴的座次排位就视情况而定了。

宴会通常是由男主人主持。宾客全部落座之后，主人按照惯例先讲一番感谢宾客拨冗参加宴会的客气话，然后请主宾致辞。主宾表示一番感谢，主人直接宣布宴会开始。参加宴会的人在主人的带领下同饮三杯，然后开始向客人敬酒的程序。敬酒的次序各地不太一样，有些地方是副主陪和其他陪客向客人依次敬酒，有的地方是主人为表示最大的敬意，先向主宾敬酒。敬酒的次序通常是先主宾，后副主宾，然后依次向客人敬酒。由于主宾在主人右边，而敬酒通常从主宾开始，所以，敬酒的顺序通常是按顺时针方向依次敬酒。但有的场合，譬如祝寿酒会通常则按尊卑长幼之序敬酒。

由于敬酒通常是从主宾开始，而敬酒的人在开始的时候是不能站在主宾和主人之间的，所以通常站在主宾的右边，既表示对主宾的尊重，又表示自己处下的意思。为客人斟酒的时候，敬酒人右手执壶，左手轻触酒壶底座前缘，恭敬地给客人斟酒，防止酒液滴到客人身上或餐具上。酒杯中斟酒的深浅也有讲究，通常的说法是"茶七酒八"，意思是斟酒只斟八分满。如果是红酒，倒三分之一即可。这种倒酒方式和中国人的处事之道有很大关系。《尚书》中说"满招损，谦受益"，《易经》有"谦"卦，告诉人们要做谦谦君子，老子《道德经》也说"持而盈之，不如其已"，都是讲做人做事要谦虚，要留有余地。酒斟八分满，是留有余地之意。敬酒数量通常以三杯为限。在中国传统文化中，"三"既是具体的数，又具有比较丰富的文化意义。"三"是奇数，又是阳数，同时又是最大的数。老子说："一生二，二生三，三生万物。"混沌产生阴阳二气，阴阳二气相互作用产生调和阴阳二气的充气，阴阳二气在充气的调和下产生万物。但当下的宴会，尤其是朋友之间的聚会，敬酒多少往往因人而异，量力而行。最后是宴会主人向客人敬酒。接下是主宾代表客人向主人表示感谢。一般情况下是主宾先饮两杯，第三杯与主人一方共饮，以示谢意。如果是同事或朋友间的聚会，通常是酒过三巡、菜过五味之后才开始敬酒。敬酒则是从主宾开始，顺时针进行。由于都是同事或朋友，所以，敬酒的数量有时无一定定数，通常是看双方的默契度和酒量大小。

敬酒的方式也有一定的礼仪。敬酒人向长者或上级敬酒，要双手捧杯，止于胸前，然后缓缓向上举起，表示以下敬上之意。同事或朋友敬酒，可以用右手端杯子，举到和对方一样高的位置，示意饮酒即可。如果要和被敬酒的人碰杯，杯口上缘要低于被敬的人。饮酒的时候，右手执杯，左手作遮掩酒杯状，以免饮酒时露出口齿，或菜肴的气味从口中呼出，那样就会显得对长者或上级不敬。待被敬者饮毕，还要执盏为对方斟上酒，叫压杯，然后才能向下一位敬酒。切记不能让被敬酒者的酒杯空着，那样会显得很不礼貌。不能饮酒的人，应事先说明，或者要一些饮料或红酒代替白酒。现代社会饮酒礼仪要简单得多，基本是以让对方感到满意而不是感到失礼为宜。

饮酒礼仪与觞政

饮酒礼仪很早就存在了，西周时期设立酒正这样一个官职，清楚地表明酿酒、贮酒和饮酒已经成为官方的事情。在饮酒方面，不仅有各种礼仪规范，而且已经有了酒监，负责监督饮酒。到了战国时期，饮酒又有了觞政之说。

战国时期，魏文侯在曲阳（今河南济源市西）和朝中大夫一起饮酒。喝到高兴的时候，魏文侯喟然而叹，说："只有我没有豫让这样的忠心事主之臣！"这时，蹇重举起酒杯对魏文侯说："臣请君侯饮一大杯。"魏文侯问："你有什么理由呢？"蹇重回答说："臣听说有这样的话：健康长寿的父母不知有孝子，道德高尚的君主不知有忠臣。豫让效命的君主是什么样的君主呢？"魏文侯说："说得好！"就喝了一大杯，并举杯示意已经饮干。魏文侯说："正因为没有管仲、鲍叔这样的人为臣子，所以才有豫让这样的人建功立业。"有一次，魏文侯在都城大梁（今河南开封市）和大臣们宴饮，让公乘不仁为觞政。"觞政"是一个文雅的说法，用今天的话说就是酒司令。魏文侯让公乘不仁做酒司令，是防止大臣们饮酒时偷奸耍滑，不把杯中酒饮尽。他对公乘不仁说："饮酒而不干者，罚酒一大杯。"有了魏文侯的旨意，公乘不仁严格执法，宴会中没有人敢于偷奸耍滑。可是，到了魏文侯饮酒的时候，魏文侯没有喝干净。公乘不仁倒了一大杯酒，双手奉献给魏文侯，请他把罚酒喝了。但魏文侯却视而不见，不理不睬。这时，魏文侯的贴身侍卫站出来为魏文侯解围，说："不仁退下吧，君主已经醉了。"公乘不仁却不依不饶，说："前面的车已经倾覆了，后面的车应引以为戒。这说的是一种危险局面。作为臣子不容易，作为君主也不容易。但如今君主既然已经下了命令，让我当酒司令，那么，有令不行可以吗？"魏文侯说："你说得很好！"于是举起杯来，把一大杯罚酒饮干了。喝完酒之后，魏文侯认为公乘不仁原则性很强，又刚正不阿，于是就把公乘不仁当作尊贵的客人。作为中国酒文化史上的第一个酒司令，公乘不仁严格执法，获得了魏文侯的高度认可。

到了西汉，更出现了以军法行酒令的极端例子。汉高祖刘邦去世后，吕后专权，大肆封赏吕姓子弟，其中有三人封王。刘邦的孙子刘章，是刘肥之子，时年20岁，仅仅被封为朱虚侯，因此感到十分气愤。有一次，吕后举行宴会，刘章侍宴。吕后令刘章担任酒令，刘章对吕后说："臣出自将门，请求按照军法行酒令。"吕后同意了刘章的请求。喝酒喝到高兴的时候，刘章向吕后敬酒，并请歌儿舞女进场歌舞一番，为众人助兴。歌舞之后，刘章请求为太后讲一讲《耕田歌》。吕后笑着说："大概你的父亲就知道种田吧！如果生而为王子，哪里还会知道种田的事儿？"刘章："臣就知道这些。"吕后说："那你就试着给我说说种田的事吧。"刘章说："深耕穊种，立苗欲疏。非其种者，锄而去之。"吕后听了，默然无语。刘章说"非其种者，锄而去之"，是借种田向吕后进谏，言外之意非刘邦之后，不能封为王。如果封为王，还是会被锄灭。过了一会儿，有一位吕姓人因为喝醉酒溜了出去，刘章拔剑而出，追上之后挥剑把他杀了。刘章回来后向吕后报告："有人竟然逃酒，臣谨以法斩之。"吕后和她身边的人听后大惊。但是，由于宴会开始前，吕后已经答应刘章以军法行酒令，因而也没有办法怪罪刘章，只好作罢。

西汉扬雄对酒有独特之见。他有一篇《酒箴》，通过咏写陶罐和酒囊表达对酒的看法。陶罐是提水用的，但人们在用陶罐从深井中取水的时候，陶罐常常"处高临深，动而近危"，时常面临着被打破的危险。而用动物皮制作的酒囊，像壶一样大，里面盛满了酒，喝完了人们还会再把酒灌满。酒囊的待遇还很高，"常为国器，托于属车。出入两宫，经营公家"，经常被视为贵重之物，跟随在皇上所乘的车子上，出入于宫禁，买卖要由官家经营。在扬雄看来，酒既然有如此待遇，那就不要把醉酒、酗酒的不好名声归罪到酒身上。酒是没有过错的，有过错的是饮酒的人。扬雄对酒的见解不仅独到，而且一针见血！

酒以成礼，而酒是让人喝的，所以喝酒必须讲究礼仪。从古至今，那些圣贤们都谆谆告诫饮酒者要讲究礼仪，不要非礼乱性。明代公安"三袁"之一的袁宏道，酒量很差，喝酒很不给力，常常是少饮即醉。但他非常注重饮酒礼仪，为此还写了一本名为《觞政》的小书，对古人饮酒礼仪等问题做了概括和总结，从中可以看到古代饮酒礼仪的基本风貌。

首先是饮酒要有酒司令，袁宏道称为"明府"。明府，汉代指太守，唐代指县令。袁宏道说"凡饮以一人为明府"，意思是说凡是有酒会都要有一人为酒司令，负责饮酒之事。酒场上常常有两种情况：一是大家都彬彬有礼，饮酒放不开，容易冷场子；一种情况刚好相反，有人好勇斗狠，借酒肆意而为，热闹倒是热闹，但容易出问题。所以，要选择一人做酒司令，负责饮酒事宜。酒司令不是谁都可以当的，要符合三个条件。一是擅长酒令。既然要做酒司令，就要擅长酒令，能够用酒令调节气氛，做到冷热相济，促进酒会融洽和谐。二是真正懂酒。中国的酒有很多种类，不同的酒品质不同，酒力大小不同，哪些酒能多饮，哪些酒不能多饮，让能饮者多饮，不能饮者少饮，酒司令要心中有数。三是有一定的经济实力。酒司令有一定的经济实力，说话就有底气。如果喝到关键时刻，突然没有酒了，酒司令要能及时补上，使宴会继续下去。

酒会要想热烈隆重而不失礼节，一定要有喜欢饮酒的人。袁宏道称喜欢饮酒者为酒徒。楚汉战争中，郦食其求见刘邦。刘邦不喜欢儒者，拒绝了他。郦食其就自称高阳酒徒，这才得到刘邦的接见。袁宏道把喜欢饮酒者分为十二类：一是善于言辞而又不愿花言巧语讨人喜欢的人，二是说话柔声细语却又不给人萎靡不振之印象的人，三是没有什么可以行酒令但酒令又不重复的人，四是酒令一出而让四座欢呼雀跃的人，五是听到酒令就明白怎么回事不再追问的人，六是擅长嬉笑逗乐风趣幽默的人，七是为尊者所屈却不分辩的人，八是该喝酒的时候不议论酒之是非的人，九是飞杯传觞而仪态没有不恭之举的人，十是宁肯喝得大醉也不把酒泼掉的人，十一是分题行令而依然能够应对裕如的人，十二是不胜酒力却能长夜而饮兴致勃勃的人。这十二类酒徒都是既喜欢饮酒，又不失礼仪、不论是非、不计得失的人，是饮者中真性情之人。无论怎样的宴会，十二类酒徒中有其一，宴会就不会冷场，饮客就不会感到寂寞。

饮酒要注意仪容。遇到高兴事饮酒宜节制，劳累的时候饮酒宜安静，疲倦的时候饮酒宜诙谐，礼法场所饮酒宜潇洒，混乱的场所饮酒宜守规矩，和新朋友饮酒宜娴雅真率，和闲杂宾饮酒宜徘徊退却。

既然喜欢饮酒，就免不了有喝醉的时候。但醉酒应有醉酒的场所、氛围、环境和做法。白日醉酒，宜在花丛之中；夜晚醉酒，宜在雪夜之时；得意时醉酒，宜高歌以导其和；离别时醉酒，宜击钵以壮其神；和文人饮酒喝醉了，宜谨守礼节；和雅士饮酒喝醉了，宜加觥添筹。另有一种说法是：醉月宜楼，醉暑宜舟，醉山宜幽，醉佳人宜微酡，醉文人宜妙令无苛酌，醉豪客宜挥觞发浩歌，醉知音宜吴儿清喉檀板。由此可见，饮酒是不能随便醉酒的，如果要醉酒，一定要注意场所、氛围和环境，注意自己的行为举止，要有风度和雅量，不能斯文扫地，遍地狼藉。

饮酒要讲究遇合，避免乖离。袁宏道总结为"五合十乖"。"凉风好月，快雨时雪，一合；花开酿熟，二合；偶而欲饮，三合；小饮成狂，四合；初郁后畅，五合也。"有十种情况饮酒，则属于乖违情理。一是"日炙风燥"，二是"神情索莫"，三是"特地排档，饮户不畅"，四是"宾主牵率"，五是"草草应付、如恐不竟"，六是"强颜为欢"，七是"草履板折,诼言往复",八是"刻期登临、浓阴恶雨",九是"饮场远缓、迫暮思归",十是"客佳而有他期,妓欢而有别促,酒醇而易、炙美而冷"。这十种饮酒现象,都是乖违常理,实际上是不宜饮酒的。但有的时候,酒场摆下了,日期定下了,不饮又不行。怎么办?这都会考验主人和客人的智慧。比如第十种情况"酒醇而易、炙美而冷",酒是好酒,喝得很尽兴,但突然酒没有了。菜肴也很美,但时间放久了,已经变冷了,吃起来味道完全不同了。这种情况的确让主人没面子,也让饮客扫兴。这时候就需要主人和客人双方互谅互让,这样才不至于让一场美好的酒会变成令人遗憾的聚会。

中国古代的饮酒是从祭祀开始的。《周礼》《仪礼》《礼记》都讲到了这一点。主宾饮酒之前,要先祭祀天地、神灵和祖先,然后才可以饮酒。凡饮必祭所始,这是礼仪,也是规矩。袁宏道把中国古代的饮者排了个次序,以孔子为饮宗。孔子说过这样的话:"惟酒无量,不及乱。"意思是饮酒没有一定的量化限制,以不失态不胡言乱语为宜。这不仅是自知之明,而且是礼仪要求。饮酒如果到了烂醉如泥、失态失仪的地步,就把本是为了成就礼仪的饮酒变成了破坏礼仪的行为。所以,袁宏道认为孔子是酒圣,是觞之祖,可以称为饮宗。饮酒的人,要把孔子作为饮宗来祭拜。袁宏道还明确了四配和十哲。四配是:阮嗣宗(籍)、陶彭泽(渊明)、王无功(绩)、邵尧夫(雍)。十哲是:郑文渊(泉)、徐景山(邈)、嵇叔夜(康)、刘伯伦(伶)、向子期(秀)、阮仲容(咸)、谢幼舆(鲲)、孟万年(嘉)、周伯仁(颛)、阮宣子(修)。像山巨源(涛)、胡毋辅国(辅之)、毕茂世(卓)、张季鹰(翰)、何次道(充)、李元忠、贺知章、李太白(白)等人,虽然都享有饮名,但只能在两边廊庑享受酒徒的祭祀,根本没有升堂入室的资格。至于仪狄、杜康、刘白堕、焦革等酿酒名家,都是因善于酿酒而为后人所知,和是否喜欢饮酒没有关系，可以置于祠堂之外大门两侧，以供喜欢饮酒的人瞻仰。袁宏道以孔子为酒圣，并借用了孔门四配十哲的说法，为中国历史上能饮善饮者排了座次。其观点虽然尚可商榷，但大抵让人们对中国古代能饮善饮者有了初步的了解。

当代饮酒没有那么多讲究。如果是寻常的朋友聚会，除了座次和敬酒有所讲究外，其他礼俗基本上都免了。至于祭祀，只有在重要节日（如春节）饮酒时，需要祭祀天地、神灵和祖先外，其他时间饮酒，祭祀这一项已经难觅踪影了。酒以成礼，在当今社会似乎已经失去了其本来意义。

中国古代的禁酒令

虽然有"酒以成礼""无酒不成席"等说法，酒的作用也有目共睹，但作为一种含有酒精的饮品，酒的副作用也是显而易见的。大禹当初喝了仪狄酿的美酒，觉得十分甘美，但他清楚地意识到美酒对人的影响，说："后世必有因酒而亡国者。"于是果断地下了禁酒令，即所谓"绝旨酒"。这大概可以算作最早的禁酒令了。

夏商周三代的灭亡，固然有其复杂的社会历史原因，但看一看三代的末代帝王，哪一个不是好酒嗜酒呢？夏桀纵情声色，造酒池可以行舟，与妹喜在舟上饮酒取乐，有人喝醉了，掉进酒池中被淹死。商纣效法夏桀，且有过之而无不及，造酒池肉林，沉湎酒色。周幽王也喜好声色，宠溺褒姒，纵酒为乐，搞了个"烽火戏诸侯"。夏桀、商纣、周幽王亡国丧命，固然与他们不行德政，搞得天怒人怨有关，但沉湎酒色，也是加快其覆亡的重要原因。中国是农业社会，粮食是最主要的生活资料，国人素有"手中有粮，心中不慌"的说法。而酿酒会消耗很多粮食，

三、酒以成礼：制度层面的酒文化

在歉收年份则会造成生活资料的短缺。有鉴于此，中国古代的一些朝代都颁布了禁酒的法令。见于《尚书》的《酒诰》，是周公在平定"三监之乱"之后对康叔的讲话，从四个方面对饮酒作了约定。一是"饮惟祀"，即只有在祭祀的时候可以饮酒；二是"无彝酒"，即不要随便饮酒，不要经常饮酒；三是"执群饮"，即不能聚众饮酒；四是"禁沉湎"，即禁止沉湎于酒，不能喝醉了。这可以说是对饮酒的约法四章。第四条"禁沉湎"，只是禁止喝醉酒，是比较温柔的禁酒令。

战国时期的秦国，在秦孝公时期开始控制卖酒和饮酒。为了发展经济，增强国力，秦国采纳商鞅的建议，重视农业，抑制商业，采取了"贵酒肉之价，重其租，令十倍其朴"的政策，通过调节税赋，限制包括酿酒卖酒在内的商业。到了秦始皇的时候，更是把禁酒上升为法律，颁布了"百姓居田舍者，毋敢酤酒。田啬夫、部佐谨禁御之。有不令者有罪"的法律，告诉种田的人不能酿酒卖酒。负责此事的人要认真执行国家政策。如果有不遵守法令的人，就要治他们的罪。这是中国古代第一个禁酒的法令。西汉虽然解除了酒禁，但对酿酒卖酒同样课以重税。萧何做丞相的时候，定下规矩，"三人以上无故群饮酒，罚金四两"。这是典型的以罚代禁，通过罚款禁止人们无故聚众饮酒。

东汉末年，战乱频仍，灾害不断，加上瘟疫流行，百姓生活十分艰难。为了让老百姓有饭吃，军队有口粮，国家避免饥荒，同时也为了避免人们酗酒闹事误事，曹操奉汉献帝都于许昌之后，不久即颁布了禁酒令。孔融是一个喜欢饮酒的人，曾经不无夸张地说自己"座上客常满，樽中酒不空"。曹操颁布禁酒令后，身为少府的孔融自然会受到很多限制，造成诸多不便，于是他上书曹操，引经据典，说明曹操不应该禁酒，认为"酒之为德久矣。古先哲王，类帝禋宗，和神定人，以济万国，非酒莫以也"。他把饮酒看作天经地义的事情，说"天垂酒星之耀，地列酒泉之郡，人著旨酒之德"。针对曹操的禁酒理由，他逐一进行批驳，说："尧不千钟，无以建太平。孔非百觚，无以堪上圣。樊哙解厄鸿门，非豕肩钟酒无以奋其怒。赵之厮养，东迎其王，非引卮酒无以激其气。高祖非醉斩白蛇，无以畅其灵。景帝非醉幸唐姬，无以开中兴。袁盎非醇醪之力，无以脱其命。定国不酣饮一斛，无以决其法。故郦生以高阳酒徒，著功于汉；屈原不哺醩歠醨，取困于楚。由是观之，酒何负于政哉？"曹操也是满腹经纶的人，看了孔融的上书，也引经据典，说明禁酒的理由：夏商二代，因酒而亡；酗酒失德，荒废政事。孔融看了曹操的答复，并不服气，又给曹操上了一表，称："昨承训答，陈二代之祸，及众人之败，以酒亡者，实如来诲。虽然，徐偃王行仁义而亡，今令不绝仁义；燕哙以让失社稷，今令不禁谦退；鲁因儒而损，今令不弃文学；夏、商亦以妇人失天下，今令不断婚姻。而将酒独急者，疑但惜谷耳，非以亡王为戒也。"不过，从《三国志》等相关记载来看，曹操并没有因禁酒令的颁布而处分一个人，倒是劝阻曹操禁酒的孔融后来被曹操找个理由给杀了。

据有关史料记载，刘备在西川建立蜀汉政权后，也曾下令禁酒。据《三国志·蜀志·简雍传》裴松之注记载，刘备占据西川之后，因天气大旱，庄稼歉收，曾下令禁止民间酿酒，凡是不听命令而私自酿酒的，要严厉处罚。为防止百姓私下酿酒，下令把散布民间的酿酒工具全部收缴上来。凡是私自藏有酿酒器具而不上缴的人家，一律要处罚。不少人都觉得刘备这样做不合理，却劝阻不了。有一天，刘备和简雍在城墙上行走，看见差役从一户人家中搜出酿酒器具，准备按照规定处罚他们。这时，刚巧有一男一女从城墙下走过，简雍对刘备说："陛下，赶快派人把那对男女抓起来，他们要做不雅的事情！"刘备大感不解，问："你怎么知道他们要做不雅的事情？"简雍回答说："他们都有要做不雅之事的器具,就像那些家里藏有酿酒器具的人家一样啊!"刘备一听,明白了简雍的真实意思,哈哈大笑,下令让人把那户藏有酿酒器具的人家给放了。这段记载虽然属于坊间传说,但也从侧面反映了蜀汉时期禁酒的事实。

南北朝时期,禁酒的事情时有发生。北魏文成帝时期,粮食大丰收,人们有了余粮,纷纷用多余的粮食酿酒。酿酒的人多了,饮酒的人也多起来,因酒滋事的事情不断发生,诉讼案件大量增加,对社会安定造成了严重影响。有的人还借着酒劲随便议论朝廷,品评公卿大臣,引起民心不稳。文成帝担心人们酗酒滋事,败坏社会风气,影响社会安定,于太安四年(458)元旦"初设酒禁",酒禁十分严格,不经允许,无论是酿酒的、卖酒的,还是买酒的、饮酒的,一经发现,全部处死。如果有红白之事等特殊情况,则可以暂时开禁,但时间有严格限制,不得以婚姻或丧葬之事为由,超越时限饮酒,否则按违犯禁酒令处置。以前禁酒,多是担心酿酒浪费粮食,影响民生。北魏文成帝却是因为粮食丰收了,酿酒的人多了,酗酒闹事的人多了,不得不颁令禁酒。在中国古代禁酒史上,文成帝禁酒可以说是比较另类的。

唐代以后,朝廷也是经常禁酒,禁酒的理由各有不同。唐高祖武德二年(619),"以谷贵,禁关中屠酤",意思是因为粮食短缺,粮价贵,禁止屠宰牲畜和酿酒。当时,唐朝刚刚建立,天下尚未安定,战争和百姓都需要大量的粮食。为休养生息,恢复生产,应对战争,朝廷实行禁酒。明朝朱元璋颁布禁酒令,同样也是因为酿酒浪费粮食。朱元璋禁酒采取的是塞其源而断其流的办法:"曩以民间造酒醴,糜米麦,故行禁酒之令。今春米麦价稍平,予以为颇有益于民,然不塞其源,而欲遏其流,不可得也。其令农民今岁无得种糯,以塞造酒之源。"过去因为民间造酒,浪费米麦等粮食,朝廷不得不下令禁酒。明朝初年,社会安定,庄稼收成好了，粮食价格下来了，对老百姓是好事情。但是，为了从源头上堵住私自酿酒，朝廷下令百姓当年不得种糯米。糯米是酿造米酒的原料，不种糯米，没有原料，就没有办法酿造米酒。这种所谓的从源头上根治民间私酿的政策，其实也是治标不治本。古代酿酒，秫酒为多，即用秫（高粱）酿酒。用秫酿造的酒即今天所说的白酒，不仅度数高低比较好把控，而且是人们日常喜欢饮用的饮品。所以，仅仅限制种糯米，并不能从根本上解决禁酒的问题。

四、壶里乾坤：酒文化中的历史风云

四、壶里乾坤：酒文化中的历史风云

中国自有文字记载以来的历史，几乎都和酒有关系。《孔丛子》在谈到圣贤饮酒时说："尧舜千钟，孔子百觚。子路嗑嗑，尚饮十榼。"尧、舜是深受后人推崇的上古君主，他们不仅饮酒，而且有千钟的海量。他们虽然好饮、能饮，但并没有因酒耽误国事，而是垂衣裳而天下治，创造了上古社会治理的神话。进入夏商周三代之后，酒文化在波谲云诡的历史风云中占得一片风光，令人对中国酒文化刮目相看。在历史转折的关键时刻，酒文化常常发挥出奇妙的作用，使历史车轮留下深深的印痕。

酒池肉林留笑柄

大禹建立的夏朝，是中国历史上第一个世袭制王朝。大禹之位是从舜那里禅让而来，但他存有私心，没有像尧、舜那样选贤与能，禅让大位给贤者，而是把天下传给了他的儿子启。为了保证家天下能够传之万代，大禹给他的子孙留下了训诫，其中一条训诫是"内作色荒，外作禽荒。甘酒嗜音，峻宇雕墙。有一于此，未或不亡"。在内耽于美色，在外喜好狩猎，嗜好美酒，沉湎佳音，再加上大兴土木，建造峻宇雕墙。这五种情况，只要出现一种，就没有一个不亡国的。唐代诗人同谷子根据《五子之歌》中的这条训诫，写了一首很有警世意义的诗："酒色声禽号四荒，那堪峻宇又雕墙。静思今古为君者，未或因兹不灭亡。"

大禹很有预见性。夏朝传到大禹的孙子太康的时候就出现了问题。太康继位后，耽于游乐，沉湎酒色，经常外出狩猎，常年不归。后羿发动政变，控制了朝政，准备废黜太康。太康的五个弟弟奉母亲之命在洛汭拦截太康，对他进行劝谏。太康不听，丧失了复国的机会，史称"太康失国"。在夏朝，太康还不算最糟糕的，最糟糕的是夏朝的末代君主夏桀。据有关记载，夏桀是一个昏庸无道、骄奢淫逸、贪图享乐的君主。他背弃礼仪，淫人妻女，搜求天下美女，藏之后宫，供其享乐。他还把倡优、侏儒和狎邪之徒等善于嬉戏逗乐的人聚集起来，置于宫廷旁边，以供随时取乐。他令乐工谱写浪漫惊艳的音乐，供他享受。他没日没夜地与宠爱的妃子妹喜及一帮宫女饮酒为乐，高兴的时候，根本不顾什么礼仪，把妹喜抱在膝上，嬉戏玩乐。妹喜则借机向夏桀进言，干预朝政。更为甚者，夏桀还在宫中建造了一个可以在里面行船的酒池，乘坐画舫，满载美女，在上面饮酒作乐，有些不胜酒力的美女喝醉了酒，掉进酒池里，被活活淹死。夏桀和妹喜却以此为乐，哈哈大笑。由此可见，夏桀之人性已经完全泯灭，夏朝不灭亡则是天理难容！成汤顺天应人，起兵伐夏，一战而胜，并把夏桀流放到南巢。

夏桀之后，因酒色误国者不乏其人。最为典型的是殷纣王。殷纣王帝辛是殷商最后一位君主。他智力超群，身材高大，动作敏捷，能手格猛兽，在位期间平定夷方（今淮水流域），扩大了商朝的版图，但他却横征暴敛，荒淫无道，滥用酷刑，不纳忠言。纣王喜好美酒，耽于声乐，沉湎美色，滥杀无辜。九侯有一个女儿长得很漂亮，纣王就把九侯的女儿召至宫中，以供自己淫乐。但九侯之女看不上纣王这种做派，宁死不从。纣王一怒之下杀了九侯的女儿，还迁怒九侯，把九侯也杀了。鄂侯觉得纣王太过分了，进宫劝说，结果纣王恼羞成怒，把鄂侯也杀了。西伯侯姬昌听说此事后，仅仅叹息了一声，就被崇侯告发，于是纣王就把西伯侯囚禁在羑里城。为营救西伯侯，其臣子闳夭等人搜求天下美女和金银珠宝等，进献给纣王，这才把姬昌救出来。纣王宠爱妃子妲己，为了满足其声色之好，他让乐师涓制作靡靡之音，编制北里之舞，享受歌儿舞女为他奉献的美妙歌舞。这还不能满足，纣王于是"以酒为池，悬肉为林，使男女裸相逐其间，为长夜之饮"。纣王令人开凿酒池，在酒池外悬挂牛、羊等肉，形成肉林，令三千人在酒池肉林作牛饮（像牛饮水一样饮酒），玩得高兴时，竟然通宵达旦。看到这样荒淫无度的事情，百姓怨恨不已，诸侯也有背叛而去者。为了对付百姓和那些背叛他的诸侯，纣王制定了炮烙之法，用重刑铲除异己。要满足淫乐，就需要大量的钱财，纣王为此不惜课重税，搜刮民脂民膏。纣王这些恶政，搞得天下汹汹，民怨沸腾。周武王姬发联合其他部族挥师伐纣，牧野一战，大败纣王。纣王见无力回天，遂自焚于鹿台。一个曾经有为的帝王，最终落得如此下场，可谓是咎由自取。

夏、商是中国早期的王朝，它们最终走向灭亡，虽然有非常复杂的原因，但统治者喜好酒色，耽于享受，苛政酷刑，不恤百姓，却是非常值得重视的因素。尤其是在沉湎酒色和纵情享乐这方面，夏桀和殷纣王几乎如出一辙。夏桀在宫中建造酒池，淫乐无度；纣王就在宫外开凿酒池，设置肉林，聚集三千之众在酒池作牛饮，让一众赤身裸体的男男女女在酒池边肉林里追逐嬉戏，且常常通宵达旦。前车之覆，后车之鉴。

纣王只是看到了酒池给夏桀带来的快乐，却没有汲取夏桀喜好酒色而误国误民的教训，做的事情比夏桀更为荒淫无耻，最终落得个身死国亡，成为后人的笑柄。

借酒婉转劝君王

前事不忘，后事之师。夏桀和殷纣王饮酒误国导致身死国亡，教训深刻。所以，周朝的创立者姬昌告诫其子孙不能沉湎于酒色。周公在平定三监之乱后，发布《酒诰》，重申除在特殊场合可以饮酒外，其他时间都不能饮酒，更不能沉湎于酒。可是，姬昌和周公的谆谆告诫并不是所有子孙都重视遵守，沉湎酒色者有之，好酒误国者有之。到了春秋战国时期，好酒之风更甚。在姜尚的封地齐国，饮酒之风盛行，齐景公纵酒为乐，曾经七日七夜不止；齐威王好为淫乐之事，淫乐的时候常常伴随长夜之饮。但这个时候也有清醒的人，曾经辅佐齐桓公成就霸业的管仲，就曾经多次借酒劝谏齐桓公，使齐桓公及时悬崖勒马，不至于在错误的路上越滑越远。

管仲字夷吾，春秋时期颖上（今安徽颖上县）人。他和好朋友鲍叔牙分别辅佐齐襄公的儿子公子纠和公子小白。他们看到了齐国将发生内乱的苗头，保护公子纠和公子小白到其他国家避难。齐襄公去世后，在鲁国避难的管仲立即保护公子纠返回齐国，准备即位。在返回齐国的途中，管仲听闻鲍叔牙保护着公子小白也正从莒国急匆匆赶回齐国，亲自在即墨设伏，准备射杀公子小白，不料却被鲍叔牙骗了过去。公子小白回到齐国，顺利即位，是为齐桓公。鲍叔牙不计前嫌，推荐管仲为相。管仲尽心竭力辅佐齐桓公，使位于东方的齐国迅速崛起，成为春秋时期第一强国，齐桓公因此成为春秋第一位霸主。他对管仲言听计从，并尊管仲为仲父。

　　管仲并不因为齐桓公是君主而事事听命于他，而是敢于直言进谏，有时甚至不给齐桓公留一丁点儿面子。他多次借饮酒劝谏齐桓公，在中国历史上留下了一段佳话。有一次，管仲请齐桓公到家里饮酒，喝到日落西山的时候，齐桓公喝得兴起，就让人预备蜡烛，准备挑灯夜战。管仲很不客气地说："臣下只是留下了白天的时间，并没有预留夜晚的时间。您可以回去了。"齐桓公一听，有点不高兴地说："仲父您年纪大了，寡人和仲父一起饮酒为乐还能有几次呢？请准备蜡烛，夜里接着痛饮吧。"管仲说："您错了。追求美味的人德行不会很好，沉湎于声乐的人反而有忧愁，身体强壮的人懈怠则会错失机遇，老年人懈怠则终生难以有所成就。臣下今日为您讲述这个道理，是希望您自我勉励。您为什么要沉湎于酒呢？"齐桓公觉得管仲的话有道理，于是起身离去。

　　齐桓公为答谢管仲，准备请管仲喝酒。为表示对管仲的尊敬，齐桓公令人新挖了一口井，取井中的水酿酒。为保持井水干净，拿木柴把井口盖上，以防落入杂物。酒酿好之后，齐桓公又斋戒十日，然后才请管仲来喝酒。管仲到了之后，齐桓公亲自为管仲端酒杯，其夫人亲自执酒壶随后。酒过三巡之后，管仲就急急忙忙地小步跑出去了。为了宴请管仲，齐桓公又是酿美酒，又是斋戒，饮酒的时候，不仅自己亲自端酒杯，而且还让妻子在其身后执壶，对管仲可谓是恭敬有加。可管仲竟然如此不给面子，喝了几杯就跑了，让齐桓公很是下不来台。齐桓公非常愤怒，说："寡人斋戒十日，才请仲父来饮酒，寡人自认为做得已经够了。仲父如今也不告诉寡人一声，就跑了出去，这是什么道理？"同来饮酒的鲍叔牙和隰朋见齐桓公发怒了，急忙出去追赶管仲，说："主公发怒了。"管仲只好回来，进到院子之后，背对屏风站立。齐桓公正在气头上，不与管仲说话。过了一会儿，管仲来到院子里，齐桓公还不和他说话。又过了一会儿，管仲进入大堂内，齐桓公这才说话。他说："寡人斋戒十日才请仲父您来宴饮，自以为对仲父没有什么罪过了。仲父一不高兴，招呼也不打就出去了，不知是什么原因，请仲父告诉寡人。"管仲说："臣听说，沉湎于音乐的人忧愁多，嗜好美味的人德行薄，怠慢于朝政的人行政缓，对国家有害的人危及社稷。所以，臣下才敢于不告而去。"齐桓公听了，慌忙走下大堂，说："寡人不敢自以为是，新挖了一口井，并用柴草覆盖起来，以保持洁净。仲父年纪大了，即便是寡人身体也不如前了。我希望一朝君臣都能因仲父而平安。"管仲回答说："臣下听说壮年不要懈怠，老年不要偷懒。为人如果能够顺应天道，一定能够善终。夏商周三代终至于亡国，都有一个渐进的过程，不是某一朝汇聚起来的。主公尚未至老，怎么如此偷懒呢？"说罢，管仲就走了出去。齐桓公像送宾客一样，礼送管仲出门，出门后又再拜送别。

　　管仲两次借饮酒劝说齐桓公，目的在于告诫齐桓公不要沉湎酒色，不要丧失斗志，而是要继续进取，让齐国变得更加强大。管仲为齐国着想，替齐桓公谋划，尽管有时言辞比较激切，行为比较过激，深明大义的齐桓公都能够容忍。即便一时下不来台，但只要管仲把道理说清楚，他还是欣然接受。譬如，有一次齐桓公置办酒会，招待满朝文武。为了能够喝尽兴，齐桓公颁布酒令，迟到的人罚酒一大杯。大家从早朝时开始饮酒，到了中午管仲才赶到。齐桓公举起酒杯，示意要罚管仲饮酒。管仲遵守酒令，拿起杯子就饮，可他只喝了一半，另一半却泼掉了。齐桓公很不高兴，说："大家约定早朝饮酒，您来迟也就罢了，为何不守酒令，喝一半倒掉一半？"管仲回答说："臣听说，酒一喝进口里，舌头就会从口中出来，容易多说话，说错话。一旦说错话，就可能会有掉脑袋弃身子的危险。与其掉脑袋弃身子，不如把酒倒掉。"齐桓公听后，明白管仲说的是饮酒误事，大则误国，不仅不责怪管仲，反而称赞管仲说得好。

齐桓公能够成为春秋五霸之首，很大程度上是因为有管仲、鲍叔牙等忠臣义士竭诚辅佐。管仲作为齐国之相，在成就齐桓公称霸诸侯的伟业中更是居功至伟。管仲和齐桓公是中国古代君臣相知、君臣契合的典范。齐桓公尊管仲为仲父，管仲对齐桓公则是竭尽股肱之力。有时候，为了劝谏齐桓公，管仲只好借酒说事儿，一再告诫齐桓公不要沉湎酒色，不能因酒误事误国，希望齐桓公一如既往，奋发图强，使齐国真正成为受人尊敬的国家。正是由于管仲的经常提醒和敲打，才使齐桓公时刻保持清醒，时刻保持旺盛的斗志，时刻把国家社稷放在心上。这才有了"齐桓之功，为霸之首。九合诸侯，一匡天下"（曹操《短歌行》）的局面。

鸿门宴中转乾坤

在云谲波诡的历史风云中，酒的作用非常奇妙，有时候一壶浊酒甚至胜过无数卫士，可抵百万雄师。刘邦鸿门宴的奇遇，从一个侧面为《水浒传》中的千古名联"壶里乾坤大，酒中日月长"做了很精妙的注脚。

陈胜、吴广发动的秦末农民起义，敲响了暴秦的丧钟。天下人响应而从，群起反抗暴秦。项羽在反抗暴秦中成长壮大起来，在巨鹿之战后被楚怀王任命为上将军，成为各路义军的首领。项羽挥师向关中挺进，却在函谷关受阻。与此同时，又传来了刘邦已经进入咸阳的消息。项羽大为震怒，发兵攻破函谷关，把四十万大军驻扎在新丰鸿门（今陕西西安市临潼区东北），与驻扎在灞上（今陕西西安市东）的刘邦十万大军遥遥相对。从当时的形势来看，项羽是最有可能称王的。但刘邦先入咸阳，按照楚怀王当初与诸侯"先破秦入咸阳者王之"的约定，刘邦应该封为关中王或咸阳王，这让项羽心里很不舒服，而且就在此时，刘邦的左司马曹无伤派人私下求见项羽，向项羽进言，说刘邦进入咸阳后要用子婴为相，并准备把秦朝的珍宝全部据为己有。项羽的谋士范增也告诉项羽，一向贪财受贿、喜爱美色的刘邦，这次在咸阳城里却对财物分文不取，那么多宫女美妇也不贪恋，还把秦朝的账簿都封存起来，志向不小。在曹无伤和范增的鼓噪挑动下，项羽勃然大怒，准备次日发兵攻打刘邦。项羽的叔叔项伯和刘邦的谋士张良是生死之交，得知项羽准备进攻刘邦，生怕张良受到牵累，就悄悄地连夜去见张良，让他早做准备。张良一听大事不妙，立马和刘邦商议对策。到了这个生死关头，刘邦也顾不了那么多了，先做主把女儿许配给项伯的儿子，与项伯结为儿女亲家，求得项伯的帮助，请项伯先回去代为向项羽解释。次日亲自带人到鸿门向项羽谢罪，以求得项羽的谅解。于是，就有了一场名扬千古、精彩纷呈的鸿门宴。

在司马迁《史记·项羽本纪》描写的"鸿门宴"中，酒发挥了非常重要的作用。刘邦带领张良、樊哙等亲自来到鸿门，向项羽谢罪。项羽听了叔父项伯的劝说，得知刘邦没有二心，就放下心来，说："这些都是你的左司马曹无伤告诉我的。"于是，就设宴款待刘邦。项羽的谋士范增在宴会中多次给项羽使眼色，让他找机会下手除掉刘邦，可是项羽却像没看见似的，不理会范增。范增见项羽有放了刘邦的意思，急忙起身出去，对项庄说："主公有仁慈之心，不想杀刘邦了。你进去敬酒，敬完酒后舞剑助兴，趁机把刘邦杀了。不然的话，我们都会成为他的俘虏！"项庄进去敬酒，敬酒之后，说："军中没什么可以助兴的，我就舞剑给大家助兴吧！"项羽答应了。项庄就在席间舞起剑来。项伯看出了苗头，担心伤了刘邦和张良，也起身拔剑起舞，时常用自己的身体掩护刘邦。项伯是项羽的叔父，项庄再大的胆子也不敢伤了项伯。舞了一阵，始终找不到下手的机会。

张良看出了苗头，借口出去一会儿，找到樊哙说："现在情况很危急。项庄借口舞剑助兴，却是想借机杀了沛公。"樊哙说："这如何是好！让我进去，和项庄拼个你死我活！"樊哙于是一手持剑，一手拿着盾牌朝里面冲，却被宴会门外的卫士挡住。樊哙不管不顾，直接冲了进去，掀开帷帐，朝西看着项羽，头发都直起来了，眼角像要开裂似的。项羽握剑起身，问进来的是什么人。张良说是给沛公赶车的樊哙。项羽说："是一个壮士！赏给他一大杯酒。"樊哙站着把一大杯酒喝了。项羽又让人赏给樊哙一个猪前腿。樊哙把猪前腿放在盾牌上，拔剑切着吃。项羽又问："还能饮酒吗？"樊哙很豪气地说："大丈夫死都不怕，一杯酒有什么可推辞的！"接着，樊哙话锋一转，借着酒劲，开始指责项羽，说："秦王有虎狼之心，杀人唯恐不能杀尽，惩罚人唯恐不能用尽酷刑，所以，天下的人都背叛了他。怀王当初和诸侯约定，先打败秦军进入咸阳的人封为王。如今，沛公先打败秦军进入咸阳，金银财宝丝毫不取，封闭宫室，让军队驻扎在灞上，等待大王您的到来，所以才派遣人马守卫关口，以防备其他盗贼出入，出现非常情况。沛公这么大的功劳，大王您没有给他封侯这样的赏赐，反而听信小人之言，准备诛杀灭秦有功的人。这和已经灭亡的秦朝有什么不同吗？"项羽听了，不仅没有责怪樊哙，反而让他入座。

坐了一会儿，刘邦装作起身去厕所，并把樊哙也喊了出去。刘邦准备趁机逃走，对樊哙说："刚才出来的时候没有辞行，如何是好！"樊哙说："做大事不顾及小的细节，讲大礼不讲究小的礼让。如今，项王为刀俎，我们是鱼肉，还向他辞什么别啊！"于是，刘邦就留下张良向项羽辞行，自己和樊哙一起，悄悄从小路连夜逃跑了。

张良回到宴席，说刘邦不胜酒力，不能来辞行，让微臣把两个玉璧奉献给大王，把两个玉斗（玉质酒杯）奉献给大将军。项羽问刘邦现在哪里，张良说："主公听说大王有意责备他，就独自离开了。现在已经回到军中了。"范增听到这个消息，把玉斗扔在地上，拔剑把玉斗敲碎，说："竖子不足为谋！我们如今都要变成刘邦的俘虏了。"刘邦回到灞上，立马就把曹无伤杀了。

项羽设置鸿门宴，真正的目的是试探刘邦，看一看刘邦到底有什么想法，是不是像身边人说的那样真有称霸天下之志。如果刘邦没有这样的想法，对项羽构不成威胁，就放他回去。如果确有称霸天下之志，就准备借机除掉他。可是，项羽在关键的时候被樊哙饮酒的豪气所吸引，动了妇人之仁，让刘邦死里逃生，错失了一次千载难逢的机遇。在此后长达五年的楚汉战争中，刘邦在张良、萧何、陈平、韩信、英布等文臣武将的支持下，纵横捭阖，转战南北，终于迫使项羽乌江自刎，赢得了楚汉之争，建立了汉朝。鸿门上的一场宴会，竟然改变了一个时代的走向，不由得让人感慨酒在关键时候的神奇作用。

妙识先机存己身

酒在历史风云中的作用真是太大了。有的时候，就是一杯酒，一句话，就可能颠倒乾坤，起死回生。在饮酒之风盛行的魏晋时期，酒既是文人雅士展现风度的杯中物，也是文人雅士在乱世中保全性命的一道盾牌。竹林七贤中的阮籍和王戎能够苟全性命于乱世，酒发挥了无可替代的作用。

阮籍一生好酒嗜酒，是个出了名的酒徒。他家旁边有一个酒肆，老板娘颇有几分姿色。阮籍和王戎经常到她那里喝酒，而且常常是一喝就醉，醉了就在老板娘旁边睡下。老板起初怀疑老板娘和阮籍、王戎

四、壶里乾坤:酒文化中的历史风云

之间有什么不正当关系,暗中观察一阵子,没有发现任何异常,也就放心了。一次,阮籍正和别人下棋,忽然有人来报,说他母亲去世了。对手见此情形,准备作罢。阮籍却坚持把这盘棋下完,然后饮酒一斗,大喊一声,呕血数升。在为母亲守丧和服孝期间,阮籍没有按照传统的丧礼要求禁食酒肉,而是像平常一样饮酒食肉,即使是在司马昭举办的宴会上,他也没有顾忌,饮酒食肉如常。司隶何曾看不下去,向司马昭进

唐 孙位《高逸图》中的阮籍

谏，要以违犯礼法罪把阮籍流放到海外，借以端正风教。司马昭对阮籍很了解，说："嗣宗已经瘦弱到这个样子，你就不能为他担忧一下吗？为什么还说这种话？像嗣宗这样因为身体原因而饮酒食肉，也是丧礼本来就有的。"这才算为阮籍解了围。此时阮籍就在一旁坐着，对他们不理不睬，照样饮酒食肉，神态自若。司马昭当时正在积极培植自己的势力与曹氏抗衡，非常需要阮籍这样的名士为他撑面子，所以对阮籍非常尊重。阮籍想做东平太守，司马昭就让他去做。阮籍听说步兵营有好酒三百石，请求做步兵校尉，司马昭就真的答应了。阮籍到任之后，天天喝酒，有时还拉刘伶过来一块儿喝。

阮籍喜欢饮酒，名声在外。有时候，他就用饮酒来对付那些不得

竹林七贤与荣启期砖画

不应付的事情。司马昭想和阮籍做儿女亲家，阮籍明白他的意思，不想和他结亲又不能当面拒绝，就天天饮酒，一饮就醉，竟然连着大醉六十天，不给他提亲的机会。司马昭是明白人，看到阮籍这样，也就不提这件事了。司马昭准备进位晋王，司空郑冲让阮籍代他起草劝进书信。阮籍明白这是出力不讨好的事儿，而且，他对司马昭进位晋王也有不同看法。但司马昭对他很优厚，也很宽容。阮籍写也不是，不写也不是。万般无奈之下，接下郑冲交给他的任务，回家就喝起了闷酒，这一喝又醉了。到了准备劝进的那天，郑冲让人来取劝进文时，阮籍还在大醉之中。来人把阮籍唤醒，说明来意。阮籍这才记起这件事，于是提笔就写，文不加点，一挥而就，写成了《为郑冲劝晋王笺》。有人为此指责阮籍，说他在司马昭篡夺曹魏政权之心已经昭然若揭的时候，撰写劝进文，讨好司马昭。其实这是不明白阮籍的苦心，不明白阮籍这是不得已而为之。东晋时期，王恭曾经就司马相如和阮籍进行比较，问王忱："阮籍和司马相如相比怎么样？"王忱回答说："阮籍，胸中垒块，故须酒浇之。"这就是成语"借他人杯酒，浇自己块垒"的原始出处。王忱所说的"块垒"，是指积郁在心中的愤懑和忧愁。如果阮籍要讨好司马昭，他就没有必要拒绝司马昭的联姻，而是求之不得；更不应该为写篇劝进文章而大醉，而应该是乐此不疲。阮籍在这两件事上大醉，就是要用这种方式排遣心中的愤懑和忧愁。但借酒浇愁愁更愁，景元三年（262），也即司马昭杀害嵇康之后的第二年，阮籍抑郁而终。阮籍虽然在几次关键的时候，借酒保全了自己，但最终还是因胸中的"块垒"积郁太深，无从消解，走到了人生的尽头。

相比之下，王戎就比阮籍看得开、放得下。王戎清高雅尚，简约古朴，甚有见识。七岁时和一群小朋友在路边玩耍，看到路边的李子树树枝断了，其他小朋友都去摘李子，只有王戎站立不动。有人问他为何不去摘李子，王戎回答说："李子树生长在路边，却结了那么多果实，果实一定是苦的。"他也喜欢饮酒，十几岁的时候就和阮籍对饮。有一次，王戎到阮籍那里饮酒，正巧兖州刺史刘昶（字公荣）在座。二人在那里饮酒，刘昶却不参与。王戎问阮籍："在座的那个人是谁啊？"阮籍说："是刘公荣。"王戎开玩笑地说："胜过刘公荣的人，所以给他酒喝；不如刘公荣的人，不可不给他酒喝。只有刘公荣这样的人，才可以不给他酒喝。"王戎是个很孝顺的人，对父母非常有孝心。他在任豫州刺史的时候，母亲去世了。在为母亲守丧和服孝期间，王戎不守礼法，像阮籍那样饮酒食肉。当时，汝南名士和峤也遭受丧母之痛。王戎虽然不拘礼法，人却瘦成了一把骨头，需要扶着手杖才能站起来。和峤哭得很悲痛，让人感到揪心。晋武帝对这两位大臣都很关心，派刘仲雄去探视。刘仲雄去看望了几次，回来向晋武帝报告说："和峤虽然哭泣得很痛苦，但看他的神气却没有损伤；王戎虽然不守礼教，人却瘦得脱了形。在臣下看来，和峤是为生而尽孝，王戎是以死来尽孝。陛下不应该担忧和峤，而应为王戎多考虑考虑。"

和阮籍一样，王戎饮酒既是出于爱好，也是用酒徒的形象求自保。他任尚书令的时候，穿着官服，乘坐一辆轻便的轺车，从黄公酒垆路过，回头对后面车上的人说："我当年和嵇叔夜、阮嗣宗曾经一同在这里饮酒。竹林之游，我也赶上了末班车。自从嵇生去世、阮公死亡以来，我便被各种世事俗务羁绊住了，再也难以到这些地方潇洒了。今天看来，这些地方虽然距离很近，但实际上已经邈若山河了。"王戎为人很低调。他后来官居司徒，非常显赫，可他并不大权独揽，而是把很多事情都委托给下属，让属下有职有权。得便时，他就骑一匹小马，从便门出去游玩。行走在大街上，人们都不知道王戎是位居三公的人。王戎的许多门生和属下后来都做了大官，在路上偶尔遇见的时候，他总是远远地主动避开他们。王戎很会经营,积累的田地遍布天下,收入的钱财甚多,他经常在夜晚和夫人一起拿着牙筹算计家里的财产,竟然算不清楚有多少。但其生活却很俭朴。王戎用饮酒、低调和俭啬,给人造成一种胸无大志的错觉。也正是因此,王戎才能够在风云变幻的西晋时期求得自保,得以善终。

美酒与盛唐气象

整个唐代的历史都与酒有着不解之缘。唐高祖李渊称帝后,立李建成为太子,李世民为秦王,李元吉为齐王。李建成见李世民功劳甚大,又有长孙无忌、尉迟恭等一帮人辅佐,担心李世民早晚会取代他,

唐壁画《宴饮图》

就屡屡设计陷害李世民。他曾经请李世民到府上饮酒，却在酒中下毒，差点让李世民丢了性命。武德九年（626），李世民趁李建成、李元吉上朝之机，在玄武门发动兵变，杀死李建成和李元吉，迫使李渊改立自己为太子，并把朝中一切事务交给自己处理。不久，李渊就逊位了。李世民改元贞观，开创了唐代历史上的"贞观之治"。后来经过几代人的努力，到了唐玄宗李隆基，开创了中国历史上著名的"开元盛世"。

李隆基即位前也是一个好酒的人，通过"唐隆政变"和"先天政变"夺取政权之后，却突然把酒戒掉了。李隆基戒酒的原因，用他自己的话说，是刚即位的时候，有一次喝醉了酒，无端地杀了一个人。醒酒后他感到十分后悔，从此就戒了酒，并且这一戒就是四十年。安史之乱中，李隆基从斜谷逃入四川的途中，身边的人好不容易给他弄来一壶酒，想让他解解乏，高兴一下。李隆基却不肯喝。身边的人知道李隆基多心，就自己先喝了一碗，然后再请李隆基喝。李隆基说："我刚当皇帝的时候，有一次喝得大醉，杀了一个人，感到很后悔，于是就戒了酒。到如今已经快四十年了，再也没有尝过酒的甘醇之味了。"李隆基四十年不曾饮酒的话不大可信，但他确实励精图治，创造了一个富庶繁盛的时代，开创了盛唐气象，为历代史家所称颂。生活在这一时期的文人雅士，如李白、杜甫、王之涣、高适、岑参等，潇潇洒洒，豪气干云，用自己的诗歌张扬着个性精神，挥洒着盛唐气象。

"古来圣贤皆寂寞，惟有饮者留其名。"生活在盛唐社会的李白，用诗酒来张扬个性精神，挥洒盛唐气象。他豪气满天地举起酒杯，高歌"人生得意须尽欢，莫使金樽空对月。天生我材必有用，千金散尽还复来"，殷勤地劝人"将进酒，杯莫停"。他的《月下独酌》其二，俨然就是一首盛唐时期的《酒德颂》："天若不爱酒，酒星不在天。地若不爱酒,地应无酒泉。天地既爱酒,爱酒不愧天。已闻清比圣,复道浊如贤。贤圣既已饮,何必求神仙。三杯通大道,一斗合自然。但得醉中趣,勿为醒者传。"天爱酒,所以有酒星;地爱酒,所以有酒泉。既然天地都爱酒,那么人喜欢饮酒也就不愧对上天了。清酒如圣,浊酒如贤。圣贤都喜欢饮酒,何必再去求什么神仙?三杯酒下肚,明白大道之所在;一斗酒饮下,便会浑然与天地一体。只要能够体味到醉酒的妙趣就可以了,不要把其中的无穷妙趣告诉那些清醒的人。这首诗堪称是一个对酒有独特体味和感悟的人流淌出的心语,会让喜酒爱酒的人产生强烈共鸣。

杜甫既是盛唐诗坛的伟大旗帜,也是中唐诗坛的杰出先导。他不仅关注社会,关心民生,写有"三吏""三别"和"穷年忧黎元,叹息肠内热""朱门酒肉臭,路有冻死骨"等现实主义优秀诗作,也写有不少激情飞扬、深刻体现盛唐精神的咏酒诗篇。他说李白"痛饮狂歌空度日,飞扬跋扈为谁雄"(《赠李白》),其实自己也不惶多让。早期的《饮中八仙歌》写活了八位饮君子的豪迈风采,也寄寓了自己"得钱即相觅,沽酒不复疑。忘形到尔汝,痛饮真吾师"的洒脱情怀。晚年写于夔州的《壮游》,是他对自己一生的总结,其中就说到自己年轻时"性豪业嗜酒,疾恶怀刚肠。脱略小时辈,结交皆老苍。饮酣视八极,俗物皆茫茫",与早年的"会当凌绝顶,一览众山小"(《望岳》)一脉承袭。听到平息安史之乱的消息后,漂泊于西南天地间的诗人写下了"生平第一快诗"《闻官军收河南河北》,从"白日放歌须纵酒,青春作伴好还乡"的吟唱中,我们依然可感受到诗人的青春气息。

"葡萄美酒夜光杯,欲饮琵琶马上催。醉卧沙场君莫笑,古来征战几人回?"王之涣的《凉州词》把葡萄美酒与征战沙场联系起来,为读者展示了一幅洋溢着戍边将士悲壮情怀和豪迈气概的画面。夜光杯中斟满了甘醇的葡萄美酒，举起酒杯正准备喝下，突然响起阵阵琵琶之声，催促战士上马出征。将士们痛快地饮下杯中美酒，带着几分酒意，毅然踏上了征程。虽然此番前去生死未卜，但将士们没有丝毫的悲观，即便是战死沙场，那也不过如喝醉了一般，有什么好惋惜的呢？这样一种视死如归的英雄主义精神，在葡萄美酒与琵琶声中得到了完美展现。

与王之涣一样，高适也是一位边塞诗人。他的诗歌驰骋着胡酒胡马，张扬着猎猎秋风，洋溢着无边豪情，激荡着雄壮情怀。《营州歌》以凝练而富有形象感的诗句，塑造了一个千盅不醉、纵马驰猎的营州少年形象："营州少年厌原野，狐裘蒙茸猎城下。虏酒千钟不醉人，胡儿十岁能骑马。"诗歌豪气冲天，壮怀激烈，颇具盛唐气象。《闲居》在春风杨柳之中，营造出一种杯酒胜家书的温婉之境："柳色惊心事，春风厌索居。方知一杯酒，犹胜百家书。"与之相似的是《田家春望》："出门何所见，春色满平芜。可叹无知己，高阳一酒徒。"在高适的笔下，美酒既可以烘托恬淡柔和的景物，又可以衬托壮怀激烈的心境。酒既有如此妙用，高适焉能不爱酒？不好酒？当然，高适好酒、爱酒，还因为美酒可以解除多种烦恼，所谓"饮酒莫辞醉，醉多适不愁"。喝酒就要喝个尽兴，不要怕喝醉，醉的多了，也就没有什么可以发愁的事情了。由此可见，诗人在挥洒盛唐气象的同时，还时常需要借酒浇愁，用酒来消解各种愁闷和不快。

与高适并称"高岑"的岑参是唐代边塞诗人的杰出代表之一。他的诗酒之作，大多呈现出"一生大笑能几回，斗酒相逢须醉倒"的豪气，是典型的盛唐气象。《酒泉太守席上醉后作》，豪迈大气，浑然天成："琵琶长笛曲相和，羌儿胡雏齐唱歌。浑炙犁牛烹野驼，交河美酒归叵罗。三更醉后军中寝，无奈秦山归梦何。"琵琶长笛演奏出胡地音乐，羌儿胡雏在宴席前歌唱。宴会上吃的是烤牛肉、烹野驼，喝的是交河美酒。

如此美景、美食、美酒，诗人自然是开怀畅饮，喝到三更之后，不觉已是大醉，只好醉卧军中。而秦山归梦，无意中流露出诗人浓浓的家国情怀。在敦煌太守举行的晚宴上，月上城头，繁星满天，房间里张灯结彩，桌子上美酒佳肴，打扮得花枝招展的美人，侍奉宴会中的男人们玩藏钩游戏，宥酒作乐，煞是好玩。"醉坐藏钩红烛前，不知钩在若个边"，通过饮酒形象而生动表现了唐代的藏钩游戏。岑参在塞外，常常与戍边的将士举杯痛饮，相处得十分融洽，"我来塞外按边储，为君取醉酒剩沽。醉争酒盏相喧呼，忽忆咸阳旧酒徒"（《玉门关盖将军歌》），流露出的有酒气，但更多的是豪气。岑参也有情谊缠绵的时候，《喜韩樽相过》描绘岑参阳春三月在长安城与朋友饮酒的情形："三月灞陵春已老，故人相逢耐醉倒。瓮头春酒黄花脂，禄米只充沽酒资。"他在长安做官，有空便和朋友豪饮，常常是一喝就醉，做官所得的那一点俸禄，也就是仅仅够喝酒用的。虽然如此，诗人无怨无悔，因为他更看重的是朋友情谊，"桃花点地红斑斑，有酒留君且莫还。与君兄弟日携手，世上虚名好是闲"，兄弟如果能够每天携手同乐，把酒言欢，要远远胜于世人追求的虚名无数。

巧借美酒释兵权

后周显德七年（960）正月，殿前都点检赵匡胤奉后周天子之命，率大军讨伐北汉。大军到了距离东京二十里的陈桥驿这个地方，赵匡胤的一些亲信就谋划兵变。他们先是和赵匡胤一通豪饮，并把提前准备好的黄袍披在假装醉酒的赵匡胤身上，然后一起跪在台阶下，山呼万岁，拥立赵匡胤为皇帝。赵匡胤半推半就地当了皇帝，马上回师东京。守城的将领石守信、王审琦本来就是赵匡胤的同党，打开城门迎接赵匡胤入城。通过一场小酒，赵匡胤就这样兵不血刃地篡夺了后周政权，当上了皇帝。

赵匡胤以此手段上位，心里很不踏实，担心手下那些将领也会依样画葫芦，总有一种被别人随时觊觎皇位的感觉。果然，在赵匡胤即位不久，就有李筠和李重进两位方镇将领先后叛乱，他费了很大力气才平定。一天，他问宰相赵普："为什么自从唐代末年以来，帝王走马灯似的换，战争无休无止呢？用什么办法，才能使国家长治久安，战火不再燃起呢？"赵普对唐末以来的事情很熟悉，知道问题的关键在于藩镇的权力太大，朝廷无法节制，造成尾大不掉的局面。这和西汉初年的情况很相似，诸侯国强大了，国家就会变弱。要想国家强大，就要削藩，削弱诸侯国的势力。赵匡胤面临的情况也是这样。如果想长治久安，就要削弱方镇的权力，控制他们的钱粮，收回他们拥有的精兵。赵匡胤一听就明白了，一个削弱藩镇将领兵权的计划开始形成。

在掌控兵权的大臣中，石守信和王审琦二人掌握禁军，位置最为重要。北周时他们掌握禁军，赵匡胤陈桥驿兵变回师东京，是他们作为赵匡胤的铁杆，打开城门请他进城，这才使得赵匡胤的兵变计划得以顺利实施。登上皇帝宝座之后，赵匡胤感念二人的功德，继续让他们执掌禁军。但是，赵普担心他们依样画葫芦，威胁北宋政权，向赵匡胤建议说："禁军将领石守信、王审琦二人掌握禁军，兵权太大，把他们调离禁军比较好。"赵匡胤认为这两人是老朋友，不会有二心。赵普说："我并不担心他们叛变，但是只怕有朝一日下面的人闹起事来，他们身不由己啊！"一语惊醒梦中人。于是，赵匡胤在宫中举行宴会，由赵普作陪，宴请石守信、王审琦等几位掌握兵权的老将。酒过三巡、菜过五味之后，赵匡胤举起酒杯，一饮而尽。然后又让人给他斟满，举杯对大家说："要不是有在座各位的帮助，我也坐不到现在这个位置上。但是，你们哪里知道，做皇帝也有做皇帝的难处，哪里有做个节度使自在！老实对在座各位讲，这一年多来，我就没有睡过一个安稳觉。"石守信等人听了，连忙问是什么缘故。赵匡胤说："皇帝这个位子，谁不眼红啊？"众人一听，闹了半天，皇上是担心他们夺权啊！这还了得，如果被安上夺权的罪名，那可是杀头抄家的大罪。于是，大家慌忙跪下，齐声说："陛下怎么说出这样的话？现在天下已经安定，谁还敢对陛下三心二意？"赵匡胤说："对你们几位，我是信得过的。只是怕你们手下的将士，有人贪图富贵，某一天突然把黄袍披在你们身上。即使你们想不干，可到时候能行吗？"听到这里，石守信等人马上感到大祸临头了，连连磕头，说："臣下都是愚笨之人，没想到这一点，请陛下给我们指一条生路。"赵匡胤说："为你们着想，不如交出兵权，去做个地方官，置办点房屋田产，为子孙多留点家业，快快活活度个晚年。为消除彼此猜疑，朕愿意和你们结为儿女亲家。你们看这样如何啊？"石守信等人知道赵匡胤只是要削除他们的兵权，这才放下心，齐声说："谢陛下隆恩！"第二天，石守信、王审琦、高怀德、张令铎、赵彦徽等手握兵权的重臣向皇上递交表章，声称有病在身，请求解除兵权。赵匡胤大笔一挥，同意了他们的辞呈，解除了他们的军中职务，安排他们到地方任节度使。同时还废除了殿前都点检和侍卫亲军马步军都指挥司等职位，把禁军一分为三，由殿前都指挥司、侍卫马军都指挥司和侍卫步军都指挥司分别统领，并选择一些忠心耿耿、资历尚浅、威望不高的人担任统领，减少发生兵变的可能。

赵匡胤利用一次宴会、几杯酒的工夫，就巧妙地解除了禁军统领的兵权，消除了心头大患。尽管有人对赵匡胤"杯酒释兵权"之事表示怀疑，但在北宋建立之初，赵匡胤即解除禁军统领石守信等人的职务，却是真实存在的实事。有时候，在正式场合不好说的话，在酒场上和宴会中反而比较容易讲。寻常人物在酒场上或宴会中的话或许可以不必太当真,古来就有"酒后之言不可信"之说,但皇上的话是不能不当回事儿的。即便只是在宴会中一说,同样也是要落实的。赵匡胤正是利用石守信等大臣的心理弱点,一举成功。

朱元璋借酒试大臣

朱元璋和刘邦一样,也属于草莽英雄。他出身贫苦,少年时期就被送进寺院做行童,后来离开寺院,托钵流浪,历经千般磨难,吃尽万般苦头。这样的经历不仅磨炼了他坚强的意志,培养了其斗争的韧性,而且使他对人性,尤其是对人性的阴暗一面有了更深刻的了解。在元末农民起义中,他依靠刘基、李善长、徐达、常遇春、汤和、胡大海等谋臣武将纵横捭阖,所向披靡,终于推翻了元朝统治,在今江苏南京建立了明朝政权。

草莽出身的朱元璋做了皇帝之后,经常和大臣们一起饮酒作乐,以显示君臣和睦相得。洪武二年(1369)十一月二十二日,朱元璋召见学士宋濂、侍讲学士危素、侍读学士詹同、直学士陈桱、待制王祎、起居注魏观与吴琳等人宴饮,美味佳肴齐备之后,赐诸学士饮酒。朱元璋让宦官们斟酒、监酒,宦官们得了皇上的旨意,十分卖劲儿地劝大家饮酒。宋濂酒量不大,饮了几杯之后,就不胜酒力,开始推辞,坚决不再喝了。朱元璋说:"卿但饮无妨。"宴会结束后,朱元璋亲自执笔,创作了一首《冬日诗》,并撰小序,命参加宴会的学士们奉旨赋诗唱和。宋濂才高八斗,最先写好,其次是王祎,再次是魏观、吴琳、陈桱,最后是危素。危素诗歌写到了百姓疾苦。朱元璋读后,说:"素终老成,其有轸忧苍生之意乎?"于是又开怀畅饮,各人大醉而归。

四、壶里乾坤：酒文化中的历史风云

洪武八年（1375）八月甲午，朱元璋观赏某人撰写的《秋水赋》，甚不合意，就下令重写。写成之后，召集学士宋濂等人观览，并让他们每人撰写一篇辞赋进呈。宋濂率领众学士撰写《秋水赋》，写好之后，来到东阁，依次呈递给朱元璋。朱元璋亲自品评，并让宫内御厨呈上天厨奇珍，令内臣宴请各位学士。内臣敬酒，敬到宋濂的时候，宋濂因为酒量不大，只是象征性地喝了一点。朱元璋看到

朱元璋像

后问道："卿为什么不喝干净呢？"宋濂急忙跪下禀奏："臣承蒙陛下圣慈，赐以美酒，怎敢不听皇上的话呢！只是臣已经年迈衰老，恐怕不胜杯酌。身体享受不了这些美酒，就可能做出有违礼度的事情，那样的话就无法承受皇上的光宠了。"朱元璋说："无妨，卿姑试之。"宋濂即席而饮，将要饮完的时候，朱元璋看了一眼，说："卿可以再饮一觞。"宋濂再次起身，坚决推辞。朱元璋说："一觞岂能够让人醉乎？把这一杯也干下去。"宋濂把杯子举到口边，端详再三，表现出非常为难的样子。朱元璋说："男子汉大丈夫，何不慷慨一些！"宋濂回答说："皇上天威近在咫尺之间，不敢再有所亵渎。"于是勉强一饮而尽。朱元璋非常高

兴，宋濂却立刻变得满面通红，顿时有飘飘欲仙、腾云驾雾之感。朱元璋见此情形，对宋濂说："卿应该自作诗一首，朕也为卿赋醉歌。"这时，两个近侍捧着黄绫案进来。朱元璋拿过笔来，挥翰如飞，须臾草就楚辞一章。宋濂已经醉了，下笔歪歪斜斜，字不成行列，奉和皇上五韵。朱元璋立即把宋濂叫到跟前，命令编修朱右把宋濂的和诗重新抄写一遍，送给宋濂，告诉宋濂说："卿好好收藏起来，以后留给子孙看，告诉你的子孙，不仅朕宠爱卿，也可见君臣志同道合、安乐太平之盛况。"宋濂连忙向朱元璋行五拜叩首之礼，对皇上表示感谢。朱元璋还让给事中宋善等人根据当天宋濂饮酒一事，以《醉学士歌》为题作诗纪念。

　　通过这些见诸记载的饮酒故事，可见朱元璋本是一个很开明、有情趣的帝王。但是在民间传说中，朱元璋却是另外一种形象。他曾经用酒试探大臣，甚至借酒诛杀功臣。徐达是朱元璋手下第一武将，在朱元璋称帝过程中，他冲锋陷阵，身先士卒，建立了不朽功勋，堪称第一功臣。朱元璋深知徐达的重要和忠心耿耿，但自从做了皇帝之后，却对他生出了猜疑之心。有一次，朱元璋单独和徐达痛饮，想借此对他进行一番试探。徐达是何等聪明之人！朱元璋单独请他喝酒，他就已经存了几分警惕。饮至酣处，朱元璋说要把原来的官邸赏赐给他，徐达立马头上冒出了冷汗，一边感谢，一边推辞，一边不住地喝酒，不大一会儿就喝醉了。朱元璋让人把徐达送到他原来的官邸休息，待送行的人走了一会儿，徐达装作刚刚酒醒的样子，面朝朱元璋所在的宫殿磕了几个头，然后就离开了。通过这次试探，朱元璋才对徐达放下心来。

郭德成也是开国功臣，朱元璋对他同样有些不放心。一次借郭德成喝醉了酒，朱元璋悄悄把两锭黄金塞到他手里，并嘱咐他不要告诉别人。郭德成点头答应，悄悄地把黄金塞到靴子里。皇上悄悄塞给大臣两锭黄金，还不让说出去，以郭德成之聪明，立即判断出这里面肯定有文章。所以，当跨出宫门的时候，郭德成假装醉倒，让两锭黄金从靴子里滑了出来。送行的官员看见黄金，急忙向朱元璋报告。朱元璋告诉他们，那两锭黄金是他赏赐给郭德成的。就这样，郭德成也通过了试探。

民间还有一个更惊心动魄的传说，说朱元璋担心他去世后，孙子建文帝难以控制朝中那些有显赫战功的大臣，就下令建造了一座庆功楼。大楼建成后，朱元璋在庆功楼宴请那些功臣。刘伯温也在应邀之列，早就看出了问题，却不敢说出来。就在宴会开始不久，装作不经意间，把朱元璋的龙袍一角压住。宴会到了高潮的时候，趁众人不注意，朱元璋起身离开，刘伯温随后也悄悄离开了。过了不久，庆功楼突然燃起大火，参加宴会的许多大臣都葬身火海。据说，当时逃出来的只有四个人，除刘伯温外，还有汤和、耿炳文和郭英。民间将此事演义为"火焚庆功楼"，许多地方戏都保留有这个剧目，将一个鸟尽弓藏、兔死狗烹、杀戮功臣的故事演绎得轰轰烈烈，活灵活现。

"酒犹兵也。"这句话是东晋江敳说的。南朝陈时有一个人名叫陈暄，生性喜欢饮酒，而且酒德也不太好，常常招致非议。侄子陈秀看不下去，想劝一劝叔叔，就给他写了封信，好言劝说。陈暄却不以为意，给侄子写了封回信，信中说："吾常譬酒之犹水，亦可以济舟，亦可以覆舟。

故江咨议有言：'酒犹兵也。兵可千日而不用，不可一日而不备；酒可千日而不饮，不可一饮而不醉。'美哉，江公！可与共论酒矣。"陈暄信中说的江咨议，就是东晋末年的江敩。江敩字仲恺，济阳考城（今河南兰考）人。他曾经做过骠骑咨议，故人称江咨议，东晋名士。当时任前将军和青、兖二州刺史的王恭，想请他出任长史，一大早就亲自去他家邀请。王恭到江家的时候，江敩刚刚睡醒，正坐在床帐中醒神。王恭在外面静静地等候，一句话也不敢说。过了很久，江敩才起来。他从王恭面前走过，招呼也不打，直接叫人取酒过来。酒拿过来后，他自己喝了一碗，竟然不给王恭喝。王恭见此情形，尴尬地笑笑就离开了。江敩个性十足，说出了"酒犹兵也"这句警世名言。千载而下，知道江敩这个名字的人不多，但"酒犹兵也"这句话，却让许多好酒爱酒的人记在了心里，为他们好酒爱酒找到了有力的证据，也让金戈铁马、鼓角争鸣的历史风云更加波谲云诡，令人难以猜测那酒兵背后的真实情形。

五、以酒会友：酒文化与文人雅会

五、以酒会友：酒文化与文人雅会

　　酒以成礼是中国酒文化最主要的功能。其实，通过举办酒会以酒会友也是酒文化的功能之一。现在的以酒会友，多是一人设个场子，然后呼朋唤友一起饮酒叙旧。酒会中除了美酒佳肴，别的项目很少。但在中国古代，举行酒会是一件很郑重的事情，而且有酒会必有乐舞。西汉桓宽《盐铁论》中有这样一段话谈到当时的民间酒会："往者，民间酒会，各以党俗，弹筝鼓缶而已。无要妙之音，变羽之转。今富者钟鼓五乐，歌儿数曹。中者鸣竽调瑟，郑舞赵讴。"意思是说过去的民间酒会，都是朋友之间的聚会，酒会中间的娱乐活动，也就是弹弹筝、敲敲缶，并没有什么精妙的音乐。而到了西汉，富人举办的酒会，要五乐齐备，还要有几个歌儿舞女唱歌跳舞助兴。中等之家的酒会，也要吹竽弹瑟，有歌有舞。由此可见，到了西汉时期，酒会已经由朋友之间的以酒会友，变成了志同道合者的文人雅会。西汉以后，以酒会友的文人雅会越来越多，一些文人雅会则成为后人津津乐道的佳话。

梁园之游聚高士

汉文帝前元十三年（前167），淮阳王刘武改封为梁王。因刘武去世后谥号为"孝"，后人习惯称刘武为梁孝王。梁孝王是汉文帝的次子，汉景帝刘启的亲弟弟。汉景帝前元四年（前153）春正月，吴王刘濞联合楚、赵、胶东、胶西、济南、淄川等七国，以清君侧、诛晁错为名发动叛乱。梁孝王所在的梁国处于抵抗"七国之乱"的前沿。他坚决支持汉景帝，以韩安国、张羽为大将军，率军坚守睢阳，与吴楚大军形成相持局面，为汉景帝平定"七国之乱"赢得了宝贵的时间。"七国之乱"平定之后，梁孝王因平乱有功，又得到汉景帝的信任和窦太后的宠爱而得到很多赏赐。梁孝王于是大修宫苑，广为延揽四方豪杰和游说之士，常为梁园之游，开了文人雅会的先河。

梁孝王主持的梁园之游，参加者有司马相如、枚乘、邹阳、庄忌、公孙诡、公孙乘、羊胜、路乔如以及大将军韩安国等人。这些人来自四面八方，司马相如来自京师长安，枚乘、邹阳、庄忌来自吴国，公孙诡、公孙乘、羊胜则是所谓的"山东之士"。梁孝王是富可敌国的诸侯王，他在梁园建造了忘忧馆，经常在这里与众文士饮酒作乐，吟诗作赋。兴之所至，则入梁园打猎，

《文君当垆卖酒图》

以助酒兴。他们以酒会友，且时常奉梁孝王之命为文作赋，为后人留下了不少作品。其中有辞赋10篇，具体包括司马相如的《子虚赋》《美人赋》，枚乘的《梁王菟园赋》《柳赋》，邹阳的《酒赋》《几赋》，公孙乘的《月赋》，公孙诡的《文鹿赋》，羊胜的《屏风赋》，路乔如的《鹤赋》，另有文章2篇，分别是邹阳的《狱中上梁王书》和枚乘的《重上吴王书》。其中，司马相如的《子虚赋》《美人赋》，邹阳的《狱中上梁王书》和枚乘的《重上吴王书》，都是传世名作。

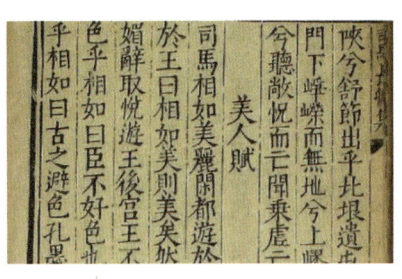

《美人赋》书影

从酒文化发展史的角度看，邹阳在梁园文人雅会留下的《酒赋》，是最值得重视的一篇作品。邹阳之前，有关酒的记载虽然不少，但单独成篇的除《尚书·酒诰》外，基本上都是零星记载。有些故事虽然借酒展开，但主要是借酒写人，譬如有关管仲和晏婴的一些与酒有关的故事，都属于这种情况。邹阳作《酒赋》即奉梁孝王之命而作，那么显而易见，在梁园之游中，酒的作用非常明显。酒既是梁孝王与众人欢聚的饮品，也是激发众文士创作灵感的主要媒介。通过邹阳的《酒赋》，可以对西汉之前的酒文化有比较清晰的了解。

酒在当时分为清和浊两种，"清者为酒，浊者为醴。清者圣明，浊者顽骏"。然而，不论清酒还是浊酒，都是用麦做成的曲和粮食酿造而成的，所谓"皆曲湣丘之麦，酿野田之米"。酒曲和粮食发酵之后，通过蒸馏的方式酿造出来，流光清澈，甘甜爽口。庶人喝了高兴，君子以酒为礼。清酒之上品称为醇，浊酒之上品称为酎，一旦喝醉了，则是千日一醒，所谓"凝醳醇酎，千日一醒"。对酒作了简要介绍之后，邹阳笔锋一转，开始写梁孝王与众人饮酒的盛况。"哲王临国，绰矣多暇"，是说梁孝王封于梁国，平时多有闲暇。于是，梁孝王"召蟠蟠之臣，聚肃肃之宾。安广坐，列雕屏，绡绮为席，犀璩为镇，曳长裾，飞广袖，奋长缨。英伟之士，莞尔而即之"。在梁孝王的召唤下，白发之臣，肃穆之宾，都来到了梁园的忘忧馆，众人济济一堂，言笑甚欢。梁孝王坐在玉几之后，倚着玉屏风，招呼参加酒会的众人举杯共饮。有梁孝王的主持和支持，酒会中人"纵酒作倡，倾碗覆觞"，大家痛痛快快地喝起来。这个时候，众人似乎不再顾忌什么斯文，有的高谈阔论，有的吆五喝六，把个性张扬得淋漓尽致。大家只顾得饮酒作乐，不知不觉中都喝得酩酊大醉。有的人晚上喝醉了酒，直到第二天早上才醒过来。尽管如此，参加宴会的人还是忘不了对梁孝王奉承几句吉利话，高喊"吾君寿亿万岁，常与日月争光"。

邹阳是西汉初年很有影响的文士，其《狱中上梁王书》是一篇声情并茂、影响深远的好文章。邹阳刚到梁国不久，因才能出众而遭到羊胜、公孙诡等人的诬陷和谗害，被投入监狱。狱吏对邹阳很苛刻，有杀害邹阳的意思。为了保命，邹阳在狱中给梁孝王写了一封书信，为自己辩白。梁孝王读了邹阳的这封书信，立刻把他释放，并待之如上宾。邹阳受到梁孝王的礼遇，对梁孝王忠心耿耿，竭尽全力，成为梁孝王的重要谋士。即便在酒会上，邹阳对梁孝王以酒会友的用意也理解得很深，体察入微，尽力调节宴会的氛围，写出了中国酒文化史上第一篇《酒赋》。这篇文章既对酒文化作了简略描述，又对梁孝王梁园之游、礼遇文士给予了赞美。由此，也奠定了邹阳在中国酒文化史上的地位。

邺下之游逞才华

汉献帝建安年间的邺下之游，是继梁园之游后又一次重要的文人雅集。严格地说，邺下之游不是一次聚会，而是一个时间段内文人雅士的聚会和游乐。建安十三年（208），曹操攻克袁绍的大本营邺城之后，转而把邺城作为自己的根据地。除了杀伐征战和处理朝政，曹操和曹丕、曹植，以及王粲、刘桢、阮瑀、徐幹、陈琳、应玚等人时常游园宴饮，为文赋诗，抚琴作书，品茶论道。这种情况断断续续，直到建安二十二年（217），徐幹、陈琳、应玚、刘桢等人在一场流行性大瘟疫中先后病逝，邺下之游才算结束。这样算起来，

魏太祖像

邺下之游前后持续了差不多10年的时间。这段时间，正是曹操挟天子以令诸侯，集中兵力统一北方、稳定南方之时。邺下文人"慷慨以任气，磊落以使才"，激扬文字，挥洒才情，创作了许多洋溢着鲜明时代特色的文学作品。后人把他们作品的主要特色概括为"建安风骨"。

以"三曹"和王粲等人为代表的邺下文人，和酒文化有着千丝万缕的联系。他们在顺势而为、建功立业的同时，经常聚在一起，饮酒作乐，谈诗论文，张扬着超群的才华。曹操常常是鞍马间横槊赋诗，其诗歌豪气冲天。即使是与众人游乐宴饮，曹操的诗歌也同样洋溢着慷慨之气。他的《短歌行》有一段写到酒，写到杜康，读之令人热血沸腾，对酒有了更深刻的感悟："对酒当歌，人生几何！譬如朝露，去日苦多。慨当以慷，忧思难忘。何以解忧？唯有杜康！"曹操之前已经有人说出了以酒解忧的意思，但真正让人记住的，还是曹操这几句诗。尤其"何以解忧？唯有杜康"两句，更是为许多借酒浇愁的人所推崇，成为影响广泛的千古名句。

曹操率师远征的时候，身为五官中郎将的曹丕则镇守邺城。邺城是曹氏集团的大本营，不仅社会比较安定，生活也比较富庶。曹丕扮演着文人雅会主持者的角色，经常在这里以酒会友，邀请王粲等人聚会宴饮，诗酒唱和。这时的酒会，不仅有宴饮，而且有歌舞等助兴，体现出桓宽所说的富人之家酒会的所有特征。有曹丕诗为证："朝日乐相乐，酣饮不知醉。悲弦激新声，长笛吹清气。"曹丕和他身边的文人雅士终日宴饮，常常酣饮至醉且不知醉。众人一起宴饮的时候，都有音乐助兴，一会儿弹奏琵琶琴瑟，一会儿长笛之声又起。曹丕和众人一边游乐，一边宴饮，至于歌舞侑酒，则是惯常之事。他和一众文友"朝游高台观，夕宴华池阴。大酋奉甘醪，狩人献嘉禽"。游乐宴饮之时，"齐倡发东舞，秦筝奏西音。有客从南来，为我弹清琴"，来自齐鲁的歌儿舞女跳舞助兴，来自秦地的筝师演奏秦音，来自南方的客人则弹起了清琴。饮酒固然是雅事，赏乐更是饮酒时必不可少的。宴会现场"五音纷繁会，抚者激微吟"，宴会场外则是"淫鱼乘波听，踊跃自浮沈；飞鸟翻翔舞，悲鸣集北林"，池塘的鱼和林中的鸟，都被宴会中美妙的音乐之声所感动。宴会中人，则是"乐极哀情来，寥亮摧肝心。清角岂不妙，德薄所不任。大哉子野言，弭弦且自禁"，他们深深地为宴会中的动人的音乐所感动，不禁乐极生悲，一个个伤心欲绝。乐师们看到这种情况，只好停了下来。曹丕写文人雅士欢聚，从游乐宴饮入手，以歌舞伤情结束，形象地表现出以酒会友的真情实景。曹丕还撰有《酒诲》，是一篇劝导人们如何饮酒的文章。文章明确告诫世人："酒以成礼，过则败德，而流俗荒沉。"《酒诲》记述了汉灵帝时官员好酒的事情，当时的文武百官都沉湎于酒，王公贵戚好酒更甚，导致酒价攀升，一斗酒能够卖十千钱。文章还记载了东汉末年几个因酒败德的故事，对世人是一个警醒。

曹植是邺下之游的中坚人物，也是"三曹"中才华最为富赡的人。

他以生花妙笔，描绘了邺下之游以酒会友的许多场景，让人们对邺下之游有了更为全面的了解。他的《公宴诗》表现的是曹丕与邺下文人宴饮游乐的场景："公子敬爱客，终宴不知疲。清夜游西园，飞盖相追随。"《侍公子坐》描写的场景与曹丕《善哉行》有异曲同工之妙："清醴盈金觞，肴馔纵横陈。齐人进奇乐，歌者出西秦。翩翩我公子，机巧忽若神。"其中"齐人进奇乐，歌者出西秦"，与曹丕的诗"齐倡发东舞，秦筝奏西音"，所说应当是同时之事。《箜篌引》描写的是曹植与亲朋好友宴饮的一场酒会。这场酒会"置酒高殿上"，菜肴非常丰盛，"中厨办丰膳，烹羊宰肥牛"。歌舞更是一绝，"秦筝何慷慨，齐瑟和且柔。阳阿奏奇舞，京洛出名讴"，为嘉宾歌舞侑酒的歌儿舞女和乐师，皆非等闲之辈，尤其是歌者，是京师洛阳的名角。这等待遇，若非曹植的座上宾，是很难享受到的。酒过三巡之后，与会嘉宾齐声向主人祝寿，"主称千金寿，宾奉万年酬"，祝福主人福寿万年。

建安七子之一的孔融于建安十三年被曹操杀害，没有参与邺下之游。此外王粲等六人都参与了邺下之游，成为曹氏父子主持的邺下之游的重要成员。从个人身份来看，他们是曹氏父子的僚属。从每次宴会受到的待遇来看，他们则是曹氏父子的座上客。他们经常受邀参加曹氏父子举办的酒会，而且常常在宴会上奉命为文赋诗。王粲等人的《公宴诗》，显然是参加曹氏父子的酒会之作。这些诗歌表现酒会之乐，抒写感恩情怀，流露出积极向上的心态。"高会君子堂，并坐荫华榱。嘉肴充圆方，旨酒盈金罍。管弦发徽音，曲度清且悲。合坐同所乐，但愬杯行迟。常闻诗人语，不醉且无归。今日不极欢，含情欲待谁"，极写酒会之乐，欢会之情，开合自然，挥洒自如。在诗歌的最后，诗人表达了对主人的祝愿："愿我贤主人，与天享巍巍。克符周公业，奕世不可追。"应场的《公宴诗》则通篇都是歌颂曹氏父子的功德："巍巍主人德，佳会被四方。开馆延群士，置酒于斯堂。辨论释郁结，援笔兴文章。穆穆众君子，好合同欢康。促坐褰重帷，传满腾羽觞。"诗歌借写酒会歌颂曹氏父子，写他们招贤纳士，奇文共赏。而参与酒会的众文士则是志趣相合，同祝安康。在诗歌的最后才对宴会写了两句，让读者看到了宴会的欢快场景。同是《公宴诗》，由于对曹氏父子的态度有所差异，阮瑀就不像曹植那样高歌"公子敬爱客，终宴不知疲"，而是表现得比较淡然。他先是客气地赞美曹氏父子几句："阳春和气动，贤主以崇仁。布惠绥人物，降爱常所亲。"接下则是描写宴会娱乐的情况："上堂相娱乐，中外奉时珍。五味风雨集，杯酒若浮云。""五味"既是说宴会的菜肴丰盛，又暗喻个人心情十分复杂，如五味杂陈，似风雨交加。在这种情况下，诗人如云里雾里，已经没了饮酒的心情。比较而言，刘桢的《公宴诗》似乎更超脱一些，绝少歌功颂德之语。诗人一边描绘酒会"永日行游戏，欢乐犹未央"的快乐，一边则把关注点集中到宴游之时的美景，入园则明月珍木，临川则石渠流波，芙蓉菡萏，灵鸟仁兽，次第进入诗人笔下，自然构成一幅幅美景。

邺下之游的主持者是曹氏父子，王粲等人只是参与者。在差不多 10 年的邺下之游中，王粲等人或随驾而游，或应召赴会，常常奉命为文赋诗。他们的文章、诗歌、辞赋等，经常有一些同题之作，这显然是曹氏父子在宴游之时，或兴之所至，或触物有感，让王粲等人同题作文。这种近似文字游戏的活动，既是为了侑酒作乐，也有在笔下见个高低的意思。邺下之游能够持续差不多 10 年不断，很大程度上得益于曹氏父子也是文人，懂得为文的甘苦，懂得为文的妙处，更懂得王粲等人诗文抒发的情感、描绘的景物、营造的意象、表达的思想。邺下之游，成就了曹氏父子，也成就了王粲等人。邺下之游的文学创作，是建安文学的重要收获，从一个方面彰显出"建安风骨"的主要特色。人们在谈到"建安风骨"的时候，自然而然地会联想起曹氏父子和王粲等人的邺下之游。

金谷雅集赛诗会

魏晋时期盛产名士。东晋袁宏作《名士传》，称何晏、王弼、夏侯玄为正始名士，称阮籍、嵇康、山涛、向秀、刘伶、阮咸、王戎等人为竹林名士，称王衍、裴楷、乐广、阮瞻、卫玠、谢鲲等人为中朝名士。后人津津乐道的"魏晋风度"就主要是从这些具有示范效应的名士的言行中体现出来的。一些没有成为名士的人，也尽可能向名士靠拢，向名士学习。是真名士自风流，不是真正的名士，想学也是学不来的。有的人想学，却走上了歪路。东晋王恭曾经对人说："但使常得无事，痛饮酒，熟读《离骚》，便可称名士。"实际上，这样的人是成不了真名士的，不然的话魏晋名士恐怕不知要多到哪里去了。做不了名士，那就附庸风雅，想方设法做雅士，这就有了"金谷雅集"中的"二十四友"。

金谷是指西晋石崇的金谷园。石崇是西晋名臣石苞的小儿子，他很聪明，爱学习，也有一些坏点子。所以，当初石苞给儿子们分财产的时候，唯独不分给石崇。石苞妻子想给石崇多讨一点，石苞说："此儿虽小，后自能得。"石崇果然没有辜负父亲的眼光，父亲去世后，他在仕途上一路高歌猛进，先是在朝为官，后出任南中郎将、荆州刺史，领南蛮校尉，加鹰扬将军，因事被免职后回京，不久又出任太仆卿，出为使持节，监青、徐二州诸军事，征虏将军。石崇是一个会敛财的主儿，年纪轻轻就富可敌国。有一次，王恺向石崇炫耀他从晋武帝那里得到的一株珊瑚树，石崇见了，二话不说，拿起铁如意就把王恺的珊瑚树击碎了。王恺很不高兴，想要说什么。石崇不等他说话，就把他拉到自己家中，把家中收藏的珊瑚树给王恺看。王恺一看，大为惊讶。晋武帝赏赐给他的珊瑚树，二尺来高，已经堪称稀世珍宝，而石崇收藏的珊瑚树，高达三四尺，且竟然有多株。当时与石崇斗富的人，全部败在他的手下。石崇究竟有多么富裕，由此不难猜想。

石崇非常好客。他在金谷涧中就山势建造了一座别墅，号称金谷园。园中有清泉茂林修竹，并修建了许多水景，正像石崇在《金谷诗序》中描写的那样："金谷涧中，去城十里，或高或下，有清泉、茂林、众果、竹柏、药草之属，莫不毕备。又有水碓、鱼池、土窟，其为娱目欢心之物备矣。"为了给客人助兴，石崇还专门培训了许多歌儿舞女，最为著名的是绿珠。晋惠帝元康六年（296），征西大将军祭酒王诩从洛阳回长安，石崇与当时居洛的一众人士齐到金谷园中为王诩送别。参加送行的有30人，关中侯苏绍50岁，年龄最大，公推为主持宴会之人。大家昼夜宴游，宴会中多次换地方，有时在高台之上，有时在流水之滨，有时大家坐在车里欣赏乐工演奏音乐，有时则一起欣赏歌儿舞女献艺。兴之所至，石崇令人拿来文房四宝，嘉宾共同吟诗作赋，抒写情怀。不能作诗的人，则罚酒三杯。参加宴会的究竟有几人写出了诗歌，有多少人被罚了酒，现在已不得而知。如今可知的是，金谷雅集的诗歌，只有潘岳的《金谷集作诗》流传了下来。这首诗歌先写众人聚会金谷园的缘由："王生和鼎实，石子镇海沂。亲友各言迈，中心怅有违。何以叙离思？携手游郊畿。"镇守青、徐二州的石崇，为了为王诩送行，在金谷园设宴，召集亲朋好友为其饯行。参加宴会的人"朝发晋京阳，夕次金谷湄"，一大早从京师洛阳出发，到了傍晚的时候才来到金谷园。金谷园是一个非常美丽的好去处，这里"回溪萦曲阻，峻阪路威夷。绿池泛淡淡，青柳何依依"。宴会的地点，环境非常优美，"滥泉龙鳞澜，激波连珠挥。前庭树沙棠，后园植乌椑。灵囿繁石榴，茂林列芳梨"。从"繁石榴""列芳梨"二词来看，金谷雅集应是在仲秋时节。这次为王诩饯行的宴会，中间不断移场，"饮至临华沼，迁坐登隆坻"，时而在建有亭台楼阁的水边，时而移至高处的平台。宴会中，杯觞交错，开怀畅饮，十分尽兴，十分欢快。"玄醴染朱颜，但愬杯行迟"二句，形象地描述了嘉宾饮酒酣畅淋漓的状态。饮酒的时候，耳畔是助兴侑酒的歌舞，是美妙动听的音乐，所谓"扬桴抚灵鼓，箫管清且悲"。无论怎么高兴，这酒毕竟是离别酒，而离别是最让人感伤的，"黯然销魂者，唯别而已矣"。所以，在诗歌的最后，潘岳由衷地发出了感慨："春荣谁不慕，岁寒良独希。投分寄石友，白首同所归。"后来，在赵王司马伦之乱中，石崇和潘岳同时被杀，潘岳"投分寄石友，白首同所归"之句，竟然一语成谶。

金谷园位于今洛阳之西，其地有金水，自太白原南流，经过次谷地，故称金谷。金水过金谷东南流，汇入谷水。谷水又东流，从汉魏故城西北处的金墉城北而过。金谷园就建造在金水穿越金谷的那一段。金谷园建造完工之后，石崇搜集了许多珍宝华服，训练了许多歌儿舞女，

金谷园

经常邀请以贾谧为首的一帮人到金谷园游乐。石崇和潘岳关系甚好，他们把贾谧比作西汉文帝时期的贾谊，对贾谧极尽拍马逢迎之能事。当时，参与金谷之游的人，除石崇、潘岳外，还有渤海欧阳建，吴国陆机、陆云兄弟，兰陵缪徵，京兆杜斌、挚虞，琅琊诸葛诠，弘农王粹，襄城杜育，南阳邹捷，齐国左思，清河崔基，沛国刘瑰，汝南和郁、周恢，安平索秀，颍川陈眕，太原郭彰，高阳许猛，彭城刘讷，中山刘舆、刘琨，共计24人。他们都攀附贾谧，号称"二十四友"。其他一些文士如张华等人，则不屑与之为伍，故而没有参与他们的游乐活动。

金谷雅集以饮酒游乐为主。在为王诩饯行的酒会上，主持者也要求每人写一首诗抒写情怀，但流传下来的只有潘岳那首《金谷集作诗》。不过，金谷雅集有一样事情留了下来，那就是不能作诗者罚酒三杯。后世把这个规矩泛化了，宴会中只要有不合规矩的事情，就要罚酒三杯，甚至迟到者和早退者也罚酒三杯。唐代大诗人李白的《春夜宴从弟桃花园序》，是一篇传世佳作。文章开篇就大谈人生若过客之意："夫天地者，万物之逆旅也；光阴者，百代之过客也。而浮生若梦，为欢几何？古人秉烛夜游，良有以也。"接着写阳春之景，宴饮之趣："况阳春召我以烟景，大块假我以文章。会桃花之芳园，序天伦之乐事。群季俊秀，皆为惠连。吾人咏歌，独惭康乐。幽赏未已，高谈转清。开琼筵以坐花，飞羽觞而醉月。"最后则回到饮酒赋诗："不有佳咏，何伸雅怀？如诗不成，罚依金谷酒数。"其结句"如诗不成，罚依金谷酒数"，用的就是金谷雅集的典故，告诉在座的诸位嘉宾，如果不能写诗，那就罚酒三杯吧！

曲水流觞留美名

在中国文化史上最为著名、最为人津津乐道的文人雅集，大概要数东晋穆帝永和九年（353）王羲之等人的山阴修禊（到水边嬉戏，祓除不祥）、兰亭雅集了。王羲之是大书法家，时任右军将军、会稽内史。永和九年三月三日这天，王羲之邀请孙统、孙绰、王彬之、谢安、郗昙、王蕴之、支道林，以及其三子王凝之、王徽之、王操之等41人，相聚于山阴兰亭。春和景明，风景怡人，众人游山玩水，饮酒作乐。喝酒喝到酒酣耳热之时，众人便饮酒赋诗。孙绰等26人饮酒赋诗，会稽谢胜等15人不能当场赋诗，每人各罚酒三斗。为了记下这场盛事，王羲之令人把众人现场所作的诗歌收集起来，汇编成册，并亲自操笔，撰写了《兰亭集序》。今人见到的有"古今第一行书"美誉的《兰亭集序》，就出自王羲之的手笔。

王羲之主持的兰亭雅集，最为后人所熟知的是"曲水流觞"。曲水流觞是一种很古老的饮酒方式。据说，这种饮酒方式始于西周初年的周公。周公选定洛邑，开始营建东都成周。成周建成之时，为庆祝成周落成，周公在流水边举行了一场酒会，借助流水传动羽觞，羽觞流到谁面前，谁就要把羽觞拿起，饮酒一觞，吟诗一首。然后再把羽觞放进流水中，继续进行。下面的人也都照此做。如果羽觞流到面前，某人不能作诗，就要罚酒。《诗经》有"羽觞流波"之句，传说就是周公曲水流觞时留下来的诗句。自周公曲水流觞开始，后世以曲水流觞的形式饮酒赋诗者颇多。传说秦昭王的时候，有一年三月三日，在河曲处置办酒会，见一金人奉水心之剑对他说："令你统治华夏之西，这样就可以称霸诸侯。"秦昭王因此称此地为曲水。这是三月三曲水流觞最早的源头。东汉史学家班固的妹妹班婕妤感伤自己在汉宫中的境遇，撰有《自悼赋》，其中有"酌羽觞兮销忧"这样的句子。从周公到班婕妤，曲水流觞用的酒具基本上都是羽觞，即羽状木制漆器酒杯。晋武帝曾经向尚书郎挚虞询问曲水流觞起源的问题，挚虞则用汉章帝时平原发生的一件怪异之事回答晋武帝。他讲了一个故事，说的是平原徐肇三月初一生了三胞胎，都是女儿。三天后，三个女儿都夭折了。村里人认为这是不祥之兆，都拿着东西到水边盥洗，于是就在水里泛起羽觞。曲水流觞的故事就是因此而起。尚书郎束皙认为，挚虞根本不清楚曲水流觞的由来，把曲水流觞的意义弄错了，于是就向晋武帝讲起周公在洛邑曲水流觞的事儿，认为这才是曲水流觞的起源。

东晋之前，曲水流觞的故事虽然早有流传，但并没有真正流行开来。直到王羲之在三月三日，利用人们修禊之事，在兰亭举办酒会，召集众多好友，一起游山玩水，饮酒赋诗，曲水流觞才成为文人雅事。这次文人雅集，王羲之仿照石崇金谷雅集之例，像当年石崇那样，和文友游山水，赏美景，品佳肴，饮美酒，吟诗作赋，共襄盛事。石崇当年金谷雅集之后，把众人的诗歌汇集成册，撰写了《金谷诗序》，王羲之也是有样学样，把 26 人的诗歌汇集成册，亲自撰写了《兰亭集序》。

王羲之的《兰亭集序》虽是仿石崇《金谷诗序》而作，但此文清新雅致，自然真纯，真情实感自然流出，堪称古代序文之佳作。《兰亭集序》开篇说明了兰亭雅集的时间、地点、缘由："永和九年，岁在癸丑。暮春之初，会于会稽山阴之兰亭，修禊事也。群贤毕至，少长咸

明 文徵明《兰亭修禊图》

集。"接下来写兰亭的山水景物和曲水流觞之事:"此地有崇山峻岭,茂林修竹,又有清流激湍,映带左右,引以为流觞曲水,列坐其次。虽无丝竹管弦之盛,一觞一咏,亦足以畅叙幽情。是日也,天朗气清,惠风和畅。"在这样的日子,这样的地方,与诸多好友游山玩水,开怀畅饮,自然是心情大好:"仰观宇宙之大,俯察品类之盛,所以游目骋怀,足以极视听之娱,信可乐也!"由此联想到人生,联想到朋友之间的交往,王羲之不由得感慨系之:"夫人之相与,俯仰一世,或取诸怀抱,悟言一室之内;或因寄所托,放浪形骸之外。虽趣舍万殊,静躁不同,当其欣于所遇,暂得于己,快然自足,不知老之将至。及其所之既倦,情随事迁,感慨系之矣。向之所欣,俯仰之间,已为陈迹,犹不能不以之兴怀。"但是,序文接着笔锋一转,直言人生百年,死生随化,很难达到庄子所说的"齐生死"之境界,感慨"况修短随化,终期于尽。古人云:'死生亦大矣。'岂不痛哉!每览昔人兴感之由,若合一契。未尝不临文嗟悼,不能喻之于怀。固知一死生为虚诞,齐彭殇为妄作。"王羲之写《兰亭集序》,是因石崇有《金谷诗序》。那么,后人该如何看待王羲之三月三日的兰亭雅集呢?"后之视今,亦犹今之视昔,悲夫!"王羲之感慨一番之后,"故列叙时人,录其所述。虽世殊事异,所以兴怀,其致

《兰亭序》冯承素摹本(也称为神龙本)

一也。后之览者，亦将有感于斯文"。《古文观止》评价此文"通篇着眼在死生二字"，可谓抓住了《兰亭集序》之根本，非常有见地。

兰亭雅集是继金谷雅集之后又一次较大规模的文人聚会。这次聚会不仅继承了文人雅集的传统，把游山玩水、吟诗作赋作为主要内容，而且还与三月三的民俗联系了起来，使兰亭雅集成为一次大俗大雅的活动。最值得注意的是，兰亭雅集采取了曲水流觞的饮酒方式，复活了自西周以来的一种饮酒方式，使曲水流觞成为文人雅集的一种象征。自兰亭雅集之后，曲水流觞就成为文人雅士的一种追忆，也成为文人雅士向往的一种生活方式。宋人王十朋有《会稽诗》，对兰亭雅集和曲水流觞已为陈迹表达了感伤之情："群贤少长毕经过，曲水流觞忆永和。一代风流已陈迹，世殊事异感伤多。""晤言一室许谁亲，相过无非我辈人。放浪形骸嗟老矣，仰观宇宙尚艰辛。"韩淲的《满庭芳》词，则把曲水流觞与醉乡日月联系起来，突出了王羲之等人兰亭曲水流觞与酒文化的关系："清真如逸少，兰亭修竹，曲水流觞。想醉乡日永，地久天长。小驻屏星怀玉，飞凫舄，元在鸳行。功名事，云龙风虎，行矣佩金章。"明代学人叶棨的《兰亭怀古》，则把兰亭雅集等闲看："兰亭宴集自豪华，内史风流逸兴赊。曲水流觞虽有路，茂林修竹久无家。夕阳几度空啼鸟，夜雨千年自落花。此日西曹看图画，云山仿佛旧烟霞。"一句"云山仿佛旧烟霞"，道尽了兰亭曾经的繁华与现实的凄凉，令人对曲水流觞陡生疏离之感。

香山九老传佳话

中唐时期的香山九老会，是中国文学史上的一段佳话，也是中国酒文化史上的一段佳话。唐武宗会昌五年（845）三月二十四日，从刑部尚书任上退下来的白居易已是 74 岁高龄。他居住在东都洛阳的履道里，整天忙于疏通河沟，种植树木，在香山建造石楼，开凿八节滩，忙得不亦乐乎，常常是一个多月吃不上一顿肉。香山石楼建好后，他在洛阳履道里宴请当年的 6 位老朋友：前怀州司马胡杲、前卫尉卿吉皎、前磁州刺史刘真、前右龙武军长史郑据、前侍御史内供奉卢真、前永州刺史张浑。参加这次聚会的，还有秘书监狄兼谟和河南尹卢贞，因二人年龄不到 70 岁，故而不在七老之列。众人聚会，不分主宾，而是以年纪大小为序，所以，七老会又称"尚齿之会"。七老情投意合，身体康健，致仕前又都是高官，在一起饮酒没有什么顾忌。大家开怀畅饮，虽相顾皆醉，但欢乐依旧。宴会之后，每人赋诗一首，以纪念这次盛会。这年夏天，白居易再次做东，邀请前述六老和已经 136 岁高寿的李元爽和 95 岁的高僧如满，再次在履道里相聚，世称此次酒会为九老会。

从七老会到九老会，中间时间并不长，参加的人数仅是多了二人而已。但是，这两次聚会很不简单。参加七老会的人，年龄加在一起已经 570 岁。为了留下这宝贵的时光，白居易请画家为他们留下了聚会的画作"七老图"。到了九老会，只好在原画的旁边又加上李元爽和如满两个银发老叟，变成"九老图"。当然，这还不是关键，关键的是这些银发老人，最长者李元爽 136 岁，最小的白居易也已经 74 岁。他们能喝酒，能聊天，能作诗，能歌舞，甚至还不怕喝醉。耄耋之年的老人，能够如此达观、如此豪迈，确是一件值得庆贺和纪念的事情。所以，七老会时，各赋七言六韵诗一首，借诗酒而聊发少年狂。

白居易的七言诗歌紧扣七老会的主题，且多感慨之词。开篇四句对七老会作了概括描述："七人五百七十岁，拖紫纡朱垂白须。手里无金莫嗟叹，尊中有酒且欢娱。"首句言七老年龄之大，加在一起已经 570 岁了。第二句说七老都曾经是叱咤官场的人物，如今都已经变成白胡子老人了。接下来两句明写饮酒，实则暗示这些曾经地位非常显赫的人都是清廉之人。虽然做了多年的官，但大家都是"手里无金"，只好借朋友酒会高兴一下。下面四句写饮酒之乐："诗吟两句神还王，酒饮三杯气且粗。巍峨狂歌教婢拍，婆娑醉舞遣孙扶。"人虽然老了，但还能吟出豪迈之诗，三杯酒下肚，说话气也粗了，不再因囊中羞涩而轻言细语。听着歌儿舞女的献歌，感到哪里不对头，颤巍巍地站起来，教他们怎样把歌唱好，甚至亲自下场和他们一起唱起来、跳起来。但毕竟年龄大了，酒喝多了，只好让孙子们去扶着那些老顽童们。最后四句是对七老会的评价和赞美："天年高过《二疏传》，人数多于《四皓图》。除却三山五天竺，人间此会更应无。"白居易把七老会与汉初的商山四皓、二疏（疏受、疏广）以及佛门高僧相提并论，表现出对七老会的赞许之情。

其他参加酒会的人也

明　周臣《香山九老图轴》

按要求赋诗一首。胡杲是年纪最大的一位，其诗开篇便点出这样一个实事："闲居同会在三春，大抵愚年最出群。霜鬓不嫌杯酒兴，白头仍爱玉炉熏。"接下来写人老心不老："裴回玩柳心犹健，老大看花意却勤。凿落满斟判酩酊，香囊高挂甚氤氲。搜神得句题红叶，望景长吟对白云。"诗歌最后两句"今日交情何不替，齐年同事圣明君"，正所谓"卒章显志"，表达了对太平盛世的期望。刘真的诗最为豁达，开篇四句言七老老当益壮，接下写饮酒之乐："闲庭饮酒当三月，在席挥毫象七贤。山茗煮时秋露碧，玉杯斟处彩霞鲜。临阶花笑如歌妓，傍竹松声当管弦。"卒章二句"虽未学穷生死诀，人间岂不是神仙"，表达了一种豁达大度的情怀。郑据的诗开篇四句也是写七老会，却别有风致："东洛幽闲日莫春，邀欢皆是白头宾。官班朱紫多相似，年纪高低次第匀。"张浑之诗实话实说，直抒胸臆："幽亭春尽共为欢，印绶居身是大官。遁迹岂劳登远岫，垂丝何必坐溪磻？诗联六韵犹应易，酒饮三杯未觉难。每况襟怀同宴会，共将心事比波澜。风吹野柳垂罗带，日照庭花落绮纨。此席不烦铺锦帐，斯筵堪作画图看。"尤其是最后两句"此席不烦铺锦帐，斯筵堪作画图看"，可能对白居易等人有所启发，这才有了时人所绘的"七老图"。

会昌五年夏天的九老会，白居易留下了《九老图诗》："雪作须眉云作衣，辽东华表鹤双归。当时一鹤犹希有，何况今逢两令威。"诗歌化用《搜神后记》所载丁令威化鹤成仙的故事，对李元爽和高僧如满的加入表示欢迎。

香山九老会留下来的诗歌总计只有 10 首。第一次酒会留下来 7 首七言六韵和 2 首绝句（秘书监狄兼谟和河南尹卢贞各一首），第二次聚会，只留下白居易的《九老图诗》1 首。白居易同时代人高正臣有《高氏三宴诗集》，其中有《香山九老诗序》《香山九老诗爵里纪年》和《香

清　任熊《香山九老图》

山九老诗》，对白居易九老会有较为详细的记述。《香山九老诗序》是香山九老会的第一手资料，记述九老会和九老图事甚为详细。《香山九老诗爵里纪年》则记载了参加酒会的人的姓名、籍贯、年龄和致仕前的官职。《香山九老诗》搜集了九老参加宴会时作的诗歌，对了解九老当时的状态和心态很有帮助。

香山九老会和《香山九老图》在后世影响颇广。尤其是北宋文人，追慕香山九老会之风者甚众。如北宋时期，李昉罢相之后，仿照白居易香山九老会之例，在东京汴梁组织了九老会，参加九老会的有宋琪、杨徽之、魏丕、李运、朱昂、武允成、张好问、释赞宁等。明代学人王恭书有《书香山九老图》诗，热情赞美了白居易九老会："唐家名臣白居易，暮年脱略青云器。抗节羞趋当路门，拂衣起谢人间事。以兹疏散爱香山，洛下群公亦遂闲。玉堂金马俱残梦，流水孤云同去还。"诗歌由此写到人生，对白居易等人的明智选择给予礼赞："人生宦达应如此，岂必浮名继青史。楚国三生少见机，竹林七子徒为尔。名遂身闲古所稀，洛阳山水又清晖。青山何处无佳赏，白首湮沉空布衣。"

洛阳耆英多率真

洛阳自古帝王都。从夏朝算起，到北宋为止，曾经先后有十三个王朝在这里建都。司马光《过故洛阳城》一诗，道尽了洛阳的繁盛与哀荣："烟悉雨啸黍华生，宫阙簪裳旧帝京。若问古今兴废事，请君只看洛阳城。"洛阳背依邙岭和黄河，南临伊河和洛河，风景优美，人文悠长。在这里，文人雅士既可指点江山，激扬文字，又可隐居赋闲，颐养天年。不少官员致仕后，选择在洛阳安度晚年。北宋神宗元丰五年（1082）的洛阳耆英会，接续唐代白居易等人的九老会，引起了人们的广泛关注，吸引了许多人的眼球。

北宋设有四京，分别是东京开封府，西京河南府，南京应天府，北京大名府。西京在今河南洛阳市，北宋皇陵就在东京汴梁和西京洛阳之间。西京设置留守一职，由河南知府兼任。已经77岁高龄的文彦博时任河南府知府、西京留守。当时，许多名公耆宿都居住在洛阳。文彦博仰慕当年白居易为九老会之事，从居住在洛阳的致仕官员中选择有贤德之名且年纪高迈而又得享自由的人，在前朝丞相韩国公富弼府邸举行酒会。富弼置酒用乐招待众人，让郑奂把宴会的场景画下来，请参加宴会的耆英各赋诗一首，又请司马光作《洛阳耆英会序》，把整个事件记录下来。整个宴会完全仿照当年白居易的样子，连座次也是按年纪大小来定。宋人陈均《九朝编年备要》记其事云："彦博之在河南也，与富弼等用白居易故事，就弼第致酒相乐，尚齿不尚官。洛阳多名园古刹，诸老须眉皓白，衣冠甚伟，都人常随观之。已而图形妙觉僧舍，谓之洛阳耆英会。司马光年未七十，以狄兼谟故事与焉。"

参加洛阳耆英会的共有13人，都是当时的高官。开府仪同三司富弼 79 岁，时任河南府知府、西京留守的文彦博 77 岁，尚书司封郎中席汝言 77 岁，朝议大夫王尚恭 76 岁，太常少卿赵丙、秘书监刘几、卫州防御使冯行己三人皆是 75 岁，天章阁待制楚建中 73 岁，司农少卿王慎言 72 岁，大名府知府王拱辰 71 岁，大中大夫张问、龙图阁直学士张焘皆 70 岁。司马光时年 64 岁，尚不及 70，因而仿照香山九老会狄兼谟的故事，参与耆英会，却不列名耆英之中。宴会时，文彦博等人遵循香山九老会之例，座次尚齿不尚官。宴会结束后，每人赋诗一首，以记盛事。耆英会是文彦博召集的，宴会地点在富弼府邸，而论年龄则以富弼为最长，所以，文彦博当时有诗云："当筵尚齿尤多幸，十二人中第二人。"意思是宴会座次是按照年纪大小排定的，所以很幸运地在十二人中排第二位。富弼读了文彦博的诗，也赋诗一首，很客气地说："顾我年龄虽第一，在公勋德自无双。"文彦博看了，很谦虚地回赠说："惟公福寿并勋德，合是人间第一流。"仍然推富弼为第一。宣徽使王拱辰是洛阳人，时年 70 岁，他当时留守大名府，没能参加这次聚会，特意写信给富弼和文彦博，并赠诗一首，诗云："忽闻干步踵门至，投我十二耆英诗。整冠肃貌讽章句，若坐宝肆罗珠玑。为言白传有高躅，九君结社真可师。欲令千载著风迹，亟就僧馆图神姿。"王拱辰因而得以列名洛阳耆英会，洛阳耆英会由此变为十三人。

宴会之后，文彦博让司马光为《洛阳耆英会》作序。司马光欣然撰写《洛阳耆英会序》。序文称"昔白乐天在洛，与高年者八人游。时人慕之，图传于世。宋兴，洛中诸公继而为之者再矣，皆图形普明僧舍，乐天之故第也。"序文介绍了北宋年间洛阳诸公仰慕白居易等人九老会，而经常举行酒会之事。到了元丰五年，文彦博"悉集士大夫老而贤者于韩公之第，买酒相乐，宾主凡十有二人。图形妙觉僧舍，时人谓之'洛阳耆英会'"。序文还特意指出了洛阳"尚齿"的习俗："洛中旧俗，燕私相聚，尚齿不尚官。自乐天之会已然，是日复行之，斯乃风化之本，可颂也。"序文还记载了王拱辰留守北都大名，听到耆英会的事，致信文彦博，请求预其名之事："某亦家洛，位与年不居数客之后。顾以官守，不得执卮酒在坐席，良以为恨。愿寓名其间，幸无我遗！"从司马光序文中可以看出，当时诸公非常看重耆英会，以能列名耆英会为荣。王拱辰当时任大名知府、北都留守，因为是洛阳人，得到耆英会的信息后，特意致信文彦博，请求列名其中。司马光当时任西京留司御史台，也是有名望之人。只是因为年龄够不上称"耆老"的份儿，所以虽然参加了宴会，但尚不能列名耆英之中。不过，司马光也像各位耆老一样，创作了一首诗歌。其诗云："洛下衣冠爱惜春，相从小饮任天真。随家所有自可乐，为具更微谁笑贫。不待珍羞方下箸，只将佳景便娱宾。庾公此兴知非浅，藜藿终难作主人。"从司马光的诗歌可以看出，参加耆英会的虽然都是曾经做过高官的人，但他们的宴会并不奢侈。他们在意的是志同道合者的聚会，是借酒会欣赏美景，而不在乎宴会中是否有珍馐佳肴。

文彦博是洛阳耆英会的倡导者，不仅亲自张罗宴会之事，而且率先为诗。其《耆英会》诗以白居易香山九老会为榜样，写元丰耆英会盛事："九老唐贤形绘事，元丰今胜会昌春。垂肩素发皆时彦，挥尘清谈尽席珍。染翰不停诗思健，飞觥无算酒行频。兰亭雅集夸修禊，洛社英游贵序宾。自愧空疏陪几杖，更容款密奉簪绅。当筵尚齿尤多幸，十二人中第二人。"诗歌最后一句说出了文彦博在十二人中的年龄位次。他还对德高望重的富弼进行赞美："洛下衣冠今最盛，当年尚齿礼容优。惟公福寿并勋德，合是人间第一流。"富弼之诗描写了耆英会的盛况："西洛古帝都，衣冠走集地。岂惟名利场，骤为耆德会。大尹吾旧相，旷怀轻富贵。日兴退老游，台阁并省寺。"文彦博、富弼以下，亦是踊跃赋诗，虽各有侧重，但皆能突出耆英会，对文彦博、富弼的道德、学问、才能给予赞美，对宴会盛况精心描绘，对耆英会之图亦有描述。朝议大夫王尚恭诗颇有代表性："端朝风望两台星，圭组参差又十人。八百乔年馀总数，一千熙运遇良辰。席间韵语皆非俗，图上形容尽得真。胜事主盟开府盛，误容衰薄混清尘。服许便衣更野逸，坐从齿列似天伦。二公笑语增和气，夜久盘花旋发春。"龙图阁直学士张焘诗亦独具特色："洛城今昔衣冠盛，韩国园林景物全。功在三朝尊二相，数逾九老萃群贤。当时乡社为高会，此日居留许款延。多幸不才陪履舄，更惭七十是新年。"洛阳耆英会除文彦博和王拱辰尚在职外，其他如富弼等，都是致仕之人。他们仰慕白居易当年举办香山九老会，在前丞相富弼府邸举行酒会，以酒会友，以酒为乐，并赋诗作画。消息传出后，天下士人皆以为是盛事。

元丰六年（1083），司马光仿照香山九老会和洛阳耆英会之例，邀请当时退居洛阳的官员，在西园组织了洛阳真率会。参加真率会的，先后有文彦博、席汝言、司马旦、王尚恭、楚建中、王慎言、宋道、范纯仁、鲜于侁、祖无择等人。司马光赋诗云："榆钱零乱柳花飞，枝上红英渐渐稀。莫厌衔杯不虚日，须知共力惜春晖。""真率春来频宴聚，不过东里即西家。小园容易邀嘉客，馔具虽无亦有花。"聚会之时，众人开怀畅饮，一个个喝得酩酊大醉。司马光有诗描述了众人大醉的景象："七人五百有余岁，同醉花前今古稀。走马斗鸡非我事，纻衣丝发且相晖。"真率会最为人关注的是会约。会约共有八条：序齿不序官；为具务简素；朝夕食不过五味，菜果脯醢之类，各不过三十器；酒巡无算，深浅自斟，主人不劝，客亦不辞；逐巡无下酒时，作菜羹不禁；召客共用一简，客注可否于字下，不别作简；或因事分简者，听会日早赴，不待促；违约者，每事罚一巨觥。司马光真率会酒约，大概可以算是中国最早的酒会会约了。这个会约简单明了，以戒奢侈、戒烦琐为主要内容，目的在于体现人性的率真。酒会座次序齿不序官，酒具无比简朴，食不过五味，蔬菜果品等不过三十器，都体现了自然简朴的特点。至于饮酒，则可以说是率性随意，酒巡无算，深浅自斟，主人不劝，客亦不辞，饮酒的氛围相当宽松自由。就连邀请客人的请帖，也是只用一帖即可，请帖送到谁的门上，只是在名下注明能否参加宴会即可。喝酒违约的时候，与香山九老会罚酒三杯不同，而是每次违规罚酒一大杯，也体现出真率的意思。

司马光真率会之后，王诜的西园雅集堪称一时之盛。王诜，字晋卿，宋神宗的女婿，时任都尉。西园是王诜的私人宅第，也是当时京师文人雅集之地。为了聚会方便，王诜在私宅东边修建了宝绘堂。王诜喜爱名画，他把搜集来的历代名画都藏于宝绘堂中，每次酒会前后，都邀请参加酒会的名公大儒参观他的收藏室，向人们展示他的收藏。宋哲宗元祐年间，他曾邀请苏轼、苏辙、黄庭坚、蔡襄、米芾、秦观、李公麟等文人雅士相聚于西园，饮酒观景，赋诗赏乐，挥毫作画。参加西园雅集的人，都是当时的大文豪、大书画家，由于他们的襄助，西园雅集成为一时之盛事。

苏轼兄弟参加了西园雅集。苏轼撰有《王君宝绘堂记》，就君子寓物而不留意于物发表了一番高见："君子可以寓意于物，而不可以留意于物。寓意于物，虽微物足以为乐，虽尤物不足以为病；留意于物，虽微物足以为病，虽尤物不足以为乐。……都尉王君晋卿，虽在戚里，而其被服礼义，学问诗书，常与寒士角。平居，攘去膏粱，屏远声色，而从事于书画。作宝绘堂于私第之东，以蓄其所有，而求文为记……庶几全其乐，而远其病也。"不论诗酒书画，可以以之寓意，而不可以特别留意。寓意则求其象，寻其美，乐其怀；留意视物为宝，欲有其物，格外珍惜，故而为物所累。苏轼的《王君宝绘堂记》是借题发挥，借物说人，很有警世意义。

苏辙有《王诜都尉宝绘堂词》，道尽西园雅集之事。"侯家玉食绣罗裳，弹丝吹竹喧洞房。哀歌妙舞奉清觞，白日一醉万事忘。"描尽西园雅集的盛况，欢乐与哀戚并见。"百年将种存慨慷，西取庸蜀践戎羌。战袍赐锦盘雕章，宝刀玉玦余风霜。天孙渡河夜未央，功臣子孙白且长。朱门甲第临康庄，生长介胄羞膏粱。四方宾客坐华堂，何用为乐非笙簧"数句，是对主人王诜的赞美。接下来，苏辙对宝绘堂收藏的名画作了形象的描绘："锦囊犀轴堆象庄，竿叉连幅翻云光。手披横素风飞扬，长林巨石插雕梁。清江白浪吹粉墙，异花没骨朝露香。鸷禽猛兽舌腭张，腾踏骙裹联骈骦。喷振风雨驰平冈，前数顾陆后吴王。"这些名画中，有东晋顾恺之、陆探微之作，也有唐代画圣吴道子、王维等人的作品。参加宴会的宾客，有些人对名人书画不甚了了，"老成虽丧存典常，坐客不识视茫洋。骐骥飞烟郁芬芳，卷舒终日未用忙。游意淡泊心清凉，属目俊丽神激昂"，面对那么多历代名画，他们很是淡泊，但是看到画中的俊男靓女，却禁不住兴奋起来。寥寥数语，把西园雅集中那些不懂得绘画艺术的酒客的神态表现得活灵活现，如在眼前。

对西园雅集，后人多持欣赏的态度。明人王恭《题宋王驸马西园雅集卷》是此类诗歌中的代表："西园簪佩日联翩，共爱风流戚畹贤。金将池台连帝里，玉堂词翰蔼宾筵。机闲羽士弦中意，心静林僧竹下禅。莫向繁华惊物换，大梁宫树也萧然。"诗歌写西园雅集贵客之盛、饮酒之趣、唱和之乐，而那些淡泊功名的访客，却是游心世外，寄意林下。对他们来说，西园的繁华，宫殿的巍然，都是可有可无，并不能对个人心境产生影响。

六、对酒当歌：酒文化与诗词歌赋

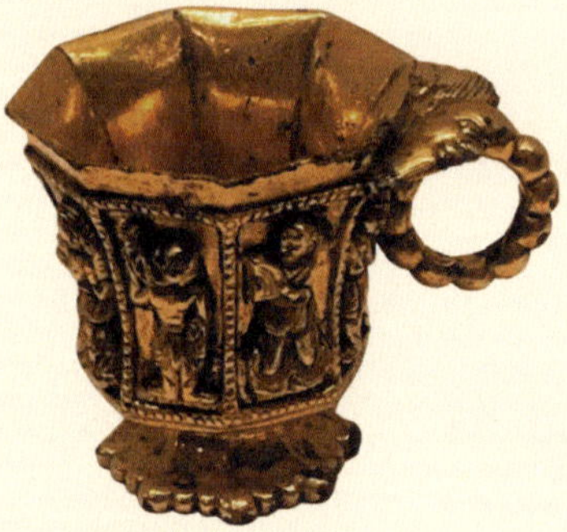

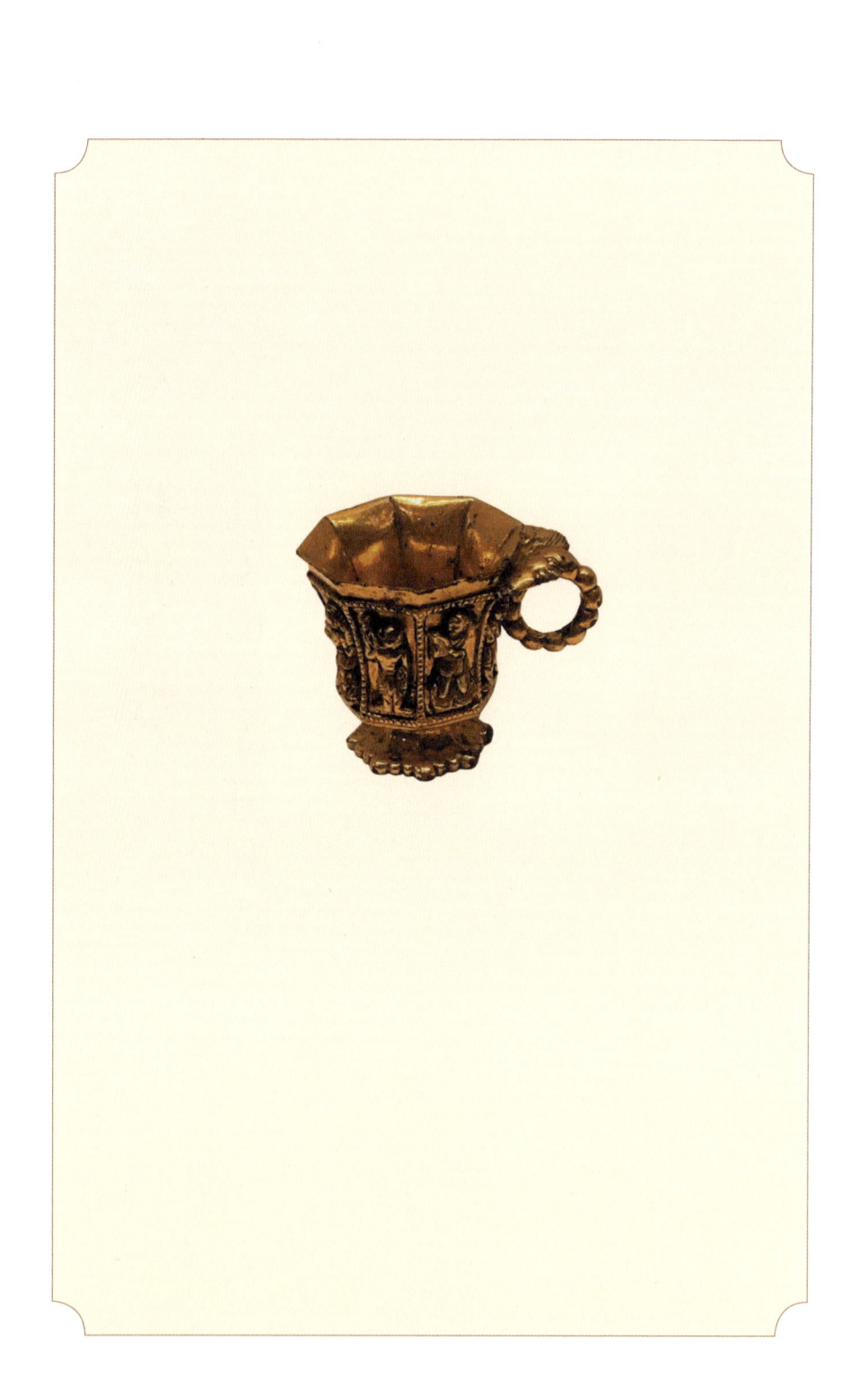

六、对酒当歌:酒文化与诗词歌赋

今天说到对酒当歌,人们首先想到的可能便是风靡一时的卡拉OK。酒至微醺,大家不管嗓子好坏、音准如何,轮番上阵吼上几曲。此时此刻,歌与酒几乎成了标配,很难说清楚是酒引歌情,还是歌助酒兴。反正基本都是先喝酒后唱歌,酒壮歌胆;唱高兴了再接着喝,歌增酒量。助酒的歌中多带着浓浓的酒香,有些直接唱酒,比如《祝酒歌》《九月九的酒》《干杯朋友》《一壶老酒》《美酒加咖啡》《九九女儿红》等,更多的是内含酒意,比如《忘情水》《妹妹你大胆地往前走》《中华民谣》等。

其实,酒与歌、诗联系紧密,源远流长。早在中国第一部诗歌总集《诗经》里,就有多首写到饮酒唱诗的场景。比如《小雅·鹿鸣》,写君主宴饮群臣,共分三章。每章首二句为兴体,以鹿鸣呼朋食蒿兴比君王宴饮群臣,后六句内容各有侧重。首章写君王厚待群臣,次章写君王盛赞群臣。宴会伊始,君王举起酒杯,热情地说道:我有甜美的醇酒,请大家尽情畅饮。末章写君王宴乐群臣。宴会达到高潮,优美的音乐再次奏起，主宾尽欢，十分融洽。君王又举起酒杯，深情地说道："我有旨酒，以宴乐嘉宾之心。"此诗影响广泛深远，后世无论外交场合，还是宴请宾客，往往唱《鹿鸣》之诗。直至清代，乡试揭榜的第二天，主考官还要和新科举人一起宴乐，谓之"鹿鸣宴"。

刘邦和项羽，是楚汉相争时的一对生死冤家，最终以项羽失败、刘邦胜利告终。公元前195年，胜利了的刘邦衣锦还乡，置酒沛宫，与家乡父老子弟饮酒共欢。饮到酣畅淋漓处，刘邦一边击筑，一边唱歌跳舞，情绪激昂慷慨，吟唱出著名的《大风歌》："大风起兮云飞扬，威加海内兮归故乡，安得猛士兮守四方。"这首诗唱出了刘邦作为开国君主叱咤风云的胜慨豪情，志得意满、意气风发的形象如在眼前。

力敌万夫、心高气傲的贵族弟子项羽，最终败给了流氓本色的刘邦，在垓下之围中以乌江自刎结束了悲剧的一生。自刎前，他与宠爱的虞姬诀别，边饮边歌，拔剑起舞，激昂慷慨："力拔山兮气盖世，时不利兮骓不逝。骓不逝兮可奈何，虞兮虞兮奈若何！"这就是著名的《垓下歌》。吊诡的是，胜利的刘邦被后人嘲讽，失败的项羽却得到了同情和赞美。宋代女词人李清照写下了"生当作人杰，死亦为鬼雄。至今思项羽，不肯过江东"的千古名句，可谓是项羽的隔代红颜知己。直到今天，霸王别姬仍然是当代艺术的热门题材，梅兰芳舞台上的霸王别姬、张国荣银幕上的霸王别姬、屠洪刚歌坛上的霸王别姬都让人印象深刻。

其实不论酒以成礼，还是以酒会友，参加者只要是文人雅士，自然免不了触景生情，睹物思怀，吟诗作赋，对酒当歌。正是各种各样的酒场、酒会、酒礼，触发了文人雅士的情怀，不少文人雅士挥毫泼墨，逞才使气，留下了或瑰玮雄奇，或深情雅致，或浓密纤细，或余味悠长的诗章。在弥漫着芬芳酒香的中国诗歌史上，最令人难以忘怀的，当数对酒当歌的曹孟德、篇篇有酒的陶渊明、斗酒百篇的李太白、酒至微醺的邵尧夫、月夜泛舟的苏东坡、醉入东海的陆放翁和挑灯看剑的辛弃疾等人。他们深得酒中三昧，喜酒好酒，既为中国文学史留下了美诗美文，也极大地丰富了中国酒文化，让中国酒文化文采斐然、五彩斑斓。

对酒当歌曹孟德

在汉末历史上，有一位被许劭称为"治世之能臣，乱世之奸雄"的人物，他就是在汉末大乱中"挟天子以令诸侯"的曹操。曹操，字孟德，小字阿瞒，沛国谯县（今安徽亳州市）人。汉献帝初平三年（192），曹操平定青州黄巾军，获降卒30万。曹操收其精锐，号为"青州兵"。借助这些家底，曹操乘势而起，先后打败袁术、吕布等豪强，迅速成为一方诸侯。建安元年（196），曹操迎汉献帝都于许（今河南许昌市），自任司空，行车骑将军事，统御百官，开始了"挟天子以令诸侯"的时代。建安五年（200），曹操以少胜多，在官渡大败袁绍。建安九年（204），攻克袁绍的大本营邺城（今河北邯郸市临漳县），基本上平定了北方。此后，曹操南征北战，南平荆、襄，东讨孙权，西取雍梁，北定辽东，与东吴孙权、蜀汉刘备形成鼎足之势。直到建安二十五年（220）去世之前，曹操都在为稳定北方、谋划统一而驰骋疆场，竭尽全力。

曹操的后半生基本上是在马背上度过的，他的诗文，有许多都是在征战的间隙中一挥而就。唐代诗人元稹曾经说过："建安之后，天下文士遭罹兵战。曹氏父子鞍马间为文，往往横槊赋诗，故其遒壮抑扬冤哀悲离之作，尤极于古。"的确，曹操的诗文大多和征战有关。但是，在征战的闲暇时间，曹操常常对酒当歌，一边和文臣武将饮酒作乐，一边为文赋诗，记下当时的场景和心境，《度关山》《蒿里行》《薤露行》《苦寒行》《秋胡行》《碣石篇》等，都属于鞍马间赋诗。《短歌行》开篇就是"对酒当歌,人生几何?譬如朝露,去日苦多",感慨人生短暂和人生艰难,因而高歌"对酒当歌,人生几何"。之所以"对酒当歌",是因为酒能解忧,所谓"慨当以慷,忧思难忘。何以解忧?唯有杜康"。有忧愁,有烦恼,需要借酒浇愁,以酒解忧。当然,曹操之忧不是为个人担忧,而是在忧国忧民忧天下,"青青子衿,悠悠我心。但为君故,沉吟至今。呦呦鹿鸣,食野之苹。我有嘉宾,鼓瑟吹笙",指出了其忧心所在。而"山不厌高,海不厌深。周公吐哺,天下归心"四句,直言忧在天下,忧在百姓。《对酒歌》是一首寄托曹操理想的诗歌,描绘了曹操所希望的一种理想社会:"对酒歌,太平时,吏不呼门。王者贤且明,宰相股肱皆忠良。咸礼让,民无所争讼。三年耕有九年储,仓谷满盈。班白不负戴。雨泽如此,百谷用成。却走马,以粪其土田,爵公侯伯子男,咸爱其民,以黜陟幽明。子养有若父与兄。犯礼法,轻重随其刑。路无拾遗之私,囹圄空虚,冬节不断。人耄耋,皆得以寿终。恩德广及草木昆虫。"

《气出唱》三首寄意神仙,通篇洋溢着求仙乐道之意。这首诗歌是酒文化与神仙道化相结合的诗篇,开创了酒文化与神仙道化相结合的先河。其一"河水尽,不东流。解愁腹,饮玉浆,奉持行,东到蓬莱山",把饮酒与求仙、饮酒与消愁联系在一起,赋予饮酒更为丰富的内涵。其二"酒与歌戏,今日相乐诚为乐。玉女起,起舞移数时。鼓吹一何嘈嘈"数句,把饮酒与歌舞娱乐融为一体,让人感受到饮酒的无穷乐趣。其三"东西厢,客满堂。主人当行觞,坐者长寿遽何央",是以酒为寿,寄予着对长生不老的渴望。三首诗歌把饮酒与修仙联系在一起,借饮酒为乐表达了对神仙生活的企盼。诗歌中的昆仑山、泰山、蓬莱山、华阴山、东海、玉阙、天门等景物,王母、玉女、赤松、王乔等人物,都是曹操借以表达对神仙生活向往之情的意象或寄托。实际上,曹操对神仙和长

六、对酒当歌：酒文化与诗词歌赋

生等是存有疑问的，他曾经表示"神龟虽寿，犹有竟时""造化之陶物，莫不有终期"，包括人在内的世间之物，都会有终了的时候，即使是圣贤也不能免。但人生在世，不能因为最终都要走向最后的归宿而放弃努力，而还是要知天命，尽人事，把自己的事情做好，这才是人生应有的态度。

曹操是一个率性的人，一个不守旧规和礼教的人，一个敢于突破各种羁绊的人。但对于饮酒，曹操还是比较守规矩的。他深知酒以成礼的道理，主张"随制饮酒"，按照礼制饮酒，遵守尊卑有别、长幼有序的成规。一个叱咤风云的人物竟然在饮酒方面遵守礼制和成规，实在难得。正是因此，对那些不能"随制饮酒"的人，曹操难以容忍，甚至痛下杀手。《三国演义》第四十八回"宴长江曹操赋诗"，表现了曹操对不能"随制饮酒"者的雷霆手段。建安十三年（208）冬，曹操亲率大军南征孙权。十一月十五日晚，天气晴朗，明月高悬，长江风平浪静。曹操在用铁索连起来的战船上宴请众将，兴之所至，高声吟诵"对酒当歌，人生几何"之诗章。吟诵既毕，众将一起唱和，同声庆贺。这个时候，扬州刺史刘馥不识好歹，出言败兴，认为"月明星稀，乌鹊南飞。绕树三匝，何枝可依"是不吉利的话。曹操听后大怒，手起一槊，把刘馥刺死。曹操刺杀刘馥，《三国演义》归咎于刘馥败兴，深层原因则是刘馥破坏了"随制饮酒"的规矩。但凡饮酒，只要不是朋友间的随意聚会，只要带有官方色彩，或具有某种功利性质，都是要讲规矩的。酒以成礼，饮酒更需要遵守礼制。而饮酒的基本礼仪就是尊卑有别、长幼有序，即使是像香山九老会、洛阳耆英会、西园雅集那样的酒会，序齿不序官，但也体现出长幼之序。曹操在长江大船上设宴，是官方宴会，官方宴会讲究尊卑有别。宴会上最尊者是曹操，刘馥是扬州刺史，不论饮酒、唱和还是说话，都应该遵守尊卑有别这样一种规矩。他不守规矩，当众驳曹操的面子，让曹操颇为难堪，曹操便当场施以最严厉的惩罚。

曹操生当汉末乱世，却能乘势而起，成就一番事业。他武能安邦定国，文能吟诗作赋，堪称"创造大业，文武并施"。史家评价他"御军三十余年，手不舍书。昼则讲武策，夜则思经传。登高必赋，及造新诗，被之管弦，皆成乐章"。曹操在率领兵马征战天下的间隙，对酒当歌，慷慨赋诗，留下了许多瑰玮雄奇的诗章，丰富了中国文学园地，也丰富了中国的酒文化。

篇篇有酒陶渊明

陶渊明，字元亮，浔阳柴桑（今江西九江市柴桑区）人，东晋大司马陶侃的曾孙，晋宋之际著名隐士，有"古今隐逸诗人之宗""田园诗人之祖"之誉。他的一生都与酒有不解之缘，在《五柳先生传》中，自言对酒的特殊爱好："性嗜酒，家贫不能恒得。亲旧知其如此，或置酒招之，造饮必尽，期在必醉。既醉而退，曾不吝情。"陶渊明好酒，又能诗能文，故而在酒与文学的结合方面，陶渊明做得最好，也做得最完美。著名中古文学专家王瑶先生就曾深刻地指出，正是从陶渊明开始，才把酒和诗联系了起来。阮籍即便是著名酒徒，咏怀诗又"旨趣遥深，兴寄多端"，"也还是酒是酒、诗自诗的，诗中并没有关于饮酒的境界和趣味的描写"，"但陶渊明却把酒和诗直接联系起来了，从此酒和文学发生了更密切的关系"。陶渊明流传下来的作品总计有137篇，其中诗歌125首，文章12篇，这些诗文大多和酒有关。南朝梁昭明太子萧统在《陶渊明集序》中说："有疑陶渊明诗篇篇有酒，吾观其意不在酒，亦寄酒为迹者也。"

陶渊明喜酒好酒，出任彭泽县令时，县里有二顷公田，他原来准备全部种上秫米，以便用来酿酒。妻子听说后，百般劝说，他才同意拿出五十亩种植稻谷,余下一百五十亩则全部种上秫米。可是,辛苦半天,还没有到收获季节,督邮要来县里,属下告诉他应穿戴整齐去迎接上司,他慨然道:"我不能为五斗米向乡里小儿折腰!"于是愤然辞职,回到了家乡柴桑。陶渊明辞去彭泽县令之后,没有别的生活本领,家中又遭大火,生活日见拮据,到了后来,不仅没有酒喝,甚至没有饭吃。有一年的九月九日,正是传统的重阳佳节,陶渊明没有酒喝,心情郁闷,独自一人来到篱笆墙边,望着园里盛开的菊花,思量着如何用菊花酿酒喝,不知不觉来到菊花丛中,怅望良久。忽然看见一个白衣人,挑着担

清　吴友如绘陶渊明像

子而来。原来是江州刺史王弘派人送酒来了。王弘知道陶渊明喜欢喝酒，却因家贫不能常得，就经常派人给陶渊明送酒。陶渊明见有酒了，高兴得顾不上说什么，抱起酒瓮就开始喝起来，一喝便喝醉了，由此留下了"白衣送酒"的佳话。

陶渊明对酒有一种特殊的情怀。在他的诗歌中，酒是情感的激发物，也是描写和吟咏的对象，酒充当了陶渊明诗文创作的重要媒介，成为陶渊明表达思想情感的重要意象。在《答庞参军》中，他借酒表达了与友人同乐的情怀："伊余怀人，欣德孜孜。我有旨酒，与汝乐之。乃陈好言，乃著新诗。一日不见，如何不思？"陶渊明与友人因善德懿行成为好友，因有旨酒而彼此相乐，因情投意合而相互赞美，共撰新诗。这样的朋友德为邻，乐相知，心相通，已经到了"一日不见，如何不思"的程度。在外出为官的时候，陶渊明为能够遇到知己而高兴，"出门万里客，中道逢嘉友。未言心相醉，不在接杯酒"。真正的知己，用不着杯觥交错，甚至用不着交谈，就已经彼此心醉了。陶渊明从不掩饰对酒的喜好，表示"愿君取吾言，得酒莫苟辞"（《形赠影》）。他喜欢饮酒，是因为酒能解忧，能够让人暂时忘记烦恼，"酒云能消忧，方此讵不劣"（《影答形》），"酒能祛百虑，菊为制颓龄"（《九日闲居》）。陶渊明喜欢饮酒，不仅因为酒解愁肠，而且因为酒是朋友交际的媒介，是及时行乐的饮品，是吟诗作赋的灵感，是谈天说地的由头。为了饮酒，他问来使"归去来山中，山中酒应熟"；为了饮酒，他和老朋友同游斜川，"提壶接宾侣，引满更献酬。未知从今去，当复如此不？中觞纵遥情，忘彼千载忧"，表示"且极今朝乐，明日非所求"。与朋友同游，游至别人的墓地柏树下，感慨人生无常，生死难料，忽然来了兴致，于是管乐弦乐一起奏响，清唱之声随音乐而起，一次野游俨然成了音乐会。此情此景，陶渊明欣然赋诗："今日天气佳，清吹与鸣弹。感彼柏下人，安得不为欢。

清歌散新声，绿酒开芳颜。未知明日事，余襟良已殚。"即使是在乞食的情况下，陶渊明依然忘不了酒，依然是"谈谐终日夕，觞至辄倾杯。情欣新知欢，言咏遂赋诗"。

陶渊明的诗歌不仅多涉及饮酒之事，而且有不少诗歌直接以酒名篇。《连雨独饮》《饮酒二十首》《述酒》《止酒》等，皆是以酒名篇，表现出诗人对酒的特殊感情。在《连雨独饮》中，诗人深刻领悟到"运生会归尽，终古谓之然"的道理，对神仙之说表示怀疑，因此对饮酒有深深的爱好，"故老赠余酒，乃言饮得仙。试酌百情远，重觞忽忘天"，饮酒能够让人忘记人生的烦恼，忘记各种感情的牵系，排遣生活的郁闷，喝多的时候还能给人飘飘欲仙之感。这也许正是陶渊明喜欢饮酒的深层文化原因。他在《饮酒二十首》小序中，表达了对酒的喜爱之情："余闲居寡欢，兼此夜已长，偶有名酒，无夕不饮。顾影独尽，忽焉复醉。既醉之后，辄题数句自娱。纸墨遂多，辞无诠次。聊命故人书之，以为欢笑尔。"陶渊明隐居后，尤其是在家中遭遇大火之后，生活越来越艰难。所谓"偶有名酒"，可能是王弘或其他故友赠送的佳酿。陶渊明好酒，但酒量并不大，"试酌百情远，重觞忽忘天"二句，透露出陶渊明酒量有限，如果心情不佳的时候，几乎是沾酒即醉，一杯下肚就会忘记各种烦恼，再多饮一杯，可能连时间季节都会忘记了。正是因此，有了好酒，每天晚上都要饮上几杯。饮酒之后，顾影自怜，不知不觉就喝醉了。醉酒之后，就提笔赋诗，如此一来，留下来的诗章就越来越多，毫无次序地堆积在那里。得便的时候，陶渊明便请老朋友帮助抄写一下，老朋友再聚会时就可以增加谈资，"奇文共欣赏，疑义相与析"。

陶渊明的《饮酒二十首》都是抒情感怀忆旧之作，有的以古人为例，言衰荣之事，认为所谓的衰荣不过是过眼云烟，不如"忽与一觞酒，日夕欢相持"。有的言人间善恶，指出古人所谓的善恶有报，根本就不可信，可有的人看不到这一点，"有酒不肯饮，但顾世间名"，终于为名所累。有的写与友人把酒言欢的快乐："故人赏我趣，挈壶相与至。班荆坐松下，数斟已复醉。父老杂乱言，觞酌失行次。不觉知有我，安知物为贵。悠悠迷所留，酒中有深味。"体味酒中的深味，是陶渊明《饮酒二十首》的主旨，叙写了陶渊明对人生苦旅、社会生活、功名利禄等的深切感悟。如咏扬雄的一首诗歌，实际上是借扬雄来说自己："子云性嗜酒，家贫无由得。时赖好事人，载醪祛所惑。觞来为之尽，是咨无不塞。有时不肯言，岂不在伐国。仁者用其心，何尝失显默。"当然，陶渊明饮酒诗中最为著名的，还是那首传诵千古的《饮酒·结庐在人境》："结庐在人境，而无车马喧。问君何能尔？心远地自偏。采菊东篱下，悠然见南山。山气日夕佳，飞鸟相与还。此中有真意，欲辨已忘言。"整首诗歌景在情中，情在景中，主客为一，情景交融，营造出了一幅恬淡自然、超然物外的意境，深得诗家的喜爱。陶渊明有一首《止酒》诗，每句都有一个"止"字，看似文字游戏，实则流露出诗人不能止酒的无奈，"平生不止酒，止酒情无喜"。为什么不能止酒，因为诗人喜酒好酒，对酒有很深的感情，如果止酒，人生就没有什么乐趣了。由此可见陶渊明对酒确实是一往情深。

陶渊明与酒已经融为一体，酒是陶渊明生活的一部分，而且是最为重要的一部分。有了酒，陶渊明似乎就可以找到人生的乐趣，得到创作的灵感，就能够创作出传世佳作。没有酒，陶渊明就失去了人生的乐趣，创作的灵感就会枯竭。他说"平生不止酒，止酒情无喜"，不是夸张之词，而是体味到了酒中的真意，是对人生的一种概括和总结。

最是七绝堪佐酒

唐代是诗的国度，也是酒的国度，诗与酒深度契合，促成了唐代咏

六、对酒当歌：酒文化与诗词歌赋

酒诗的高度发达。据统计，现存唐诗中咏酒诗就达 1000 余首，仅在《唐诗三百首》中，咏酒诗即有 48 首之多。同时，唐代尤其是盛唐，国力强大、经济繁荣、文化昌盛，音乐歌舞都很发达，文人雅士在诗酒雅集时有职业歌女相伴，有时干脆就在有歌女伴唱助兴的酒馆进行，颇类今日有歌手驻场献艺的酒吧，对酒当歌不再仅是文人的自唱自诗。

据唐人薛用弱《集异记》记载，开元年间，青年才俊王昌龄、高适、王之涣尚未入仕，已经在诗坛崭露头角。一日三人相约到酒店饮酒，遇梨园伶人唱曲宴乐，便私下约定，平时大家各有诗名，难分高低，今天就以歌伶所唱各人诗篇的情形定高下。一伶者首先唱道："寒雨连江夜入吴，平明送客楚山孤。洛阳亲友如相问，一片冰心在玉壶。"唱的是王昌龄的《芙蓉楼送辛渐》，王昌龄高兴地在墙壁上画了一道。接着一伶者唱道："开箧泪沾臆，见君前日书。夜台今寂寞，独是子云居。"唱的是高适的《哭单父梁九少府》，高适也高兴地画上一道。又一伶者唱道："奉帚平明金殿开，且将团扇共徘徊。玉颜不及寒鸦色，犹带昭阳日影来。"唱的是王昌龄的《长信秋词》，王昌龄被唱到两首，有些得意，高兴地又画一道。

王之涣颇负诗名，前三人却都没唱他的诗，不免着急，手指最漂亮、最有气质的一位伶者说，刚才的伶者都是俗人，根本不懂阳春白雪，所唱的都是下里巴人之词。如果此人也不唱我的诗，我就甘拜下风，终生不与两位争锋。不一会儿，轮到那位优雅的伶者出场，开口唱道："黄河远上白云间，一片孤城万仞山。羌笛何须怨杨柳，春风不度玉门关。"唱的正是王之涣的名篇《凉州词》。三人开心地大笑起来。这就是著名的"旗亭画壁"故事。此事虽未必可信，却可以看出唐代诗人聚宴谈诗吟诗的风习之盛。音乐是唐人日常生活的重要部分，当时的教坊常将名人诗歌配入曲调，在宴会上唱诗佐酒。所采之诗多为七绝，因为相较其他诗体，七绝更具一唱三叹的韵味。

王昌龄被称为"七绝圣手"，其作品传唱甚广，有些作品本身就是弦歌的产物："沅溪夏晚足风凉，春酒相携就竹丛。莫道弦歌愁远谪，青山明月不曾空。"（《龙标野宴》）龙标位于今天的湖南省洪江市，唐时属于十分偏远之所，好友李白听闻王昌龄被贬此地，专门写诗慰问："杨花落尽子规啼，闻道龙标过五溪。我寄愁心与明月，随风直到夜郎西。"（《闻王昌龄左迁龙标遥有此寄》）在人生最失意的时刻，因为能够和朋友一起在竹边月下边酒边歌，所以雅兴盎然，并不消沉。但春酒弦歌只是一时之乐，只有青山明月常在，能够带来长久的慰藉。所以，王昌龄才在诗中反复使用青山明月的意象："青山一道同云雨，明月何曾是两乡""欲问吴江别来意，青山明月梦中看"。2020年武汉抗疫最紧张的时候，日本在援助中国抗疫物品集装箱上引用了"青山一道同云雨，明月何曾是两乡"，这两句名诗"出口转内销"，立时变得家喻户晓，红遍大江南北，仿佛回到了处处歌诗的大唐，也是一段佳话。

谈到七绝入歌，不能不特别提及王维的《送元二使安西》："渭城朝雨浥轻尘，客舍青青柳色新。劝君更尽一杯酒，西出阳关无故人。"此诗后来谱入乐府，当作送别曲，并把末句"西出阳关无故人"反复重叠歌唱，称《阳关三叠》，又称《渭城曲》，是唐代最流行、传唱最久的歌曲。这是一首送别诗。元二是诗人的朋友，生平不详。安西是安西都护府的简称，治所在龟兹城（今新疆库车市）。元二奉命出使安西，诗人在渭城为其设宴送别。前两句写送别的时间、地点和环境气氛。一场朝雨过后，渭城变得分外明朗清新，道路洁净，客舍青青，杨柳翠绿，全没有一般离别的悲凉氛围。显然，这不是一场黯然销魂的愁苦之别，而是深情中透着轻快和希望的分别。后两句高度凝练，截取最富感染力的瞬间：宴席已经进行了很长时间，酒喝了一轮又一轮，话说了一遍又一遍。但天下没有不散的宴席，朋友上路的时刻终于到来，主客双方的惜别之情在这一瞬间都达到了顶点。主人脱口而出，再干一杯吧，出了阳关，可能就再也见不到老朋友啦。这是个极具表现力的瞬间特写，明白如话中饱含丰富复杂的惜别深情。

此诗没有特殊的背景，却表达了最有普遍性的离别之情，清新流畅，感情深挚，所以特别适合绝大多数离宴别席演唱。同时，王维此诗也成了一个带有母题性质的离别诗原型，一而再再而三出现在后来的诗词作品中。随着《送元二使安西》从一首有具体写作背景的诗变成一首通用的离别歌曲，题目也变成了《渭城曲》或《阳关曲》，离愁别绪在新的语境中获得了新的意味。刘禹锡有诗云"旧人唯有何戡在，更与殷勤唱渭城"（《与歌者何戡》）；白居易有诗云："最忆阳关唱，真珠一串歌"（《晚春欲携酒寻沈四著作，先以六韵寄之》），"相逢且莫推辞醉，听唱阳关第四声"（《对酒五首》）；李商隐有诗云"红绽樱桃含白雪，断肠声里唱阳关"（《赠歌妓二首》）。宋代词曲小令本就是酒席歌宴的产物，以阳关为离别意象的作品更多。北宋名相寇准有《阳关引》："塞草烟光阔，渭水波声咽。春朝雨霁轻尘歇。征鞍发。指青青杨柳，又是轻攀折。动黯然，知有后会甚时节。更尽一杯酒，歌一阕。叹人生，最难欢聚易离别。且莫辞沈醉，听取阳关彻。念故人，千里自此共明月。"苏东坡创作了三个版本的《阳关曲》，并称发现了古本《阳关三叠》，只从第二句开始叠唱，可见喜爱之深。南宋初《古今词话》收录的《古阳关》，作者无考，比寇准的作品更接近流行歌曲："渭城朝雨，一霎浥轻尘。更洒遍，客舍青青。弄柔凝，千缕柳色新。更洒遍，客舍青青，千缕柳色新。休烦恼，劝君更尽一杯酒，人生会少。自古富贵功名有定分。莫遣容仪瘦损。休烦恼，劝君更尽一杯酒，只恐怕，西出阳关，旧游如梦，眼前无故人。只恐怕，西出阳关，眼前无故人。"一唱三叹，余音袅袅，很像今天的流行歌曲。

斗酒百篇李太白

李白，字太白，号青莲，唐代著名诗人，有"诗仙"和"酒仙"之称，与杜甫合称"李杜"。李白其人其诗都与酒有着深厚的渊源。杜甫《酒中八仙歌》这样描绘他："李白一斗诗百篇，长安市上酒家眠。天子呼来不上船，自称臣是酒中仙。""斗酒诗百篇"形象地说明了李白的诗歌创作与酒文化的关系。

"斗"是古代一种量具。汉代的斗容量较小，1斗相当于2000毫升，大概就是现在的2千克。清代的斗比汉代的要大得多，1斗约20千克。唐代斗的容量介于汉代与清代之间，有人说是5千克，有人说是6千克。但不论5千克还是6千克，李白如果一次能够喝那么多酒，即使是度数比较低的黍酒或米酒，也是需要相当的酒量才行。因为，饮过斗酒之后，还能妙笔生花，那一定是在清醒的状态，至少是在蒙眬的半清醒状态，才能思维敏捷，想象丰富，写出传世佳作，吟咏出气象不俗的诗章。明代学人江盈科在《雪涛诗评》中说："李青莲是快活人，当其得意时，斗酒百篇，无一语一字不是高华气象。"现代著名诗人余光中先生在《寻李白》一诗中，说他"酒入豪肠，七分酿成了月光，余下的三分，啸成剑气，绣口一吐就半个盛唐"。

李白与酒，既是中国诗歌史上的佳话，也是中国酒文化史上的佳话。有人统计，李白的诗歌与饮酒有关者多达200多首，其中不乏名篇佳作。《将进酒》是李白劝人饮酒之作，淋漓尽致地表现了酒的妙用，写来大气磅礴，气势恢宏，给人无法抗拒之感："君不见，黄河之水天上来，奔流到海不复回。君不见，高堂明镜悲白发，朝如青丝暮成雪。

六、对酒当歌：酒文化与诗词歌赋　　　　　　　　　　　151

清　吴友如绘《李白一斗诗百篇》

人生得意须尽欢，莫使金樽空对月。天生我材必有用，千金散尽还复来。烹羊宰牛且为乐，会须一饮三百杯。岑夫子，丹丘生，将进酒，杯莫停。与君歌一曲，请君为我倾耳听。钟鼓玉帛不足贵，但愿长醉不愿醒。古来贤达皆寂寞，惟有饮者留其名。陈王昔时宴平乐，斗酒十千恣欢谑。主人何为言少钱，且须沽酒对君酌。五花马，千金裘，呼儿将出换美酒，与尔同消万古愁。"诗歌由黄河之水写到人生，既有"人生得意须尽欢，莫使金樽空对月。天生我材必有用，千金散尽还复来"的豪气，又有"烹羊宰牛且为乐，会须一饮三百杯"的欢乐，更有"古来贤达皆寂寞，惟有饮者留其名"的深切感悟，最后落脚到借酒浇愁的传统主题上，表达了劝人饮酒的良苦用心和真实用意。

清　苏六朋《太白醉酒图轴》

李白爱酒好酒，是因为他对酒有着超乎常人的感悟。在《月下独酌》中，李白用直白的话语，说出了他爱酒好酒的缘由："天若不爱酒，酒星不在天。地若不爱酒，地应无酒泉。天地既爱酒，爱酒不愧天。已闻清比圣，复道浊如贤。贤圣既已饮，何必求神仙？三杯通大道，一斗合自然。但得醉中趣，勿为醒者传。"天爱酒，有酒星；地爱酒，有酒泉。天地既然都爱酒，那么，爱酒好酒就是不愧于天地。酒有清浊，人有圣贤，圣贤也爱酒。为什么天地、

六、对酒当歌：酒文化与诗词歌赋

圣贤都爱酒呢？李白说出了自己的感悟，"三杯通大道，一斗合自然"。酒能让人通往大道，让天地合乎自然，酒的功用大矣哉！

李白爱酒好酒，是基于对酒的独特感悟和理解。酒中不仅有大道，有自然，更有趣味，有情感，有快乐，同时也有历史，有启迪。《月下独酌》写个人独饮的情趣与快乐："花间一壶酒，独酌无相亲。举杯邀明月，对影成三人。月既不解饮，影徒随我身。暂伴月将影，行乐须及春。我歌月徘徊，我舞影零乱。醒时同交欢，醉后各分散。永结无情游，相期邈云汉。"花前月下，一人独饮，本可尽写孤独，但在李白笔下，人影、花、月都成了饮伴，一场孤独之饮，却生发出无限情趣。《山中与幽人对酌》诗更见诗人雅趣："两人对酌山花开，一杯一杯复一杯。我醉欲眠卿且去，明朝有意抱琴来。"两人在深山之中对酌，你一杯，我一杯，一杯又一杯，不知不觉中就喝多了。喝醉之后，也没有那么多讲究，直接说我醉了，想睡觉了，你走吧，不喝了，明天再想喝的话，就抱一把琴来。语言平实无华，却把当时对酌的情景表现得淋漓尽致，把对酌的情趣刻画得入木三分。李白常常一人独酌，他那些述说一人独酌的诗歌，有的是借酒浇愁，如《月下独酌》，直言"穷愁千万端，美酒三百杯。愁多酒虽少，酒倾愁不来。所以知酒圣，酒酣心自开"。有的则向日对花，心境空明，一副万事淡然的心态："我有紫霞想，缅怀沧州间。且对一壶酒，澹然万事闲。横琴倚高松，把酒望远山。长空去鸟没，落日孤云还。但悲光景晚，宿昔成秋颜。"（《春日独酌二首》）尤其是面对水木春晖、孤云远山之时，诗人的心境更为开阔，俨然已经与大自然融为一体："东风扇淑气，水木荣春晖。白日照绿草，落花散且飞。孤云还空山，众鸟各已归。彼物皆有托，吾生独无依。对此石上月，长醉歌芳菲。"（《春日独酌二首》）即便是与人约酒，而待酒不至的时候，看到"山花向我笑"，李白依然心情大好："玉壶系青丝，沽酒来何迟。

山花向我笑，正好衔杯时。晚酌东窗下，流莺复在兹。春风与醉客，今日乃相宜。"(《待酒不至》)

以酒言志，是李白诗歌的显著特色。"陶令八十日，长歌归去来。故人建昌宰，借问几时回。风落吴江雪，纷纷入酒杯。山翁今已醉，舞袖为君开。"(《对酒醉题屈突明府厅》)开篇二句，用陶渊明为彭泽县令八十日便慨然挂冠而去，高歌"归去来兮"的故事。《冬夜醉宿龙门觉起言志》是一首借酒言志之作。诗歌先写冬夜醉宿龙门之事："醉来脱宝剑，旅憩高堂眠。中夜忽惊觉，起立明灯前。开轩聊直望，晓雪河冰壮。"冬夜饮酒，喝得酩酊大醉，诗人难以入睡，开窗瞭望，但见河水已经变成厚厚的冰层，诗人的心境也随之变得苦寒低沉，不由得想起了傅说、李斯和诸葛亮等曾经风云一时的人物："哀哀歌苦寒，郁郁独惆怅。传说版筑臣，李斯鹰犬人。欻起匡社稷，宁复长艰辛。而我胡为者，叹息龙门下。富贵未可期，殷忧向谁写？去去泪满襟，举声梁甫吟。青云当自致，何必求知音。"诗歌最后两句"青云当自致，何必求知音"，虽然豪气干云，但实是自我宽慰之语。《春日醉起言志》也是一首言志诗，却不见"青云当自致"，展示给人们的是春日流莺之景、鸟鸣花间之象："处世若大梦，胡为劳其生？所以终日醉，颓然卧前楹。觉来眄庭前，一鸟花间鸣。借问此何时？春风语流莺。感之欲叹息，对酒还自倾。浩歌待明月，曲尽已忘情。"两相比较，诗人的得意与失意，一目了然。

借酒咏史，是李白诗歌的常见意象。李白对中国历史非常熟悉，饮酒赋诗之时常常信手拈来。《鲁中都东楼醉起作》写在东楼饮酒而醉，一副憨态可掬的样子："昨日东楼醉，还应倒接䍦。阿谁扶上马，不省下楼时。"诗歌使用了"倒接䍦"的典故，表现了诗人醉后尚能骑马的神态。"倒接䍦"是山涛之子山简的故事。山简在任镇南将军、荆州刺史的时候，经常外出与人喝酒，有时一喝就醉。当时人为他编了一首歌："山公时一醉，径造高阳池。日暮倒载归，酩酊无所知。复能乘骏马，倒著白接篱。举手问葛强，何如并州儿。"山简喝醉了酒，天色近晚的时候，还能骑着骏马而回。因为已经醉了，山简把白接篱（白毛巾做的帽子）给戴倒了。他骑在马上，问心腹爱将葛强，我和你这个并州的小伙子相比怎么样？李白用"倒接篱"的典故，意在说明自己也喝醉了，怎样下的楼，是谁扶自己上的马，都已经记不得了。《对酒》也是一首劝人饮酒的诗歌："劝君莫拒杯，春风笑人来。桃李如旧识，倾花向我开。流莺啼碧树，明月窥金罍。昨日朱颜子，今日白发催。棘生石虎殿，鹿走姑苏台。自古帝王宅，城阙闭黄埃。君若不饮酒，昔人安在哉。"诗人认为人生短暂，转瞬即逝，"昨日朱颜子，今日白发催"，应该有酒就喝，不要拒绝。后赵石虎的宫殿已经荆棘丛生，吴王夫差的姑苏台也成了荒芜之地。自古以来的帝王宅第和皇宫大院，早已满是尘埃。功名也好，事业也罢，皆已恍若隔世，如果为了追求这些所谓的功名事业而不肯饮酒，那么醒醒吧，看一看那些功成名就的人现在哪里？"辞粟卧首阳，屡空饥颜回。当代不乐饮，虚名安用哉？"（《月下独酌》）伯夷、叔齐坚决不食周粟，饿死在首阳山；颜回一箪食，一瓢饮，居于陋巷，贫困终生。他们如今在哪里呢？再看金陵凤凰台，"六帝没幽草，深宫冥绿苔"，哪里还有六朝的繁华？在李白看来，与其身后有功名，不如即时一杯酒。所以，当面对美酒、美人的时候，李白激情四射，诗情涌动，"蒲萄酒，金叵罗，吴姬十五细马驮。青黛画眉红锦靴，道字不正娇唱歌。玳瑁筵中怀里醉，芙蓉帐底奈君何"（《对酒》）；看到吴王美人半醉，他也禁不住挥毫泼墨，提笔赋诗："风动荷花水殿香，姑苏台上宴吴王。西施醉舞娇无力，笑倚东窗白玉床。"（《口号吴王美人半醉》）即使是神仙长生之说，对李白来说，还不如美食美酒来得直接："蟹螯即金液，糟丘是蓬莱。且须饮美酒，乘月醉高台。"（《月下独酌》）

李白的一生，洒脱无羁，浪漫多情，留下了一些"诗酒趁年华"的佳话。天宝三载（744），唐明皇携杨贵妃游园，见繁花盛开，命李龟年率弟子演奏歌舞。将要开唱之前，唐明皇说："赏名花，对妃子，怎么能够用旧乐呢？"于是命李龟年持金花笺宣翰林供奉李白，请他作新词。李白立刻进呈《清平调》三章。唐明皇因此对李白青眼有加。唐人李肇《唐国史补》说李白在翰林院时，经常喝得酩酊大醉。唐玄宗下令让他撰写乐词，李白却是醉得一塌糊涂，躺在那里，动也不动。用凉水洒到他的脸上，才稍微动一下。众人好不容易把他唤醒，李白拿过笔墨，一挥而就，文不加点，草就十数章。后来在应唐明皇之召时，对皇上跷起高足，让高力士给他脱靴。段成式的《酉阳杂俎》也有类似的记载。李濬《松窗杂录》叙述这件事情，一波三折，很有故事性。说高力士把给李白脱靴视为奇耻大辱，于是就在杨贵妃再次吟咏李白的《清平调》时，故意挑拨说："奴婢原以为贵妃会对翰林李学士恨之入骨呢，不知道为何对他的词这么喜爱？"杨贵妃听高力士这么说，大感吃惊，问其缘由。高力士道："李学士怎么能够这样侮辱人呢？'一枝红艳露凝香，云雨巫山枉断肠。借问汉宫谁得似，可怜飞燕倚新妆'，其中的'飞燕'指的就是贵妃您啊！他用赵飞燕比贵妃，是何居心啊！"赵飞燕是汉成帝的皇后，汉哀帝时为皇太后。汉哀帝去世后，赵飞燕被废为庶人，后被迫自杀。高力士认为，李白拿赵飞燕比杨贵妃，是对杨贵妃的莫大侮辱。二人对李白十分怨恨，唐玄宗多次准备任命李白官职，都因为他们的逸言而作罢。可以说，李白成也诗酒，败也诗酒。

李白的人生终局，传说也与酒有关。据王定保《唐摭言》记载，李白晚年生活在今安徽当涂时，某一天晚上喝醉酒之后，穿着锦袍，乘船在采石矶一带的长江边游览。李白本来就是一个恃才傲物之人，坐在游船上，傲然自得，旁若无人。这时，李白忽然看见江中有一轮明月，想起了自己《宣州谢朓楼饯别校书叔云》中所写的诗句:"俱怀逸兴壮思飞,欲上青天揽明月。"如今,明月在江水中恍恍惚惚,忽明忽暗,忽隐忽现,醉意蒙眬的李白陡然生出"欲上青天揽明月"的豪情,纵身跃入江中揽月,竟然因此而葬身江水。所以,后世便生出李白醉入江水捞月而死的种种传说。今安徽当涂青林山下有李白墓园,相传人们把李白从江水中打捞出来之后,就把他安葬在那里。

一代诗仙就这样画上了浪漫人生的句号。但传说究竟是传说,诚如余光中先生《寻李白》所写:"樽中月影,或许那才是你的故乡,常得你一生痴痴地仰望?而无论出门向西哭,向东哭,长安却早已陷落。二十四万里的归程,也不必惊动大鹏了,也无须招鹤。只消把酒杯向半空一扔,便旋成一只霍霍的飞碟,诡绿的闪光愈转愈快,接你回传说里去。"

沉饮放歌杜子美

杜甫,字子美,河南巩县(今河南巩义市)人,唐代著名诗人,与李白并称"李杜",他们共同构成中国古代诗坛最耀眼的双子星。因严武再任西川节度使时,表为节度参谋,检校工部员外郎,后世称为杜工部。又因其客居长安时,曾住杜陵附近的少陵,后世又称杜少陵。

杜诗以博大精深的现实主义内容和沉郁顿挫的艺术风格矗立诗坛,被

杜甫像

后世尊为"诗圣"。正因为如此,他在咏酒诗方面所取得的艺术成就往往被现实主义桂冠诗人的光芒所遮蔽,为一般读者所忽略。事实上,杜甫的咏酒诗既多且好,完全可以和李白相媲美。据郭沫若统计,杜甫存诗1400多首,与酒有关的达300多首,占比超过20%,比"酒仙"李白的还高。杜甫晚年漂泊在夔州,曾写《壮游》诗总结自己的一生,诗中深情地回忆了年轻时候的生活:"性豪业嗜酒,嫉恶怀刚肠。脱略小时辈,结交皆老苍。饮酣视八极,俗物皆茫茫"(《壮游》),和他笔下"痛饮狂歌空度日,飞扬跋扈为谁雄"(《赠李白》)的年轻李白并无二致。事实上,杜甫终身喜酒乐诗,饮酒赋诗几乎与他的生命历程相始终。"莫思身外无穷事,且尽生前有限杯"(《绝句漫兴》),"自知白发非春事,且将芳尊恋物华"(《曲江陪郑八丈南史饮》),"得钱即相觅,沽酒不复疑。忘形到尔汝,痛饮真吾师。清夜沉沉动春酌,灯前细雨檐花落"(《醉时歌》)。甚至在生命的最后一年,漂泊在湖南的多病诗人,由潭州前往衡州时,还要"夜醉长沙酒,晓行湘水春"(《发潭州》),真是与酒共生死、同进退,达到了"浅把涓涓酒,深凭送此生"(《水槛遣心》)的境界。同时杜甫还是唐代为数不多的有着理论自觉的诗人,开创了论诗酒的先河,对诗酒的不同功能和内在关联认识深刻:"宽心应是酒,遣兴莫过诗"(《可惜》),酒的主要作用是宽心解忧,诗则主要用来遣兴;"醉里从为客,诗成觉有神"(《独酌成诗》),酒是诗的媒介,诗是酒的结晶。"敏捷诗千首,漂零酒一杯"(《不见》),写的是李白,也是在写自己。没有飘零之酒,就没有敏捷之诗;没有千首敏捷之诗,那一杯杯飘零之酒也就白喝了。

  杜甫的咏酒诗数量繁多,体裁和题材都很丰富,最为独特的是《饮中八仙歌》:"知章骑马似乘船,眼花落井水底眠。汝阳三斗始朝天,道逢麴车口流涎,恨不移封向酒泉。左相日兴费万钱,饮如长鲸吸百川,衔杯乐圣称世贤。宗之潇洒美少年,举觞白眼望青天,皎如玉树临风前。

苏晋长斋绣佛前，醉中往往爱逃禅。李白一斗诗百篇，长安市上酒家眠，天子呼来不上船，自称臣是酒中仙。张旭三杯草圣传，脱帽露顶王公前，挥毫落纸如云烟。焦遂五斗方卓然，高谈雄辩惊四筵。"诗人以简练生动的语言、人物速写的笔法，将当时闻名朝野的八位酒仙写进一首诗中，构成一幅栩栩如生的酒仙群像图。其中，最为传神的是对诗人李白和书法家张旭的描写。整首诗幽默诙谐、色彩明亮，结构上匠心独运，音韵上一气呵成，正如明人王嗣奭在《杜臆》中所说"此创格，前无所因"，确是古典诗歌中的别开生面之作。现代著名古典文学专家程千帆先生敏锐地观察到了没有出场的杜甫，与这群放浪不羁的文人相比是最清醒的，在醉的八位背后，隐藏着醒的一位。当然，清醒的杜甫若无对酒的热爱和对酒文化的深刻理解，不可能写出如此生动传神的佳作。

清　吴友如绘《知章骑马似乘船》

"穷年忧黎元"、自身多坎坷的杜甫，欢愉之词少，忧患之诗多。被清人浦起龙称作杜甫"生平第一首快诗"的《闻官军收河南河北》，同时也是"咏酒第一快诗"："剑外忽传收蓟北，初闻涕泪满衣裳。却看妻子愁何在？漫卷诗书喜欲狂。白日放歌须纵酒，青春作伴好还乡。即从巴峡穿巫峡，便下襄阳向洛阳。"此诗作于唐代宗广德元年（763）春天，52岁的诗人正漂泊在梓州（今四川绵阳市三台县）。宝应元年（762）冬，唐军相继收复了洛阳、郑州、开封等地，叛军头领薛嵩、张忠志等纷纷投降。次年正月，史思明的儿子史朝义兵败自缢，其部将田承嗣、李怀仙等相继投降。消息传到梓州，杜甫无比激动喜悦，饱含激情写下了这首脍炙人口的"第一快诗"。"白日"两句，用放歌、纵酒就"喜欲狂"作进一步抒写，用青春、返乡为后两句的返乡规划作铺垫，对仗工整，情绪饱满，既为全诗增色，也自成一对名联。

　　杜甫一生颠沛流离，在成都浣花草堂生活的几年，相对比较安稳闲适，《江畔独步寻花七绝句》就写得从容优雅，非常契合当时的心境。名为寻花，其实是花、酒并寻，前四首基本都是如此："江上被花恼不彻，无处告诉只颠狂。走觅南邻爱酒伴，经旬出饮独空床。稠花乱蕊畏江滨，行步欹危实怕春。诗酒尚堪驱使在，未须料理白头人。江深竹静两三家，多事红花映白花。报答春光知有处，应须美酒送生涯。东望少城花满烟，百花高楼更可怜。谁能载酒开金盏，唤取佳人舞绣筵。"惠风和畅、百花盛开的美丽春日，诗人兴味盎然地独步江边，一边赏花一边畅想，该用什么样的方式来报答如此美好的春光呢？那当然是酒，而且是美酒，"应须美酒送生涯"，斩钉截铁，毋庸置疑。可惜的是，终其一生，杜甫拥有的闲暇安稳时光实在有限，赏春花品美酒的优雅之作也屈指可数。

　　杜甫宅心仁厚，重情重义，写有不少情透纸背的赠友怀朋诗章，《赠卫八处士》可称翘楚："人生不相见，动如参与商。今夕复何夕，共此灯烛光。少壮能几时？鬓发各已苍！访旧半为鬼，惊呼热中肠。焉知二十载，重上君子堂。昔别君未婚，儿女忽成行。怡然敬父执，问我来何方？问答未及已，驱儿罗酒浆。夜雨剪春韭，新炊间黄粱。主称会面难，一举累十觞。十觞亦不醉，感子故意长。明日隔山岳，世事两茫茫。"此诗系乾元二年（759）春天，杜甫由洛阳返回华州任所途中所作。卫八处士，名字和生平事迹已不可考，多亏此诗，后人才知道杜甫有这么一位重情重义的厚道朋友在。此时，安史之乱已经延续了三年多，两京虽已收复，但叛军仍很猖獗，局势动荡不安，给普通百姓的生活带来巨大灾难。杜甫从洛阳一路走来，刚刚就沿途见闻写下了流传千古的"三吏""三别"。在此背景下，诗人在动荡不安的沉重旅途中，突然得见已经长别二十年的老朋友，并受到朋友全家的热情款待。卫八感慨见面太难，一连拉着杜甫喝了十来杯。"十觞亦不醉，感子故意长"，对于漂泊于动乱年代，刚亲身体验过民不聊生的苦难现实的诗人来说，没有什么比老友的老酒更让人温暖沉醉，更显得弥足珍贵。"明日隔山岳，世事两茫茫。"之后，他们再也不曾相逢。那个美好的春夜，永远定格在杜甫的诗章里。明人王嗣奭评此诗说"信手写去，意尽而止。空灵宛畅，曲尽其妙"（《杜臆》），信然。

写对酒的一往情深、老而弥坚，当首推《曲江》二首之二："朝回日日典春衣，每日江头尽醉归。酒债寻常行处有，人生七十古来稀。穿花蛱蝶深深见，点水蜻蜓款款飞。传语风光共流转，暂时相赏莫相违。"曲江又名曲江池，故址在今西安城南5公里处，是唐代著名旅游胜地。此时杜甫经过十几年"朝扣富儿门，暮随肥马尘。残杯与冷炙，处处潜悲辛"（《奉赠韦左丞丈二十二韵》）的京都磨难，才在朝谋得了从八品上的芝麻小官，与"自谓颇挺出，立登要路津。致君尧舜上，再使风俗淳"（《奉赠韦左丞丈二十二韵》）的自我期许相差不啻云泥，心中难免不平，得便就到曲江闲行遣闷。其一写伤春而欲及时行乐，其二具体展开行乐的方式方法。每日江头尽醉而归，微薄的俸禄肯定不够，只好一而再再而三地典衣沽酒。典衣所得毕竟有限，那就只能赊酒了。"寻常行处"都有酒债，可见欠债之多、之广。如此痴迷于酒，是想借酒行乐消忧。因为人生苦短，面对美景美酒，还是"暂时相赏莫相违"吧。当然，此诗表层写及时行乐，内里则另有怀抱，也即前人所说"此不是公旷达，是极伤怀处。大率看公诗，另要一副心肝、一双眼睛才是"（《而庵说唐诗》）。

在《唐才子传》高适条目下有这样一段记载，高适"尝过汴州，与李白杜甫会，酒酣登吹台，慷慨悲歌，临风怀古，人莫测也"。吹台后叫禹王台，相传春秋时期，晋国有一位盲目音乐家师旷，常到今天的禹王台一带吹奏，人们便把此处叫作吹台或古吹台。师旷太久远，李白、杜甫、高适的吹台相会才是吹台最值得骄傲的文化积淀。这种火星撞地球式的巨星会，在中国文化史上也只有孔子见老子、朱熹见张栻等有限的几次，值得大书特书。我们现在虽然已经无从读到三人当时酒酣悲歌后留下的诗章，但从此开启了他们的长久友谊之旅和诗酒唱和。在杜甫今天留存下来的1400多首诗作中，仅赠给高适的就有20首，赠给李白的有13首。真为汴州吹台自豪，真为开封禹王台骄傲。

醉吟先生白乐天

白居易，字乐天，河南新郑（今河南新郑市）人，中唐著名诗人，新乐府运动领袖，与元稹（字微之）并称"元白"，《旧唐书·白居易传》云："元和主盟，微之、乐天而已。"宋人方勺在《泊宅编》中说："白乐天多乐诗，二千八百首中，饮酒者八百首。"白居易不仅是唐代存诗最多的诗人，也是写酒最多的诗人。他喜欢以醉为号，为河南尹时号醉尹，谪江州司马时号醉司马，为少傅时号醉傅，总号醉吟先生。诗、酒、音乐是他平生所好，也是他的人生基调，"欣然得三友，三友者为谁？琴罢辄举酒，酒罢辄吟诗。三友递相引，循环无已时"（《北窗三友》），"酒狂又引诗魔发，日午悲吟到日西"（《醉吟》），"但遇诗与酒，便忘寝与餐。高声发一吟，似得酒中仙。引满饮一盏，尽忘身外缘。昔有醉先生，席地而幕天。于今居处在，许我当中眠。眠罢又一酌，酌罢又一篇"（《自咏》），都是其夫子自道。

贬谪江州司马以后的白居易非常喜欢陶渊明，曾先后作《效陶潜体诗》十六首、《访陶公旧宅》等诗。67岁时，诗人仿陶渊明《五柳先生传》的笔法，假托为不知姓名的醉吟先生立传，实乃作者自传。全篇以"醉吟"为文眼，抒发嗜酒耽琴吟诗之乐，幽默诙谐，涉笔成趣，令人莞尔："醉吟先生者，忘其姓字、乡里、官爵，忽忽不知吾为谁也。宦游三十载，将老，退居洛下。所居有池五六亩，竹数千竿，乔木数十株，台榭舟桥，具体而微，先生安焉。家虽贫，不至寒馁；年虽老，未及昏耄。性嗜酒，耽琴淫诗。凡酒徒、琴侣、诗客，多与之游。游之外，栖心释氏，通学小中大乘法。"（《醉吟先生传》）亲朋好友担心他过分耽诗嗜酒有碍健康，劝他适度减少一些。他辩解说："凡人之性鲜得中，必有所偏好。吾非中者也。设不幸吾好利而货殖焉，以至于多藏润屋，贾祸危身，奈吾何？设不幸吾好博弈，一掷数万，倾财破产，以至于妻子馁，奈吾何？设不幸吾好药，损衣削食，炼铅烧汞，以至于无所成、有所误，奈吾何？"最后庆幸自己爱好的是诗酒，虽有放纵之嫌，但无伤大雅，比那些危害大的爱好强多啦，并拉来

白居易像

刘伶、王绩等著名酒徒为自己助威，理直气壮，咄咄逼人。有趣的是，白居易卒后葬于洛阳龙门山，河南尹卢贞把这篇奇文刻石立在白墓旁边，洛阳士子和四方游人到此祭奠，都要恭敬地给他倒上一杯酒，以至于墓前的土经常都是湿漉漉的。

晋时刘伶嗜酒，有《酒德颂》传世，白居易"继之"作《酒功赞》，赞美酒能"孕和产灵""变寒为温""转忧为乐""百虑齐息，时乃之德；万缘皆空，时乃之功"，因此现身说法，劝人饮酒："吾尝终日不食，终夜不寝。以思无益，不如且饮。"正因为这样认识酒功酒德，所以白居易经常找理由劝自己喝酒："劝我酒，我不辞；请君歌，歌莫迟。歌声长，辞亦切，此辞听者堪愁绝"（《劝我酒》），"酒盏酌来须满满，花枝看即落纷纷。莫言三十是年少，百岁三分已一分"（《花下自劝酒》）。春风和畅，百花盛开，良辰美景，当然需要饮酒："花下忘归因美景，尊前劝酒是春风"（《酬哥舒大见赠》），"华阳观里仙桃发，把酒看花心自知"（《华阳观桃花时招李六拾遗饮》），"樱桃昨夜开如雪，鬓发今年白似霜。渐觉花前成老丑，何曾酒后更颠狂。谁能闻此来相劝，共泥春风醉一场"（《感樱桃花因招饮客》），"天色晴明少，人生事故多。停杯替花语，不醉拟如何"（《同诸客携酒早一看樱桃花》）。春去花落，好景不再，也需要饮酒："夜来风雨急，无复旧花林。枝上三分落，园中二寸深。日斜啼鸟思，春尽老人心。莫怪添杯饮，情多酒不禁"（《惜落花》）。冬日雪夜，需要酒的温暖："可怜今夜鹅毛雪，引得高情鹤氅人。红蜡烛前明似昼，青毡帐里暖如春。十分满盏黄金液，一尺中庭白玉尘。对此欲留君便宿，诗情酒分合相亲"（《雪夜喜李郎中见访兼酬所赠》），雪夜有好友来访当然高兴，如果没有人来，那就以诗作帖相邀："绿蚁新醅酒，红泥小火炉。晚来天欲雪，能饮一杯无？"（《问刘十九》）刘十九是何方人士历来众说纷纭。但他是谁并不重要，重要的是他是白居易的朋友，并因了这首小诗而留名诗史，温暖了一代又一代读者。更浪漫的是，诗人冬日晚归，一时回不到家，但他并不着急："山路难行日易斜，烟村霜树欲栖鸦。夜归不到应闲事，热饮三杯是吾家"（《冬日平泉路晚归》）。好一个"热饮三杯是吾家"，与苏东坡的"此心安处是吾乡"一样，都充满了温馨的生活气息和家园情思，可亲可爱。

白居易写了许多劝酒诗，有劝己饮酒的，有劝人饮酒的，也有回答友人劝酒的《答劝酒》，流传最广的是组诗《劝酒十四首》。这组劝酒诗共分"何处难忘酒""不如来饮酒"两大主题，每题各七首，主要表达求闲、求静、求无思虑、求无作为的老庄思想和佛家禅理。有首单篇《劝酒》诗，更是引起了历代文人墨客的强烈共鸣："劝君一盏君莫辞，劝君两盏君莫疑，劝君三盏君始知。面上今日老昨日，心中醉时胜醒时。天地迢遥自长久，白兔赤乌相趁走。身后堆金拄北斗，不如生前一樽酒。"后两句系从刘宋张瀚的"使我有身后名，不如即时一杯酒"（《世说新语·任诞》）点化而来，与陶渊明的"但恨在世时，饮酒不得足"一样，成为广为传唱的饮酒名句和劝酒利器。

白居易晚年闲适旷达，知足自乐，有一个重要条件，就是有闲有钱。有闲是指他官居东都洛阳，没有多少公务劳神，是个闲差；有钱是指他官居二品，俸禄不菲，不必为生计发愁。这就是他著名的"中隐"理论："大隐住朝市，小隐入丘樊。丘樊太冷落，都市太嚣喧。不如作中隐，隐在留司官。似出复似处，非忙亦非闲。不劳心与力，又免饥与寒。终岁无公事，随月有俸钱。"（《中隐》）想游山玩水，想喝酒赏花，想闭门高卧，都能做到。"人生处一世，其道难两全。贱即苦冻馁，贵则多忧患。唯此中隐士，致身吉且安。穷通与丰约，正在四者间"（《中隐》）。因此他可以耽诗沉酒，逍遥自在："恋他朝市求何事？想取丘园乐此身。千首恶诗吟过日，一壶好酒醉消春。归乡年亦非全老，罢郡家仍未苦贫。快活不知如我者，人间能有几多人？"(《想归田园》)对衰老、闷热，也能以豁达情怀对之："一饱百情足，一酣万事休。何人不衰老？我老心无忧。仕者拘职役，农者劳田畴。何人不苦热？我热身自由。卧风北窗下，坐月南池头。脑凉脱乌帽，足热濯清流。慵发昼高枕，兴来夜泛舟。何乃有余适？只缘无过求。"(《老热》)

白居易和元稹同声相应，同气相求，志同道合，诗酒唱酬，交谊之厚之久，交情之深之真，唱和之多之广，不仅在唐代罕有其匹，在中国诗歌史上也极其少有。《旧唐书·白居易传》谓："居易与河南元稹相善，同年登制举，交情隆厚。""一为同心友，三及芳岁阑。花下鞍马游，雪中杯酒欢。衡门相逢迎，不具带与冠。春风日高睡，秋月夜深看。不为同登科，不为同署官。所合在方寸，心源无异端"(《赠元稹》)，此诗可以看作是对元、白友谊的最好注释。元、白之间的唱和之作、互赠之作、送别之作、思念之作、谈诗论文之作等数以百计，其中酒是非常重要的媒介和元素。让我们欣赏一首奇诗："花时同醉破春愁，醉折花枝当酒筹。忽忆故人天际去，计程今日到梁州。"(《同李十一醉忆元九》)唐人喜以排行称人，李十一名李建，字杓直，排行十一，元九即元稹。此诗作于809年，白居易时在长安，任翰林学士、左拾遗。当年三月七日，元稹作为监察御史赴东川（治今四川绵阳市三台县）审案。白居易有一天和友李建、弟白行简同游曲江，一同计算元稹的行程，遂作此诗。巧合的是，后来元稹有诗寄来，果然是在那一天到达梁州，并在梦中和他们同游曲江："梦君同绕曲江头，也向慈恩院院游。亭吏呼人排去马，忽惊身在古梁州"(《梁州梦》)。唐孟棨《本事诗》慨叹道："千里神交，合若符契，友朋之道，不期至欤！"从当代心理学的角度来解释，这就是一种心理感应，也即"心有灵犀一点通"。

刘禹锡，字梦得，排行二十八，与白居易早年相识，晚年一同分司洛阳，更是诗酒唱和，来往频繁。他们又都与元稹相善，元稹去世后关系更密切。826年，白居易由苏州返洛阳经过扬州，已经贬谪23年的刘禹锡，由和州刺史解职回京正好也路过扬州，于是两位20多年未见的老朋友在扬州酒宴上见面了，百感交集的白居易挥笔写下了《醉赠刘二十八使君》一诗："为我引杯添酒饮，与君把箸击盘歌。诗称国手徒为尔，命压人头不奈何。举眼风光长寂寞，满朝官职独蹉跎。亦知合被才名折，二十三年折太多。"首联"为我""与君"，摹写酒酣耳热的激动情绪。中间四联，句句都是为老朋友鸣不平。最后拈出"二十三年"的时间概念，表示对久遭不公的老朋友的深切同情，把情绪推向高潮。

刘禹锡向有"诗豪"之称，性格倔强，胸襟豁达，曾写过"自古逢秋悲寂寥，我言秋日胜春朝。晴空一鹤排云上，便引诗情到碧霄"（《秋词》其一）的豪迈诗篇。有感于老朋友的深情厚谊，当场和诗一首："巴山楚水凄凉地，二十三年弃置身。怀旧空吟闻笛赋，到乡翻似烂柯人。沉舟侧畔千帆过，病树前头万木春。今日听君歌一曲，暂凭杯酒长精神"（《酬乐天扬州初逢席上见赠》）。颈联以沉舟、病树比喻自己，虽然不乏惆怅之意，却又开朗达观。沉舟侧畔，千帆竞发，病树前头，万木皆春。他从白诗"举眼风光长寂寞，满朝官职独蹉跎"中翻出此联，反过来劝慰白居易不必为自己的蹉跎、寂寞而忧伤，襟怀豁达，遂成千古名句。

大和二年（828），在长安任刑部侍郎的白居易，得与元稹、刘禹锡等同游曲江杏园，写下《杏园花下赠刘郎中》一诗："怪君把酒偏惆怅，曾是贞元花下人。自别花来多少事，东风二十四回春。"依然是感慨万千，依然为朋友愤愤不平，人生能有几个"二十四回春"呢！元稹和以《酬白乐天杏花园》："刘郎不用闲惆怅，且作花间共醉人。算得贞元旧朝士,几人同见太和春。"刘禹锡和以《杏园花下酬乐天见赠》:"二十馀年作逐臣,归来还见曲江春。游人莫笑白头醉,老醉花间有几人。"刘禹锡还是那么豁达,不要笑我白头醉酒,谁能笑到最后才算笑得最好,与"种桃道士归何处,前度刘郎今又来"(《再游玄都观》)可谓异曲同工。

开成三年(838),同在洛阳任闲职的白居易和刘禹锡交往甚密,一场聚会刚了,马上又约下一次:"少时犹不忧生计,老后谁能惜酒钱?共把十千沽一斗,相看七十欠三年。闲征雅令穷经史,醉听清吟胜管弦。更待菊黄家酿熟,共君一醉一陶然。"(《与梦得沽酒闲饮且约后期》)颈联清雅,尾联热情,皆为名联名句。孟浩然有诗云:"开轩面场圃,把酒话桑麻。待到重阳日,还来就菊花"(《过故人庄》),当为白诗尾联所本。

会昌二年(842),刘禹锡去世,白居易深情写下《哭刘尚书梦得》:"四海齐名白与刘,百年交分两绸缪。同贫同病退闲日,一死一生临老头。杯酒英雄君与操,文章微婉我知丘。贤豪虽殁精灵在,应共微之地下游。"白居易享年75岁,在那个时代绝对属于高寿,所以常写伤悼朋友之诗,"耳里频闻故人死,眼前唯觉少年多"(《悲歌》)即是其真实情感的写照。元稹已于四年前(838)辞世,诗人先后写了《哭微之》二首、《元相公挽歌词》三首等作品。现在,又要为另一挚友刘禹锡写悼诗。此诗不仅对一代诗豪的去世深表痛惜,还把晚年的"刘白"之谊和以往的"元白"之情联系到一起,体现了对两位诗友酒友更是朋友道友的无比珍惜和无限深情,让人为之动容。当代唐诗研究专家吴汝煜先生说,诗中称许刘禹锡为"英雄""贤豪",把他的诗文创作比作寓有微言大义的《春秋》,是对刘禹锡人品和诗文创作的最恰当的评价。可谓知言。

六、对酒当歌：酒文化与诗词歌赋

酒至微醺邵尧夫

邵雍，字尧夫，其先范阳（今河北涿州市）人，随父迁居共城（今河南辉县市），隐居苏门山百源之上，人称百源先生。后移居洛阳安乐窝，自号安乐先生。卒谥康节，世称邵康节。邵雍是宋代理学家、文学家，也是中国酒文化史上一个不容错过的人物。邵雍的重要性不在于他的酒量有多大，不在于他写了多少与酒有关的诗歌，而在于他从饮酒美学的角度提出了一个重要命题：酒至微醺。他在《安乐窝中吟》中写道："美酒饮教微醉后，好花看到半开时。这般意思难名状，只恐人间都未知。"为何要酒至微醺、花看半开呢？这里面到底有什么奥妙，有什么值得深思的问题？

为了帮助人们理解这四句诗，邵雍对每一句都用诗歌的形式作了阐释。关于"美酒饮教微醉后"，他这样写道："瓮头喷液处，盏面起花时。有客来相访，通名曰伏羲。"关于"好花看到半开时"，他写道："风轻如笑处，露重似啼时。只向笑啼处，浓香惹满衣。"关于"这般意思难名状"，他写道："阴阳初感处，天地未分时。言语既难到，丹青何处施？"关于"只恐人间都未知"，他写道："酒到醺酣处，花当烂漫时。醺酣归酩酊，烂漫入离披。"最后这首诗歌，说出了为何酒至微醺、花看半开。喝酒喝到酣畅之时，容易进入酩酊大醉的状态，那就不能体味酒的妙处了，而可能失仪、失态、失礼；赏花也是这样。花似开未开的时候，不仅最为娇艳，而且给人充分的想象空间。如果花已盛开，灿烂固然灿烂，但灿烂之后却是凋零和败落，那个时候，就成为人们所说的残花了，哪里还有美感？微醺是饮酒的最佳状态，半开的花儿也最好看。无论从生命的角度看，还是从审美的角度看，邵雍酒至微醺的主张都大有深意在。

邵雍把饮酒作为养气颐真之事。在《安乐窝中酒一樽》诗中，他对饮酒的妙用作了深刻而形象的描绘："安乐窝中酒一樽，非唯养气又颐真。频频到口微成醉，拍拍满怀都是春。何异君臣初际会，又同天地乍絪缊。醺酣情味难名状，酝酿功夫莫指陈。斟有浅深存燮理，饮无多少寄经纶。"从曹操到李白，饮酒都和解忧消愁联系在一起，邵雍却是别具只眼，认为酒可以养气，又可以颐养人的真性情。小口慢慢饮，满怀都是春。开始饮时，如君臣际会，再饮几杯似天地氤氲。若是到了微醺之时，那种感觉真是莫可名状。斟酒时有深浅之别，蕴含着燮理阴阳之理；饮酒时有多有少，寄托着经天纬地之道。本是平常的饮酒，在邵雍笔下竟成为如此高雅之事，有如此玄奥之理。接下来，邵雍笔锋一转，写自己的境况和感受："凤凰楼下逍遥客，郏鄏城中自在人。高阁望时花似锦，小车行处草如茵。卷舒万世兴亡手，出入千重云水身。雨后静观山意思，风前闲看月精神。这般事业权衡别，振古英雄恐未闻。"饮酒可以颐真，邵雍在饮酒后翻阅史籍，看淡历史兴亡，出入千重云水，心态更为恬淡。"雨后静观山意思，风前闲看月精神"，置风雨于静谧娴雅之境，赋予山月人性化的内容，呼应了前章"非唯养气又颐真"，再次彰显了饮酒的妙用。

酒和花都是邵雍养气颐真的必备之物。所以，邵雍的诗歌里常常是酒和花相伴，既言酒至微醺，又言花看半开。花与酒，酒与花，相映成趣，相得益彰，真的是"对酒有花非负酒，对花无酒是亏花"（《对花》）。在邵雍的生活中，对酒有花，对花有酒，酒与花，花与酒，相随相伴，不离不弃。"三月初三花正开，闲同亲旧上春台。寻常不醉此时醉，更醉犹能举大杯"；"花前把酒花前醉，醉把花枝仍自歌。花见白头人莫笑，白头人见好花多"（《南园赏花》），写出了诗人把酒赏花的乐趣。在邵雍的笔下，酒和花都是那样的美，那样的有情有义，那样的令人心情舒畅。《小车行》写春日出游赏春的快乐："喜醉岂无千日酒，惜春远有四时花。小车行处人欢喜，满洛城中都似家。"《芳草长吟》写春日雨后饮酒之心情："芳草更休生，芳樽更不倾。草如生不已，樽岂便能停？雨后闲池阁，春深小院庭。是时帘半卷，此际酒初醒。"《落花长吟》写对花饮酒的豪气："以酒战花秾，花秾酒更浓。花能十日尽，酒未百壶空。尚喜装衣袂，犹怜坠酒钟。"《花前劝酒》则流露出邵雍喜欢对花饮酒的缘由："春在对花饮，春归花亦残。对花不饮酒，欢意遂阑珊。酒向花前饮，花宜醉后看。花前不饮酒，终负一年欢。"春花尽，秋花开，秋花初接小春天。《重阳前一日作》表现的就是邵雍对秋花饮酒的心情："近来多病不堪言，长欲醺醺带醉眠。新酒乍逢重九日，好花初接小春天。自知命薄临头上，不愿事多来眼前。唯有天津横落照，水声仍是旧潺湲。"冬天有梅花，看到梅花开，邵雍心情大好，禁不住眉开眼笑，欣然赋诗《东轩消海初开劝客酒》："春色融融满洛城，莫辞行乐慰平生。深思闲友开眉笑，重惜梅花照眼明。况是山翁差好事，可怜芳酒最多情。此时不向樽前醉，更向何时醉太平。"邵雍把有乐、有花、有酒的生活视为神仙生活，所谓"有乐有花仍有酒，却疑身是洞中仙"。没有花的时节，邵雍则看到了壶中的酒花。他给友人的诗这样写道："路上尘方坌，壶中花正开。何须头尽白，然后赋归来。"（《寄三城王宣徽》）如果没有花，没有酒，真的是"世间无事乐，都恐属闲人"了！

邵雍迁居洛阳安乐窝之后，时常是一编诗、一部书、一炷香、一樽酒，自视为"安乐窝中快活人"。这一樽酒，对邵雍来说太重要了，因为"一樽酒美湛天真"，一樽酒可以养气怡情，让人进入天真的境界。《安乐窝中四长吟》表达了这样一种心境："安乐窝中快活人，闲来四物幸相亲。一编诗逸收花月，一部书严惊鬼神。一炷香清冲宇泰，一樽酒美湛天真。"邵雍深谙以酒养天真、以诗写欢乐的人生快乐之道，认为人生快乐来自能知足、善解忧："人生忧不足，足外更何求。吾生虽未足，亦也却无忧。天和将酒养，真乐用诗勾。不信年光会，催人早白头。"（《逍遥吟》）正是因为有这样一种心态，邵雍即使生活拮据、处境艰难，依然能够以一种欢乐的心态对待。"一室可容身，四时长有春。何尝无美酒，未始绝佳宾。"（《室吟》）。这样的艰苦生活，寻常人也许很难忍受，邵雍却能乐在其中。没有酒的时候，他也会像陶渊明那样向人讨酒喝，《问人丐酒》描写的就是这样一种境况："百病筋骸一老身，白头今日愧因循。虽无紫诏还朝速，却有青山入梦频。风月满天谁是主，林泉遍地岂无人。市沽酒味难醇美，长负襟怀一片春。"他还有一首《无酒吟》，虽然表达了对王安石变法的不满，却也流露出邵雍晚年生活的窘况："自从新法行，尝苦樽无酒。每月宾朋至，尽日闲相守。必欲丐于人，交亲自无有。必欲典衣买，焉能得长？"家里每每有客人来，可却无待客之酒，只好典衣去买。这对于好酒好客的邵雍来说，似乎是很丢面子的事情。可邵雍写来，却没有丝毫遮掩，诗歌因此显得平白自然，更加真实可信。

作为著名理学家、"北宋五子"之一，邵雍诗歌善于以理入诗，善于把义理与酒结合起来，用平实的语言，表达深奥的道理。《善饮酒吟》辨说善于饮酒和不善于饮酒的区别："人不善饮酒，惟喜饮之多。人或善饮酒，惟喜饮之和。饮多成酩酊，酩酊身遂疴。饮和成醺酣，醺酣颜遂酡。"不善于饮酒的人，总是喜欢多喝；善于饮酒的人，则是把饮酒视为养生之事，追求身体的协调与和谐；不善于饮酒的人，一喝就是酩酊大醉；善于饮酒的人达到了身心的和谐，只是微微有点酒意而已。《无客回天意》写对生死的豁达态度，表达了反战厌兵的思想："恶死而好生，古今之常情。人心可生事，天下自无兵。草木尚咸若，山川岂不宁？胡为无击壤，饮酒乐升平。"《逍遥吟》出入老庄，倡言"吾道"，阐明了宋人的理学："吾道本来平，人多不肯行。得心无后味，失脚有深坑。若未通天地，焉能了死生。向其间一事，须是自诚明。"《何处是仙乡》驳斥神仙之说，细言养生处世之道："何处是仙乡，仙乡不离房。眼前无冗长，心下有清凉。静处乾坤大，闲中日月长。若能安得分，都胜别思量。"其中"静处乾坤大，闲中日月长"二句，被《水浒传》的作者借用，稍加改造，用作酒肆的招牌："壶里乾坤大，酒中日月长"，遂成流传千古的酒文化名句。

月夜泛舟苏东坡

苏轼，字子瞻，号东坡居士，眉州眉山（今四川眉山市）人。北宋著名文学家、思想家、书法家。与父苏洵、弟苏辙号称"三苏"。苏轼久居官场，却一生颠沛流离，三次遭贬，最远被贬到荒无人烟的海南岛。但他像陶渊明、邵雍那样通透达观，也像他们那样喜酒爱酒，一生始终和酒相伴。酒是苏轼文学创作的灵感之源，也是苏轼文学作品中出现最多的意象。苏轼的许多诗文词赋都是因酒而作，其中有不少千古名篇。

《赤壁赋》是苏轼在宋神宗元丰五年（1082）被贬为黄州团练副使时，于七月十五日夜畅游赤壁所作："壬戌之秋，七月既望，苏子与客泛舟游于赤壁之下。清风徐来，水波不兴。举酒属客，诵明

苏轼像

月之诗,歌窈窕之章。"寥寥数语,道出了苏轼夜游赤壁的由头。中元之夜,月明星稀,苏轼与客人乘船游览赤壁。清风徐徐,水面不兴。苏轼与客人举杯共饮,吟诵曹操的《短歌行》"明明如月,何时可掇"之诗,歌咏《诗经·关雎》"窈窕淑女,君子好逑"之章,表现出很高的游览兴致。三个月后,十月十五日夜,又有客人来访。苏轼再次陪同友人乘船夜游赤壁。此时,"霜露既降,木叶尽脱。人影在地,仰见明月"(《后赤壁赋》)。苏轼和友人"顾而乐之,行歌相答",之后不由得感慨:"有客无酒,有酒无肴。月白风清,如此良夜何?"客人说,傍晚时分,捕到一条大鱼,口大鳞细,像松江的鲈鱼,可以作为佳肴。此时不知到哪里能够弄到酒。于是,苏轼下船,回到家中,把珍藏已久的酒取出来,

清 吴友如绘《东坡试砚》

带上客人捕到的那条大鱼，再次登船，与客人一同游于赤壁之下。苏轼的《赤壁赋》和《后赤壁赋》，都是传之千古的名作，而这两篇名作，都是苏轼与友人月夜泛舟赤壁，饮酒赋诗之后而作。美景，美酒，而后有名作。可见，上天对苏轼不薄！

苏轼与酒，可以说是生命以之。所以，苏轼有关酒的诗文都是在述说酒与人生这篇大文章，比如《望江南·超然台作》："春未老，风细柳斜斜。试上超然台上看，半壕春水一城花，烟雨暗千家。　寒食后，酒醒却咨嗟。休对故人思故国，且将新火试新茶，诗酒趁年华。"一句"诗酒趁年华"道出了苏轼对诗酒和青春年华的态度。青春年华是富于激情和创造的时期，是人生体验的时期，更是赋诗和饮酒的好时光。"诗酒趁年华"，表现的就是这样一种不负年华不负诗、不负青春不负酒的人生态度。苏轼的许多诗文，就是他"诗酒趁年华"的结晶和写照。在《西江月·黄州中秋》中，苏轼对人生、对诗酒，都有深刻感悟："世事一场大梦，人生几度秋凉。夜来风叶已鸣廊，看取眉头鬓上。　酒贱常愁客少，月明多被云妨。中秋谁与共孤光，把盏凄然北望。"世事如梦，人生难料。家中没有好酒，客人很少光顾。即使是中秋佳节，依然是孤独一人，只好对月独酌，凄然远望帝京，不知何时才能北上。很显然，这是苏轼失意之时的作品，格调虽显低沉，但对人生并没有失望。《西江月·坐客见和复次韵》对人生则比较达观："小院朱阑几曲，重城画鼓三通。更看微月转光风，归去香云入梦。　翠袖争浮大白，皂罗半插斜红。灯花零落酒花秾，妙语一时飞动。"《少年游·端午赠黄守徐君猷》是写端午佳节的名作："银塘朱槛麹尘波，圆绿卷新荷。兰条荐浴，菖花酿酒，天气尚清和。　好将沉醉酬佳节，十分酒、一分歌。狱草烟深，讼庭人悄，无吝宴游过。"端午佳节，天气晴和。苏轼遵守习俗，"兰条荐浴，菖花酿酒"，开怀畅饮，酒至十分，歌至一分，准备用大醉一场来度过这样一个佳节。"好将沉醉酬佳节，十分酒、一分歌"，道出了苏轼此情此景下的心境。

诗与酒是苏轼的最爱，也是他的人生寄托。《水调歌头·丙辰中秋欢饮达旦大醉作此篇兼怀子由》，开篇便是"明月几时有？把酒问青天。不知天上宫阙，今夕是何年"，这是问月、问时，更是问人生。在这首词的结尾，诗人对人生做出了自己的回答："人有悲欢离合，月有阴晴圆缺，此事古难全。但愿人长久，千里共婵娟。"《虞美人·持杯遥劝天边月》写花前饮酒，莫问荣枯："持杯遥劝天边月。愿月圆无缺。持杯更复劝花枝。且愿花枝长在、莫离披。　持杯月下花前醉。休问荣枯事。此欢能有几人知。对酒逢花不饮、待何时。"诗人以花之荣枯比喻人生兴衰，表现出对酒逢花、开怀畅饮的豁达。《二月十九日携白酒鲈鱼过詹使君食槐叶冷淘》视"醉饱高眠真事业"，流露出怀才不遇之感："枇杷已熟粲金珠，桑落初尝滟玉蛆。暂借垂莲十分盏，一浇空腹五车书。青浮卵碗槐芽饼，红点冰盘藿叶鱼。醉饱高眠真事业，此生有味在三余。"《减字木兰花·立春》不仅展示了北宋立春习俗，而且透露出诗人因为过节而大醉："春牛春杖，无限春风来海上。便丐春工，染得桃红似肉红。　春幡春胜，一阵春风吹酒醒。不似天涯，卷起杨花似雪花。"《月夜与客饮酒杏花下》："花间置酒清香发，争挽长条落香雪。山城薄酒不堪饮，劝君且吸杯中月。洞箫声断月明中，惟忧月落酒杯空。明朝卷地春风恶，但见绿叶栖残红。"花间置酒，对花饮酒，花与酒的清香沁人心脾，令诗人酒意更浓，诗意大发，不由得对杏花萌生出无限怜爱之意，担心明天会不会刮起恶风，转瞬之间把鲜艳的杏花变成满地的残红。这是怜花，也是怜人，更是怜己。人生无常，谁能料到明天会是怎样一种情景呢？

《临江仙·夜饮东坡醒复醉》写饮酒至醉夜归所感："夜饮东坡醒复醉，归来仿佛三更。家童鼻息已雷鸣。敲门都不应，倚杖听江声。　长恨此身非我有，何时忘却营营。夜阑风静縠纹平。小舟从此逝，江海寄余生。"人在江湖，身不由己。苏轼由此生出"长恨此身非我有，何时忘却营营"之感。此时，诗人虽然已经大醉，但他还是希望能够跳出风波外，"江海寄余生"。《渔父》四首通过"渔父饮""渔父醉""渔父醒"，写渔父之乐，流露出诗人对与世无争的生活的向往，表现出笑对人生的积极态度。"渔父饮，谁家去，鱼蟹一时分付。酒无多少醉为期，彼此不论钱数。"只要一醉，不论钱多钱少都可以。"渔父醉，蓑衣舞，醉里却寻归路。轻舟短棹任斜横，醒后不知何处。"渔父如愿喝醉了，而且醉得一塌糊涂，醒后竟不知身在何处。"渔父醒，春江午，梦断落花飞絮。酒醒还醉醉还醒，一笑人间今古。"酒醒还醉，醉后又醒，淡淡一笑，人间今古皆云淡风轻。这是何等豁达的态度，何等自信的人生！在《满庭芳·蜗角虚名》中，诗人这种人生自信表现得更为充分，更为强烈："蜗角虚名，蝇头微利，算来著甚干忙。事皆前定，谁弱又谁强？且趁闲身未老，尽放我、些子疏狂。百年里，浑教是醉，三万六千场。　　思量。能几许，忧愁风雨，一半相妨。又何须，抵死说短论长。幸对清风皓月，苔茵展、云幕高张。江南好，千钟美酒，一曲满庭芳。"百年人生，要醉上三万六千场，这是怎样一种潇洒，怎样一种狂放！

到了白发千茎的晚年，苏轼"多情多感仍多病"，照样饮酒赋诗，照样以诗酒写人生。《采桑子·润州多景楼与孙巨源相遇》写诗人病中与友人相遇饮酒的情形，表现出笑对人生的乐观态度："多情多感仍多病，多景楼中。尊酒相逢。乐事回头一笑空。　　停杯且听琵琶语，细捻轻拢。醉脸春融。斜照江天一抹红。"写《醉落魄·席上呈元素》时，诗人虽仍处于多病多愁的状态和"天涯同是伤沦落"的窘境，但依然能够笑对人生："分携如昨。人生到处萍飘泊。偶然相聚还离索。多病多愁，须信从来错。　　尊前一笑休辞却。天涯同是伤沦落。故山犹负平生约。

西望峨嵋，长羡归飞鹤。"最后两句，流露出浓浓的思乡之情。也许是人老的缘故，苏轼晚年也是多愁多病不离口，诗词中经常可见类似的诗句。《次韵乐著作送酒》是一首唱和之作，表达的却是老年苏轼对酒的深切感受："少年多病怯杯觞，老去方知此味长。万斛羁愁都似雪，一壶春酒若为汤。"《西江月·送钱待制》是一首送别之作："莫叹平原落落，且应去鲁迟迟。与君各记少年时，须信人生如寄。　白发千茎相送，深杯百罚休辞。拍浮何用酒为池，我已为君德醉。"此时的苏轼已是"白发千茎"，为了送少年时的朋友，他也是拼了，"深杯百罚休辞"，不顾年老多病，一杯接一杯地喝，毫不推辞，即使喝醉了又如何？酒不醉人人自醉。好朋友的高德懿行，早已经让苏轼未饮先醉了。人生如寄，与老朋友相聚，喝醉了又何妨！

苏轼深谙人生三昧，通透达观，对酒的感悟，虽然也会因时因地而不同，但总能像他的诗文那样，紧紧地与人生联系在一起，表达出对人生的深刻理解和独特感悟。青壮年时期，他"诗酒趁年华"，不负韶华不负酒。到了晚年，他纵然多情多感多病，但仍然"乐事回头一笑空"，依然"须信人生如寄"，对酒依然是那么爱好，豪迈地表示"尊前一笑休辞却"。能够悟透人生，自然是不辞"持杯月下花前醉"，喜欢"十分酒、一分歌"。其实，苏轼酒量很小，少饮几杯便已面红耳赤，他自己就说他是天下最不能饮者，没有之一；但也是天下最喜饮酒者，尤喜和朋友一起饮，或者看着朋友饮。这就是苏轼的旷达，这就是苏轼的洒脱。

挑灯看剑辛弃疾

辛弃疾，字幼安，号稼轩，历城（今山东济南市）人。南宋著名爱国词人。曾任江西、福建安抚使等职。年轻的时候，辛弃疾曾经亲率50铁骑，偷袭金兵大营，活捉叛徒耿安国，率义军南下。辛弃疾一战成名，成为抗金名将。在苟且偷安、"直把杭州作汴州"的南宋小朝廷，力主抗金的辛弃疾显然不受欢迎，遭到主和派的排挤，被迫退隐山林。山河破碎的惨状，偏安江南的现实，怀才不遇的遭遇，晚年归隐的生活，使辛弃疾常常对酒作词，借酒抒写情怀。据统计，辛弃疾共有传世词作629首，写饮酒和间接涉及酒的作品就有353首，占到56%。在古代词人中，像辛弃疾这样高频率地咏酒写酒者，实不多见。

靖康之耻，国恨家仇，以及特殊的战场经历，赋予了辛弃疾词强烈的爱国情怀。正是这种爱国情怀，使得辛弃疾饮酒做梦都不忘杀敌："醉里挑灯看剑，梦回吹角连营。八百里分麾下炙，五十弦翻塞外声。沙场秋点兵。　　马作的卢飞快，弓如霹雳弦惊。了却君王天下事，赢得生前身后名。可怜白发生！"（《破阵子·为陈同甫赋壮词以寄之》）陈同甫即陈亮，南宋著名思想家、文学家，他一生多次上书朝廷，力主抗金，收复失地，遭到主和派的排挤，仕途一直不得志。在一次为好友陈同甫送别的宴会上，同样不得志的辛弃疾与陈同甫惺惺相惜，不知不觉喝醉了。在醉梦中，他回到了金戈铁马的抗金杀敌前线，"醉里挑灯看剑，梦回吹角连营"，一"醉"一"梦"，亦虚亦实，把辛弃疾的爱国情怀表现得淋漓尽致。《贺新郎·同父见和再用韵答之》是一首和陈亮的词，流露出诗人浓浓的家国情怀："老大那堪说。似而今、元龙臭味，孟公瓜葛。我病君来高歌饮，惊散楼头飞雪。笑富贵千钧如发，硬语盘空谁来听？记当时、只有西窗月。重进酒，换鸣瑟。　　事无两样人心别。问渠侬：神州毕竟，几番离合？汗血盐车无人顾，千里空收骏骨。正目断关河路绝。我最怜君中宵舞，道'男儿到死心如铁'。看试手，补天裂。"年龄大了，往事不堪回首，与老朋友相聚，只有回忆当年"重进酒，换鸣瑟"的份儿了。但是，故国情怀，家国之思，使得辛弃疾始终难以释怀。尤其是面对神州几番离合，而爱国志士却是怀才不遇、壮志难酬，词人的爱国热情依然空前激烈，发出了"男儿到死心如铁。看试手，补天裂"的激烈呼号！

辛弃疾常常以酒为兵，在词中多次使用"酒兵"这一概念。"酒兵"一词，原出《南史·陈暄传》："江咨议有言：'酒犹兵也，兵可千日而不用，不可一日而不备。酒可千日而不饮，不可一饮而不醉。'"养兵千日，用兵一时。千日不饮酒，一饮就要醉。"酒兵"本义是以酒为兵，实际上是说在酒场上举杯豪饮。苏轼诗中曾写到"酒兵"："君家文律冠西京，旋筑诗坛按酒兵。袖手莫轻真将种，致师须得老门生。明朝郑伯降谁受，昨夜条侯壁已惊。从此醉翁天下乐，还应一举百觞倾。"(《景贶履常屡有诗督叔弼季默唱和已许诺矣复以》) 宋哲宗元祐六年（1091），苏轼出任颍州太守，而陈无己、赵德麟等人也曾任颍州太守，欧阳修的三子欧阳叔弼、四子欧阳季默此时闲居颍州。苏轼时常与他们饮酒唱和。而欧阳叔弼和欧阳季默平时不写诗，故苏轼作诗，引导他们作诗相和。其中"旋筑诗坛按酒兵"之句，意谓众人放下酒杯，开始作诗。辛弃疾使用"酒兵"一词，常常借此表达一种思想情绪。如《江神子·和人韵》："梨花著雨晚来晴。月胧明，泪纵横。绣阁香浓，深锁凤箫声。未必人知春意思，还独自，绕花行。　　酒兵昨夜压愁城。太狂生，转关情。写尽胸中，块磊未全平。却与平章珠玉价，看醉里，锦囊倾。"上阕写春日别离的苦思，下阕写借酒浇愁的苦闷。一句"酒兵昨夜压愁城"，写出了豪饮带来的无限苦闷之情。他的《满江红·和傅岩叟香月韵》"快酒兵长俊，诗坛高筑。一再人来风味恶，两三杯后花缘熟。记五更"之句，把酒兵和诗坛联系起来，再现了辛弃疾和朋友饮酒赋诗的场景。辛弃疾饮酒，饮得有情趣、有雅兴。《西江月·遣兴》诙谐有趣，把醉酒之态表现得活灵活现:"醉里且贪欢笑,要愁那得工夫。近来始觉古人书,信著全无是处。　昨夜松边醉倒,问松我醉何如。只疑松动要来扶,以手推松曰去。"词里的辛弃疾醉态可掬,读之令人忍俊不禁。

辛弃疾对酒情有独钟,有过像阮籍那样长醉不醒的记录。"更从今日醉,三万六千场""今宵成独醉,却笑众人醒"等,都是夫子自道。辛弃疾写饮酒,写醉酒,写得非常潇洒豪迈。如《卜算子·饮酒不写书》:"一饮动连宵,一醉长三日。废尽寒暄不写书,富贵何由得。　请看冢中人,冢似当时笔。万札千书只恁休,且进杯中物。"一饮就是两天,一醉三天不醒,若非酒中君子,恐怕很难做到。《浣溪沙·总把平生入醉乡》:"总把平生入醉乡。大都三万六千场。今古悠悠多少事,莫思量。　微有寒些春雨好,更无寻处野花香。年去年来还又笑,燕飞忙。"人生百岁,三万六千天,天天都在醉乡。古今之事,春雨野花,都是身边景象,不欣赏,也莫思量。这种人生态度虽然有些消沉,却也真实地反映出辛弃疾晚年的心态。

《临江仙·壬戌岁生日书怀》作于63岁生日那天,流露出词人诗酒余生的人生感慨:"六十三年无限事,从头悔恨难追。已知六十二年非。只应今日是,后日又寻思。　少是多非惟有酒,何须过后方知。从今休似去年时。病中留客饮,醉里和人诗。""少是多非惟有酒",是人生经验,也是人生感悟。尽管如此,辛弃疾依然对酒表现出浓厚的兴趣,"病中留客饮,醉里和人诗"。在辛弃疾晚年的词里,诗酒人生的意味十分浓厚,"诗酒社,江山笔。松菊径,云烟屐。怕一觞一咏,风流弦绝"(《满江红·送徐换斡衡仲之官三山,时马叔会侍郎帅闽辛弃疾》),"万事一杯酒,长叹复长歌"(《水调歌头·即席和金华杜仲高韵,并寿诸友,惟酹乃佳耳》),"穷自乐,晚方闲,人间路窄酒杯宽"(《鹧鸪天·吴子似过秋水》)),是诗与酒的契合,更是酒与诗的融合,表达了词人的诗酒情怀。《水调歌头·醉吟》可谓辛弃疾诗酒生涯的代表作："四坐且勿语，听我醉中吟。池塘春草未歇，高树变鸣禽。鸿雁初飞江上，蟋蟀还来床下。时序百年心，谁要卿料理，山水有清音。　欢多少，歌长短，酒浅深。而今已不如昔，后定不如今。闲处直须行乐，良夜更教秉烛，高曾惜分阴。白发短如许，黄菊倩谁簪。"到了晚年，辛弃疾的身体每况愈下，并且意识到以后的身体肯定还不如当下，对国事家事的关心没有那么强烈了，对"欢多少，歌长短，酒浅深"已经不那么在意了，在意的是"闲处直须行乐"的晚年生活，希望晚年能够摒弃各种烦恼，过得快乐一点。

辛弃疾晚年赋闲，视富贵如浮云，常常有"轩冕不如杯酒"之慨。他有意学习陶渊明，在词作中常常引陶渊明为同调，表现出超然世外的态度。《水龙吟·老来曾识渊明》："老来曾识渊明，梦中一见参差是。觉来幽恨，停觞不御，欲歌还止。白发西风，折腰五斗，不应堪此。问北窗高卧，东篱自醉，应别有、归来意。　须信此翁未死，到如今凛然生气。吾侪心事，古今长在，高山流水。富贵他年，直饶未免，也应无味。甚东山何事，当时也道，为苍生起。"词中说到了陶渊明不为五斗米折腰、北窗高卧、东篱自醉等典故，对陶渊明的"凛然生气"流露出钦敬之情，对陶渊明辞官之后选择隐居生活表示了由衷赞许，而对曾经隐居东山却因所谓"为苍生起"的谢安再入官场表示不屑，从中可以看到辛弃疾此时甘老畎亩的态度。《贺新郎·把酒长亭说》："把酒长亭说。看渊明、风流酷似，卧龙诸葛。何处飞来林间鹊，蹙踏松梢残雪。要破帽多添华发。剩水残山无态度，被疏梅料理成风月。两三雁，也萧瑟。　佳人重约还轻别。怅清江、天寒不渡，水深冰合。路断车轮生四角，此地行人销骨。问谁使、君来愁绝？铸就而今相思错，料当初、费尽人间铁。长夜笛，莫吹裂。"词作把隐居田园的陶渊明，与躬耕南阳的诸葛亮相提并论，以此来称赞好友陈亮的文才武略。词中"要破帽多添华发。剩水残山无态度，被疏梅料理成风月"数句，流露出对山河破碎的忧心与无奈。《破阵子·醉宿崇福寺，寄祐之弟，祐之以仆醉先归》表达的是"壮怀酒醒"之后的心境："莫向空山吹玉笛，壮怀酒醒心惊。四更霜月太寒生。被翻红锦浪，酒满玉壶冰。　小陆未须临水笑，山林我辈钟情。今宵依旧醉中行。试寻残菊处，中路侯渊明。""壮怀酒醒心惊"既是写饮酒，也是在抒怀。尾句"中路侯渊明"，用江州刺史王弘欲见陶渊明，知道陶渊明喜欢饮酒，就令人携酒在半道等候陶渊明的故事，流露出词人对酒的特殊爱好。

辛弃疾是中国文学史上为数不多的可以指挥千军万马、上阵杀敌的将军词人，英雄本色表现在饮酒上，也多有异乎常人之处。他"一杯莫落他人后"，从不怯场，从不落人后。经常痛饮豪饮，时常与人拼酒，不得不忍受醉酒的痛苦，让辛弃疾像陶渊明那样时常生出戒酒止酒的念头。《沁园春·将止酒、戒酒杯使勿近》借用词人与酒杯的对话，表达了既想戒酒又恋恋不舍的心态，风趣幽默，诙谐可爱："杯汝来前，老子今朝，点检形骸。甚长年抱渴，咽如焦釜。于今喜睡，气似奔雷。汝说刘伶，古今达者，醉后何妨死便埋。浑如此，叹汝于知己，真少恩哉。"戒酒实在太难，即便知晓酒对人的危害，甚至经常要忍受醉酒的痛苦，但也难以割舍，"与汝成言，勿留亟退，吾力犹能肆汝杯。杯再拜，道麾之即去，招则须来"，挥之即去，招之即来，何时挥之，何时招之，就看心情了，词人对酒的真实心态由此可见。《沁园春·城中诸公载酒入山，余不得以止酒为解，遂破戒一醉，再用韵》是用前韵写的另一首词。这首词从酒史和历史入手，表现了辛弃疾对酒无法割舍的心情："杯汝知乎，酒泉罢侯，鸱夷乞骸。更高阳入谒，都称齑臼。杜康初筮，正得云雷。细数从前，不堪余恨，岁月都将麴糵埋。君诗好，似提壶却劝，沽酒何哉。君言病岂无媒，似壁上雕弓蛇暗猜。记醉眠陶令，终全至乐，独醒屈子，未免沉灾。欲听公言，惭非勇者，司马家儿解覆杯。还堪笑，借今宵一醉，为故人来。"好友相聚，心情大好，哪里还顾得上饮酒有利还是有害？更何况"醉眠陶令，终全至乐，独醒屈子，未免沉灾"呢？

巨野河倾陆放翁

陆游，字务观，号放翁，越州山阴（今浙江绍兴市）人，南宋著名爱国诗人。作为官场中人，作为喜欢为文赋诗、"六十年间万首诗"的文人，陆游对酒有很深刻的感悟，自言"醉中往往得新句"，许多诗章都和饮酒有直接关系。这些诗歌不仅寄托着诗人浓浓的爱国情怀，而且反映出诗人的丰富情感和多彩人生。《衰疾》诗写道："衰疾支离负圣时，犹能采菊傍东篱。捉衿见肘贫无敌，耸膊成山瘦可知。百岁光阴半归酒，一生事业略存诗。不妨举世无同志，会有方来可与期。""百岁光阴半归酒，一生事业略存诗"，可谓陆游诗酒人生的真实写照。

陆游生逢两宋之交，其诗文蕴含着强烈的爱国精神。他的《示儿》诗"死去元知万事空，但悲不见九州同。王师北定中原日，家祭无忘告乃翁"，是传诵千古的名作。陆游一生出入官场，诗酒相伴，把诗酒融入浓浓的爱国之情，用诗酒表达自己

宋　陆放翁像

的壮心和无奈。《长歌行》豪迈地写道："人生不作安期生，醉入东海骑长鲸；犹当出作李西平，手枭逆贼清旧京。金印煌煌未入手，白发种种来无情。成都古寺卧秋晚，落日偏傍僧窗明。岂其马上破敌手，哦诗长作寒螀鸣？兴来买尽市桥酒，大车磊落堆长瓶。哀丝豪竹助剧饮，如巨野受黄河倾。平时一滴不入口，意气顿使千人惊。国仇未报壮士老，匣中宝剑夜有声。何当凯还宴将士，三更雪压飞狐城！"陆游是有大志向之人，他想做唐朝李晟（封西平郡王）那样的人，匡扶社稷，清除叛逆。但壮志未酬白发生，"平时一滴不入口"的陆游只好借酒浇愁，"哀丝豪竹助剧饮，如巨野受黄河倾"，拼命饮酒。虽然如此，诗人仍难忘国恨家仇，"国仇未报壮士老，匣中宝剑夜有声。何当凯还宴将士，三更雪压飞狐城"四句，透露出诗人壮志未酬的不甘，也透露出诗人老当益壮的豪气！

按照陆游自己的说法，他平时滴酒不沾。但是，细读陆游的诗文，可以发现他对酒还是很有感情的。尤其是写到家国之难的时候，陆游总能把诗与酒联系起来，借以表达强烈的爱国之情。如《江上对酒作》："把酒不能饮，苦泪滴酒觞。醉酒蜀江中，和泪下荆扬。楼橹压溢口，山川蟠武昌。石头与钟阜，南望郁苍苍。戈船破浪飞，铁骑射日光。胡来即送死，讵能犯金汤。汴洛我旧都，燕赵我旧疆。请书一尺檄，为国平胡羌。"诗人乘船游自蜀江而下，却是"把酒不能饮"。沿江而下，壮美河山历历在目，诗人的爱国之情更为炽烈。由此想到汴洛，想到燕赵，大好河山落入金人之手，诗人豪气满怀，表示"请书一尺檄，为国平胡羌"。在《醉歌》中，他为自己不能亲自上战场感到十分的遗憾："读书三万卷，仕宦皆束阁。学剑四十年，虏血未染锷。不得为长虹，万丈扫寥廓。"在《楼上醉书》中，诗人的爱国之情表现得十分炽烈："丈夫不虚生世间，本意灭虏收河山；岂知蹭蹬不称意，八年梁益凋朱颜。三更抚枕忽大叫，梦中夺得松亭关。中原机会嗟屡失，明日茵席留余潸。益州官楼酒如海，我来解旗论日买。酒酣博簺为欢娱，信手枭卢喝成采。牛背烂烂电目光，狂杀自谓元非狂。故都九庙臣敢忘？祖宗神灵在帝旁。"诗人念念不忘大好河山，念念不忘中原的祖宗神灵，收复河山之念已经融化在血液之中，成为诗人的自觉意识，以至于"三更抚枕忽大叫，梦中夺得松亭关"。行至河滨古驿，诗人联想到失陷的中原，不由得感慨系之："河滨古驿辟重门，雉兔纷纷黍酒浑。吾辈岂应徒醉饱，会倾东海洗中原。"（《十二月二日夜梦与客并马行黄河上息于古驿》）不能醉生梦死，而应以恢复中原为己任。这样的境界，这样的胸怀，正为那一特殊时代的爱国诗人所共有。

在陆游的诗酒人生中，不少诗歌都写到了酒，写到了诗人不一样的人生。著名的《钗头凤·红酥手》词，表现的就是陆游与唐琬的那一段凄美的爱情："红酥手，黄縢酒，满城春色宫墙柳。东风恶，欢情薄。一怀愁绪，几年离索。错，错，错。　春如旧，人空瘦，泪痕红浥鲛绡透。桃花落，闲池阁。山盟虽在，锦书难托。莫，莫，莫。"陆游与唐琬原是表兄妹，后来喜结连理，非常恩爱。陆母担心陆游因此荒废了功名，便强令陆游休了唐琬。母命难违，陆游表面休了唐琬，暗地里在外面租了沈园，让唐琬居住。后来，此事被母亲发现，陆游只好割舍了与唐琬的情缘。若干年后，陆游再游沈园，与再为人妻的唐琬不期而遇，于是写下了这首《钗头凤》词。唐琬本是才女，当即用"钗头凤"词牌，答词一首："世情薄，人情恶，雨送黄昏花易落。晓风干，泪痕残，欲笺心事，独语斜阑。难，难，难。　人成各，今非昨，病魂常似秋千索。角声寒，夜阑珊，怕人寻问，咽泪装欢。瞒，瞒，瞒。"《插花》写诗酒人生，让读者感受到了诗人的最爱："有花君不插，有酒君不持。时过花枝空，人老酒户衰。今年病止酒，虚负菊花时。早梅行可探，家酝绿满卮。君不强一醉，岁月复推移。新诗亦当赋，勿计字倾欹。"有花有酒有诗，即便喝醉了，亦应赋新诗，哪管字写得歪歪斜斜呢。《枕上口占》道出了陆游诗酒人生的生活："五十年前诗酒身，山阴风月尚如新，闲愁已是无阑障，一枕春寒更恼人。"《鹧鸪天·插脚红尘已是颠》表现的是诗人"醉听风雨"的人生态度："插脚红尘已是颠，更求平地上青天。新来有个生涯别，买断烟波不用钱。沽酒市，采菱船，醉听风雨拥蓑眠。三山老子真堪笑，见事迟来四十年。"诗人把"插脚红尘"视为"颠"（癫），对新的生活充满期待，对最终悟到人生真谛感到宽怀。《东园小饮》描写的"少年万里走尘埃，归卧柴荆昼不开。十事真成九败意，一春知复几衔杯"的生活，正是诗人诗酒人生的写照。《独立》表现的也是诗人的诗酒人生："午醉初醒后，回廊独立时。斜阳明雨叶，乳鹊袅风枝。违俗虽堪笑，师心颇自奇。傍人疑徙倚，向道是寻诗。"

到了晚年，病老孤独常常伴随着陆游，成了其晚年诗词表现最多的题材。《木兰花·立春日作》描写的是陆游流落巴蜀的潦倒生活："三年流落巴山道，破尽青衫尘满帽。身如西瀼渡头云，愁抵瞿唐关上草。春盘春酒年年好，试戴银幡判醉倒。今朝一岁大家添，不是人间偏我老。"在陆游的笔下，病老孤独是常态。如其《病卧》写病老孤独之状："病卧东斋怕揽衣，年来真与世相违。横林蠹叶秋先觉，别浦骄云暝不归。岁月惟须付樽酒，江山竟是属渔矶。邻翁一夕成今古，愈信人生七十稀。"诗人因病而消瘦，害怕撩起衣服时让人看到瘦骨嶙峋的样子。诗人因病而与世隔绝，平时只有用酒来打发日子。看到邻居的老翁去世，诗人更加相信"人生七十古来稀"的说法，对自己的未来流露出深深的忧虑。《老景》写老年生活境况，流露出隐身江湖之意："老景虽无几，为农尚有余。曾传种鱼术，新得相牛书。黍酒时留客，菱歌或起予。平生湖海志，高枕看严徐。"《南乡子·早岁入皇州》以回忆的口吻写当年和眼下，流露出万事皆休的无奈："早岁入皇州，尊酒相逢尽胜流。三十年来真一梦，堪愁。客路萧萧两鬓秋。　蓬峤偶重游，不待人嘲我自羞。看镜倚楼俱已矣，扁舟。月笛烟蓑万事休。""三十年来真一梦"，是对既往生活的回忆，也是一种痛彻心扉的总结。《小圃独酌》也是这种写法，忆年少，看今朝，伤感油然而生："少时裘马竞豪华，岂料今为老圃家。数点霏微社公雨，两丛闲淡女郎花。诗成枕上常难记，酒满街头却易赊。自笑迩来能用短，只将独醉作生涯。"少年时鲜衣怒马，到了年老时，只好在苗圃里弄弄花。偶尔有几句诗，却因年老多忘事而难以记下。没有办法，"只将独醉作生涯"。《独醉》写诗人病老孤独的晚景生活，真可谓"凄凄惨惨戚戚"："老伴死欲尽，少年谁肯亲？自怜真长物，何啻是陈人！江市鱼初上，村场酒亦醇。颓然北窗下，不觉堕纱巾。"陆游活了86岁，放到现在也属高寿，在那个年代更属凤毛麟角的超级寿星。所以到他晚年的时候，当年的许多玩伴都已经作古，唯独剩下他这样一个老态龙钟的人，年轻人看都不愿意看两眼，谁还会跟你亲近呢？"颓然北窗下，不觉堕纱巾"，道出了诗人晚景的凄凉和无奈，读之令人心酸。

　　在中国酒文化史上，陆游显然不能和曹操、陶渊明、李白、辛弃疾等人相提并论。在对酒的感悟方面，他甚至不及邵雍和苏轼。但是，陆游能够把爱国主义精神融入诗酒之中，把对人生的感受融入诗酒之中，把诗酒人生过得很精彩。"百岁光阴半归酒，一生事业略存诗"，可谓陆游诗酒人生的真实写照。如果梦、酒、剑、词是概括辛弃疾的人生基调，那么梦、酒、梅、诗就是概括陆游的人生基调。

七、美酒妙笔：酒文化与古典小说

七、美酒妙笔：酒文化与古典小说

中国古典小说是中华文脉的重要载体。它以人们的社会生活和历史文化等为主要内容，自然会涉及酒和酒文化。在古典小说中，酒是作者思想理念的载体，是人文精神的具象化，同时又是情节结构的黏合剂，人物形象塑造的重要道具。以《世说新语》和《搜神记》为代表的六朝志人志怪小说，是中国古典小说开始走向成熟阶段的产物。其后出现的唐传奇与宋元话本，和六朝志人志怪小说一样，不仅鲜明地表现了时代的文化思潮，而且形象地展示了酒文化与时代文化思潮的内在联系，让人们看到了酒文化在中华文脉发展中曾经发挥的重要作用。《三国演义》出现之后，长篇小说在中国古典小说中占据了非常显要的地位。长篇小说容量大，人物众多，结构宏阔，在继承和弘扬中华文脉方面发挥了更为重要的作用。酒文化作为古典长篇小说描述的内容之一，同样也发挥了继承和弘扬中华文脉的独特作用。

从《世说新语》到宋元话本

出自南朝宋刘义庆之手的《世说新语》,是汉末至魏晋文人展示其风度的舞台。魏晋名士喜欢饮酒和发牢骚,东晋的王恭有句名言:"名士不必须奇才,但使常得无事,痛饮酒,熟读《离骚》,便可称名士。"(《世说新语·任诞》)在魏晋文士狂放不羁的文化行为中,人们常常可以看到酒的身影。酒与名士如影随形,如响随声,须臾不离。有"江东步兵"之称的张翰任情纵性,有人对他说:"你可以放纵一时,可你难道就不为你身后的名声想一想吗?"张翰回答得很痛快:"与其让我身后有名,不如现在就给我一杯酒!"毕卓与谢鲲、阮瞻等八人号称"八达",他嗜酒如命,说:"一手持蟹螯,一手持酒杯,拍浮酒池中,便足了一生!"(《世说新语·任诞》)周伯仁身为尚书仆射,却经常大醉,数日不醒。姐姐去世时,他沉醉三日不醒,人们因此称他为"三日仆射"。

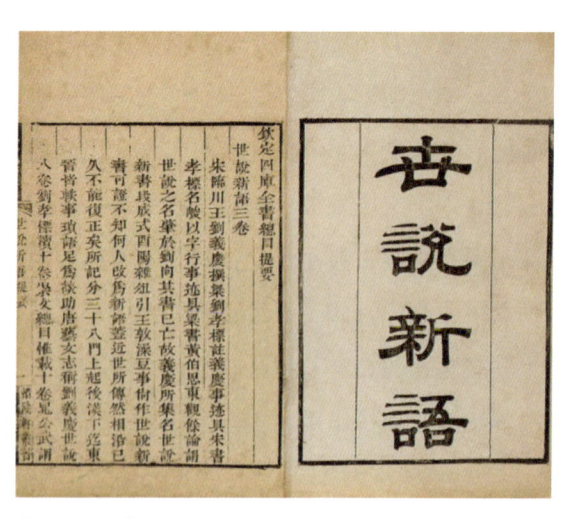

《世说新语》书影

东晋的王蕴曾任会稽内史，嗜酒如命，任期内很少有不喝得酩酊大醉的日子。

　　魏晋饮酒之风对当时的世风影响很大，寻常人物也效法名士的做派，把饮酒作为人生潇洒之事。东晋名将庾冰在苏峻之乱中只身出逃，只有一个小兵用船载着他，准备逃出钱塘江口。当时，苏峻正悬赏捉拿庾冰，派人四处搜寻，形势十分危急。那个小兵是个酒鬼，把庾冰藏在船上的苇席下，就下船去酒家饮酒了，直喝得大醉方归，手舞船棹说："到哪里去找庾太守呢？就在这里。"吓得庾冰魂飞魄散，出了一身冷汗。好在搜查的军士以为小兵是胡言乱语，没有理会，放走了小船，庾冰因此捡了一条命。苏峻之乱平定后，庾冰官复原职，为报答小兵的救命之恩，问他有何要求，一定会尽量满足。小兵说："我一不想当官，二不想发财，只是想痛痛快快地喝酒，少挨点儿鞭子。"庾冰非常感动，以为这个小兵不仅很聪明，而且旷达超脱，就给他盖了房子，买了仆人，赏给他美酒百斛，让他终生不再服役。桓温与谢奕为布衣之交。桓温任徐州刺史时，谢奕任晋陵太守。桓温迁荆州刺史，准备赴任。谢奕的弟媳王氏见桓温义气甚笃，知道他必定带谢奕随往荆州，对丈夫谢据说："桓荆州的用意十分明显，必定与兄长一同西赴荆州。"果然，桓温聘谢奕为司马，一同到荆州赴任。谢奕上任后，自恃与桓温是布衣之交，说话做事都很随便。即使是在桓温的公堂上，他也是无拘无束。桓温常常向人这样介绍谢奕："这是我的方外司马。"二人经常举杯对饮，一喝就是一整天。桓温喝得招架不住，就到内室去。妻子见了他说："你要是没有这样一个张狂的司马，我哪里会有机会和你相见呢！"

　　魏晋名士饮酒疏狂任性，豁达随兴。有一个叫裴遐的人，在平东将军周馥处与人下围棋，周馥的司马向他劝酒，不料他下棋入了迷，不理不睬。司马大怒，一把把裴遐扯倒在地。裴遐自己爬起来，不恼不怒，举止如常，神色不变，继续下棋。褚裒为太尉记室参军，官位不高，名声却很大，是声名远扬的大名士。他有一次外出公干，夜宿钱塘亭。刚住下不久，钱塘县令沈充送客人，恰巧也投宿钱塘亭。亭吏见了父母官，自然不敢怠慢，就把褚裒赶出客房，让他到牛棚中去住。沈充酒后出来散步，见牛棚中住有人，问住的是什么人。亭吏说是一个北方佬。沈充带着几分醉意向牛棚问道："北方佬，你姓甚名谁，可以出来聊聊天吗？"褚裒回答说："河南褚子野。"沈充一听是大名士，急忙到牛棚中拜见，并令亭吏立即准备一桌酒席，和褚裒在牛棚中对饮，以示歉疚之意，次日又亲自送褚裒出境。褚裒对沈充这种卑恭的行为，视而不见，自始至终"言色不异，状如不觉"，既没有把住牛棚当回事，也不因县令前倨后恭而自傲。魏晋名士饮酒很随性，即使别人说点不高兴的事情，也不当回事儿。陆玩升任司空，有人来向他表示祝贺，并向他要酒喝。其中一人得到酒后，直接来到顶梁柱前，把酒倒在柱子上说："如今没有什么好材料，所以才让你当柱石，你可千万别让房屋倒塌了呀！"陆玩听出了那人的话外之音，笑着说："先生所言极是，可以称为箴言。"

《世说新语》中有不少写酒的文字，颇具积极意义。《世说新语·言语》载："过江诸人，每至美日，辄相邀新亭，藉卉饮宴。周侯中坐而叹曰：'风景不殊，正自有山河之异。'皆相视流泪。惟王丞相愀然变色曰：'当共戮力王室，克复神州，何至作楚囚相对！'"另据《世说新语·豪爽》记载，王敦每次喝醉了酒，就感慨伤怀，一边用手中的如意敲打唾壶，一边吟咏曹操的名诗"老骥伏枥，志在千里；烈士暮年，壮心不已"，敲得唾壶的边沿伤痕累累，尽是缺口。这些故事都从某一方面说明了南渡文士对故国山河的怀念、收复中原的豪气以及慷慨任气的情怀。有时候，酒还可以充当道具或媒介，让人把不便表达的意思说出来。晋武帝立司马衷为太子，而司马衷却是个昏庸无能之辈。老臣卫瓘十分不满，却又不能明说，就借醉酒来旁敲侧击，劝晋武帝改变主意。他用手抚摸着皇帝的宝座说："可惜了这个宝贵的座位了！"晋武帝明白他的意思，却不加责怪，笑着说："先生喝醉了。"(《世说新语·规箴》)

《世说新语》有时也通过对酒的描写来表现富豪权贵们的穷奢极欲、惨无人道。《世说新语·汰侈》有这样一个故事：石崇每次在家中举行宴会，都让侍女出来劝客人饮酒，若客人不喝，就要把侍女杀掉。有一次，王导、王敦等人来石崇家赴宴，王导知道石崇的规矩，虽然不能饮，但是侍女来劝酒时，他还是尽量饮一些，结果喝得酩酊大醉。王敦就不是这样了，他说不喝就不喝。石崇接连让三个侍女前去劝酒，结果一杯也没劝下去，石崇一怒之下，接连杀了三个侍女。王敦见了，眼也不眨一下。王导责备王敦心肠太硬。王敦说："人家杀的是自家人，关你什么事呢！"

《世说新语》记述了汉末至东晋时期的官场百态、名士生活、社会思潮、文化嬗变、审美风尚、风土民情和世风变迁，是了解这一时期政治、社会、文化生活的形象化教材，是魏晋名士人生态度和处世哲学的百科全书，也是了解和把握中国酒文化的一把钥匙。可以这么说，在中国小说史上，没有任何一部作品像《世说新语》这样如此丰富多彩地写到酒，如此集中而概括地突出了酒文化的社会文化功能及其在人们日常生活中的作用。

唐传奇对酒文化的描写比《世说新语》明显上升了一个档次，其标志就是酒文化开始在小说情节结构中发挥作用，担负起部分故事情节的推进和起承转合。如李公佐的《南柯太守传》，开篇就是"东平淳于棼，吴楚游侠之士，嗜酒使气，不守细行"，因武艺出众补淮南军裨将，却因"使酒忤帅"，斥逐落魄，最后遂纵诞饮酒为事，终于"因沉醉致疾"。一次，淳于棼喝醉了酒，被一起饮酒的朋友扶回家，躺在大堂的东廊庑下，昏然忽忽，仿佛若梦，只见二紫衣使者引他至"大槐安国"。国王招他为驸马，他轻而易举地就娶到了国王美若天仙的女儿瑶芳为妻。婚后，夫妻二人恩爱异常，情款意洽。不久他被任命为南柯太守，为政期间，政绩显著，屡屡升迁。他和公主生有五男二女，男以门荫授官，女亦聘于王族，"一时之盛，代莫比之"。然而盛极而衰，不久公主去世，接着他就被革职软禁。国王慈悲，念他离家多年，将他发付故里。依旧由先前二紫衣使者引他出境，待看见本里闾巷时，二使者忽然不见。淳于棼猛然惊醒，"见家之童仆拥彗于庭，二客濯足于榻，斜日未隐于西垣，余樽尚湛于东牖。梦中倏忽，若度一世矣"。淳于棼"感南柯之浮虚，悟人世之倏忽，遂栖心道门，绝弃酒色"。故事因酒而起，又因酒而结。酒在整个小说中起到了推动故事情节发展、突出主题的重要作用。

李公佐的另一篇小说《谢小娥传》，写谢小娥为父亲及未婚夫段居贞报仇，也是酒在关键的时候发挥了重要作用。谢小娥的父亲和未婚夫被人杀害，她侥幸逃得一条性命，暗访杀人凶手，得知凶手是申兰、申春，就女扮男装，到申家做佣工。一天，申兰、申春和群贼酣饮至醉，群贼离开后，申兰露寝于庭，申春沉醉，卧于内室。谢小娥先把申春锁在屋内，又亲手杀了申兰，然后到官自首。谢小娥只是一个弱女子，如果不是那些奸人喝醉了酒，她如何能够报得了杀父杀夫之仇？

在宋元话本和明代拟话本中，酒常常是以色之媒的角色出现的。酒壮英雄胆，酒是色之媒。在宋元话本和明代拟话本中，酒的角色更多地偏重后者。宋元话本是说书艺人的底本，为招徕听众，说书艺人需要迎合听众心理需求，而酒为色之媒虽是一种陈腐观念，但在听众中很有市场，能够引起听众的兴趣和共鸣。所以，许多话本都把酒的角色定位在色之媒这一点上，对酒大加挞伐，把酒、色与财、气并列为人生"四害"。《古今小说》中的《蒋兴哥重会珍珠衫》，集中反映出这样一种世俗观念。小说作者把酒作为色媒来看，一些关键情节的设计，都与酒有关。蒋兴哥经商在外，其妻三巧儿思夫心切。一天，见一人与丈夫打扮相似，就从楼上掀开窗帘来看，不想却是徽州商人陈大郎，方知是认错了人。而陈大郎却被三巧儿这一看给看丢了魂，于是就用重金请薛婆把他引荐给三巧儿。薛婆借为三巧儿过生日之名，在蒋家摆下宴席，一边用言语挑逗三巧儿，一边灌三巧儿酒，直喝到夜深人静，薛婆借机把陈大郎引进三巧儿的卧室。三巧儿是闺中怀春少妇，又早被薛婆子说得春心荡漾，见了陈大郎，哪里还把持得住？在薛婆的巧妙安排下，在酒的遮掩下，完成了三巧儿与陈大郎的私下苟合。此后情节的发展一波三折，奇巧迭出，则都是二人苟合所引起的。

从《警世通言》中《苏知县罗衫再合》一篇的"引子"，可以看出明代的享乐主义人生观，也可以看出当时人们对酒的偏见。杭州才子李宏三科不第，心情抑郁，准备往严州访友。在钱塘江口，看见一"秋江亭"，亭壁上有人题《西江月》一首，单道酒色财气的害处："酒是烧身硝焰，色为割肉钢刀，财多招忌损人苗，气是无烟火药。四件将来合就，相当不欠分毫。劝君莫恋最为高，才是修身正道。"李生看了颇不以为然，认为"人生在世，酒色财气四者脱离不得。若无酒，失了祭享宴会之礼；若无色，绝了夫妻子孙人事；若无财，天子庶人皆没用度；若无气，忠臣义士也尽委靡"，于是也题了一首《西江月》，颂扬酒色财气的功绩，与前人词意针锋相对："三杯能和万事，一醉善解千愁，阴阳和顾喜相求，孤寡须知绝后。财乃润家之宝，气为造命之由，助人情性反为仇，持论何多差谬。"

写罢，李生神思恍惚，伏几而卧。忽见美女四人，一穿黄，一穿红，一穿白，一穿黑，自外而入，感谢李生为她们平反昭雪。李生知是酒、色、财、气四者之精，请教高姓大名。穿黄衣的说她是"杜康造下万家春"，穿红衣的说她是"一面红妆爱杀人"，穿白衣的说她是"生死穷通都属我"，穿黑衣的说她是"氤氲世界满乾坤"。李生当即口占一首，赞美她们说："香甜美味酒为先，美貌芳年色更鲜。财积千箱称富贵，善调五气是真仙。"四美女感谢李生如此理解她们，要求李生从她们中间挑选一个无过之女奉陪枕席。待李生答应后，酒女上前，以一首《西江月》自我表白："善助英雄壮胆，能添锦绣诗肠。神仙造下解愁方，雪月风花玩赏。好色能生疾病，贪杯总是清狂。神仙醉倒紫云乡，不羡公侯卿相。"李生觉得酒女甚好，正要留下，红衣女上前责怪酒女不该抬高自己，贬低别人，并作诗一首，单道酒的害处："平帝丧身因酒毒，江边李白损其躯。劝君休饮无情水，醉后教人心意迷。"接着又把自己夸耀一番："每羡鸳鸯交颈，又看连理花开。无知花鸟动情怀，岂可人无欢爱？君子好逑淑女，佳人贪恋多才。红罗帐里两和谐，一刻千金难买。"李生听到"一刻千金难买"，正要把色女留下，一旁白衣女早已按捺不住，以为色女不该说"千金难买"，于是作诗把色女也贬低了一番："尾生桥下水涓涓，吴国西施事可怜。贪恋花枝终有祸，好姻缘是恶姻缘。"之后，白衣女也自我夸耀道："收尽三才权柄，荣华富贵从生。纵教好善圣贤心，空手难施德行。有财人皆钦敬，无财到处相轻。休因闲气斗和争，问我须知有命。"黑衣女听白衣女说"休因闲气斗和争"，知她是有意贬低自己，立刻上前，把财女贬得一无是处："有财有势是英雄，命若无时枉用功。昔日石崇因富死，铜山不助邓通穷。"黑衣女也作《西江月》把自己夸耀一番："一自混元开辟，阴阳二字成功。含为元气散为风，万物得之萌动。但看生身六尺，喉间三寸流通。财和酒色尽包笼，无气谁人享用。"

李生见四美女各有过失，不敢相留，遂让她们都回去。四美女一听这话，立即反目成仇，相互攻讦，各揭其短："酒骂色盗人骨髓，色骂酒专惹是非。财骂气能伤肺腑，气骂财能损情怀。"骂还不解恨，四美女又厮打起来,顷刻间打成一团。四人的厮打使李生猛然惊醒,顿悟酒色财气无益于人生,于是又写了一首诗,表明自己对酒色财气的认识:"饮酒不醉最为高,好色不乱乃英豪。无义之财君莫取,忍气饶人祸自消。"作者虽然最终对酒色财气持否定态度,但从中也可以看出当时人们对酒色的宽容。酒还是可以饮的,但是不要喝醉了,更不要因酒伤身;美色该爱还是要爱,但要像《诗大序》说的那样"好色而不淫",不要乱来胡来。这正反映出明代市民阶层的享乐主义生活观。试想一下,如果不是酒色财气在当时泛滥成灾,如果不是人们把它们视如洪水猛兽,避之唯恐不及,又何必煞费苦心地去加以否定呢?

《三国演义》:酒文化的英雄化

《三国演义》中的酒文化都具有典型的英雄化色彩。不论是青梅煮酒论英雄、曹操杀吕伯奢,还是关羽温酒斩华雄、张飞智取瓦口关等,都表现出浓浓的英雄主义色彩,让人看到了被《三国演义》英雄化了的酒文化。

《三国演义》第二十一回"曹操煮酒论英雄",是作者精心设计的一个情节,目的是借此展示曹操藐视各路诸侯、欲并吞天下的豪情壮志,表现刘备的大智若愚和机智敏捷。小说写刘备居于许都(今河南许昌),见曹操有僭越之意,遂与国舅董承等合谋,欲除掉曹操,匡扶汉室。为避免引起曹操的怀疑,他整天种菜灌园,以为韬晦之计。有一天,曹操请他去喝酒,酒至半酣,忽然阴云密布,大雨将至。曹操借机与刘备青梅煮酒论英雄。曹操问天下谁是英雄,刘备把当时天下英雄如刘表、袁绍等说了一遍,都被曹操一一否定。小说接下来的描写十分精彩,玄德曰:"舍此之外,备实不知。"操曰:"夫英雄者,胸怀大志,腹有良谋,有包藏宇宙之机,吞吐天地之志者也。"玄德曰:"谁能当之?"操以手指玄德,复自指曰:"今天下英雄,惟使君与操耳!"玄德闻言,吃了一惊,手中所执匙箸不觉落于地下。时正值天雨将至,雷声大作。玄德乃从容俯首拾箸曰:"一震之威,乃至于此。"操笑曰:"丈夫亦畏雷乎?"玄德曰:"圣人迅雷烈风必变,安得不畏?"将闻言失箸缘故轻轻掩饰过了。操遂不疑玄德。后人有诗赞曰:"勉从虎穴暂栖身,说破英雄惊煞人。巧借闻雷来掩饰,随机应变信如神。"

第四回写曹操因行刺董卓未遂,逃跑路上夜宿老朋友吕伯奢家。吕伯奢为招待好友,特意出去买酒菜。可是,曹操听到磨刀声,以为有人要杀他,便先下手为强,拔剑杀了吕伯奢一家八口。逃出村口时,看见吕伯奢提着酒菜回来,知道错怪了吕伯奢一家,但为免后患,他还是狠心又把吕伯奢杀了。这一情节很典型地表现出曹操"宁教我负天下人,不教天下人负我"的极端利己主义的性格,反映出曹操阴险奸诈的一

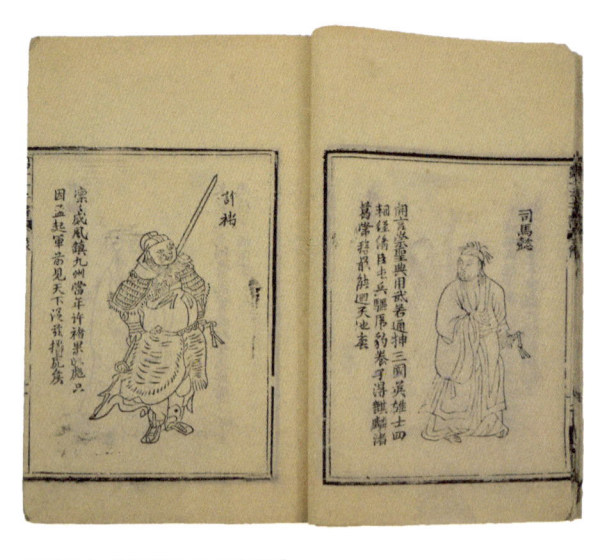

清刻本《绣像三国演义》

面。第四十八回"宴长江曹操赋诗",通过酒既表现出曹操不同凡俗的大志,气吞山河的豪迈气概,又表现出曹操的骄横残忍,很好地展现了曹操性格的复杂性。

"关羽温酒斩华雄"是酒文化英雄化的典型事例,借助饮酒突出了关羽的神勇。十八镇诸侯歃血为盟讨伐董卓,不料董卓手下猛将华雄接连斩了鲍忠、祖茂、俞涉、潘凤等几员大将。华雄又来关下挑战,众人闻之失色。袁绍感慨道:"可惜吾上将颜良、文丑未至。得一人在此,何惧华雄!"这时,关羽请求出战,愿斩华雄首级献于帐下。袁绍得知关羽只是一个弓马手,立即令人将关羽赶出去。曹操见关羽仪表不俗,建议令其出战,关羽也表示愿意立下军令状。小说这样写道:"关公曰:'如不胜,请斩某头!'操教酾热酒一杯,与关公饮了上马。关公曰:'酒且斟下,某去便来。'出帐提刀,飞身上马。众诸侯听得关外鼓声大振,喊声大举,如天摧地塌,岳撼山崩。众皆失惊,正欲探听,鸾铃响处,马到中军,云长提华雄之头,掷于地上。其酒尚温。"关羽出战时,酒刚刚酾好,等他百万军中取上将之首回来,酒还是温的。这里,作者没有一句议论,也没有一句赞美之词,仅"其酒尚温"四字,就把关羽百万军中取上将之首如探囊取物的神勇,淋漓尽致地表现出来。

第四十五回写周瑜想在群英会上杀死刘备,"酒行数巡,瑜起身把盏,猛见云长按剑立于玄德背后,忙问何人。玄德曰:'吾弟云长也!'瑜惊曰:'非向日斩颜良、文丑者乎?'玄德曰:'然也。'瑜大惊,汗流满背,便斟酒与云长把盏。"关羽的赫赫神威在众人饮酒之时得到了很好的表现。第七十五回关云长刮骨疗毒一节,更是表现关羽英雄本色的传神之笔:"公饮数杯酒毕,一面仍与马良弈棋,伸臂令华佗刮之。……佗乃下刀,割开皮肉,直至于骨,骨上已青。佗用刀刮毒,悉悉有声。帐上帐下,见者皆掩面失色。公饮酒食肉,谈笑弈棋,全无痛苦之色。"

小说的这种写法，突出了酒与英雄的光辉形象。

"群英会蒋干中计"和"张飞智取瓦口关"有关酒的描写，也是典型的酒文化的英雄化。赤壁大战处于胶着状态时，蒋干从江北而来。周瑜见昔日同窗蒋干渡江而来，已知其意，于是"大张筵席，奏军中得胜之乐，轮换行酒"。周瑜手指蒋干对众将说："此吾同窗契友也，虽从江北到此，却不是曹家说客。公等勿疑。"说罢把佩剑解下来，交给太史慈说："公可佩我剑作监酒。今日宴饮，但叙朋友交情，如有提起曹操与东吴军旅之事者，即斩之！"接着周瑜借酒为词，说："吾自领军以来，滴酒不饮。今日见了故人，又无疑忌，当饮一醉！"说罢大笑畅饮。酒至半酣，周瑜携蒋干出帐外，让蒋干见识一下东吴军士的威势。然后进帐再饮，舞剑作歌："丈夫处世兮立功名，立功名兮慰平生。慰平生兮吾将醉，吾将醉兮发狂吟。"之后佯装大醉，携蒋干入帐，与之共宿一榻。半夜醒来，又假装不知此事，装出十分懊悔的样子，问帐下军士："吾平日未尝饮醉。昨日醉后失事，不知可曾说甚言语？"正是由于周瑜巧妙地利用酒作掩护，把曹操的水军将领蔡瑁、张允投降东吴这件原本属于子虚乌有的事情，做得煞有介事，像真的似的，骗过了蒋干，借蒋干之口把消息传递给曹操，并借曹操之手除掉了其手下最熟悉水战的将领。酒在周瑜这里，简直成了进攻敌人的利器，不闻鼓角齐鸣，不见刀光剑影，只是酒杯频举，酒兴频发，即将蒋干玩于掌股之上，把曹操的水军将领置于死地。

"张飞智取瓦口关"也展现了酒文化的英雄化。张飞与张郃在瓦口关相拒五十余日，急切间难以攻下。张飞于是在关前扎下大寨，每天饮酒，喝得大醉的时候，就到关前大骂张郃。刘备派人到关前慰问，使者见张飞终日饮酒，遂向刘备报告。刘备听到这个消息，大吃一惊，忙去问孔明。孔明笑着说："原来如此！军前恐无好酒，成都佳酿极多，可将五十瓮作三车装，送到军前，与张将军饮。"刘备不明白是怎么回事儿，问："吾弟自来饮酒失事，军师何故反送酒与他？"孔明笑曰："主公与翼德做了许多年兄弟，还不知其为人耶？翼德自来刚强，然前于收川之时，义释严颜，此非勇夫所为也。今与张郃相拒五十余日，酒醉之后，便坐山前辱骂，旁若无人。此非贪杯，乃败张郃之计耳。"于是又命魏延押送美酒到军前，犒赏张飞和军士。张飞是粗中有细之人，跟随孔明久了，知道打仗的事不能仅靠匹夫之勇。他一边调度人马分头埋伏，令他们见军中红旗升起即一起进兵，一边在军前鸣鼓而饮。张郃终于忍不住了，驱兵下山，直扑张飞中军。结果正中张飞之计，丢了瓦口关，自己也险些性命不保。瓦口关之战，作者借酒写张飞，先是张飞饮酒，并通过孔明之口点出张飞是在用计；接着写孔明送张飞酒，而张飞又善于利用孔明送来的酒，再次设计引诱张郃下山；最后，张飞终于用酒把张郃引下了关隘，乘势夺取了进军汉中的关口。酒成了张飞取胜的法宝，也成了导致张郃之败的迷魂汤。可谓成也是酒，败也是酒。酒成了英雄成败的一种标志。

"鸿门宴"式的酒文化，在《三国演义》中有很好的表现。第八回"王司徒巧使连环计"就非常典型。司徒王允为除掉董卓设下连环计，先将貂蝉许给吕布，又借机将貂蝉送给董卓，让貂蝉从中离间二人的关系，借吕布之手除掉祸国殃民的董卓。小说写王允笼络吕布，先是亲自"殷勤敬酒"，待酒至半酣，遂令貂蝉出面为吕布把盏，而"貂蝉送酒与布，两下眉来眼去"。这时，王允不失时机地假装喝醉，留貂蝉坐下。吕布目不转睛地看貂蝉，又饮数杯。王允这时指着貂蝉说："吾欲将此女送与将军为妾，还肯纳否？"吕布急忙离席谢道："若得如此，布当效犬马之劳。"笼络吕布的事情在饮酒谈笑之中已经完成。后来，王允又如法炮制，请董卓来家中赴宴，令貂蝉在帘外载歌载舞，先吊起董卓的胃口,然后才让貂蝉出来相见,为董卓把盏。董卓一见貂蝉美貌,垂涎欲滴。于是,王允又借机把貂蝉献给董卓。董卓和吕布这对义父子终因貂蝉而反目成仇,最后,王允借吕布之手杀死了董卓。

《三国演义》中有不少醉酒酗酒的例子,表现了酗酒惹祸、醉酒滋事带来的严重后果。小说第十四回写张飞鞭挞曹豹招致兵变,就是醉酒惹的祸。刘备奉诏讨伐袁术,商议留何人守徐州。张飞要求留下来。刘备说:"你守不得此城。你一者酒后刚强,鞭挞士卒;二者作事轻易,不从人谏。吾不放心。"张飞表示今后再不饮酒,刘备这才答应。为了戒酒,张飞摆下宴席,把众将招来,说:"我兄临去时,吩咐我少饮酒,恐致失事。众官今日尽此一醉,明日都各戒酒,帮我守城。今日却都要满饮。"并亲自为众人把盏。轮到吕布的岳父曹豹时,因其天生不饮酒,本不想饮,但在第一巡时,因惧怕张飞,"只得饮了一杯"。第二巡时,曹豹"再三不饮",并抬出吕布来吓唬张飞。于是,张飞一怒之下,打了曹豹五十鞭子。曹豹把受辱之事告诉吕布,里应外合,夺取了徐州。张飞因酒而失了徐州,刘、关、张三人失去了根本,因此失散,连刘备的老小也都失陷城中。

第八十一回写张飞因关羽之死而酗酒,醉酒后杀人,招致部下的反叛,引来杀身之祸。有"人中吕布,马中赤兔"之誉的吕布,兵败下邳,也是因酒而起。曹操围困下邳,吕布自恃有赤兔马和方天画戟,终日只是与妻严氏及貂蝉饮酒解闷,但因酒色过度,形容顿减。一天他照了照镜子,发现已被酒色所伤,遂下令全城人戒酒,若有人饮酒,立斩不赦。部将侯成的五十匹马失而复得,十分高兴,准备和众将饮酒庆贺一下。他怕吕布怪罪,就带着五罐酒去见吕布,说:"托将军虎威,追得失马。众将皆来作贺。酿得些酒,未敢擅饮,特先奉上微意。"吕布刚颁布过戒酒令,见侯成竟然敢和众将会饮,命令将侯成立即推出去斩首。后得众将求饶，打了五十背花才算完事。这件事激怒了众将。于是，众人乘吕布守城睡着的时候把他绑起来，献出城池，投降曹操了。

张飞和吕布同是守城池，张飞为戒酒而请部下吃酒，吕布为禁酒而拒纳部下献上的酒，形式虽不相同，结果都是一样的——因酒而起祸。清人毛宗冈意识到了这一点，对此发表了一番高见："将欲和人戒酒，先特特邀人饮酒，张飞何其有礼；从未请人吃酒，便白白教人断酒，吕布大是不情。自要吃酒，却戒他人不吃酒，张飞怪得高怀；自不吃酒，却怒他人吃酒，吕布怒得没趣。送酒是好意，侯成遇张飞，定当引为腹心；拒酒是蠢才，曹豹与吕布，果然可称翁婿。先饮酒，后领棒，以醉人受醉棒，曹豹之痛好耐；既折酒，又折棒，以醒棒打醒人，侯成之恨难消。张飞借老曹打老吕，实不曾打老曹；吕布为众将打一人，是分明打众将。张飞戒饮之饮，比不戒饮之饮愈多，翻觉戒饮为多事；吕布禁酒之害，比害酒之害更甚，可为禁酒之大惩。戒气胜戒酒，张飞但当戒己之鞭笞；禁酒如禁色，吕布安能禁众人之夫妇。张飞杀过一夜酒风，明日便戒酒不成，倒便宜了醉汉；吕布打散他人筵席，自家竟与酒永别，活断送了醒人。张飞徐州之失，还堪以酒解其闷；吕布白门楼之死，谁能以酒奠其魂？"真乃灼见！

《水浒传》：酒文化的江湖化

《水浒传》是男人的世界。一群天不怕地不怕的男人被逼上梁山，揭竿而起。他们大碗喝酒，大块吃肉，大秤分银，豪爽慷慨，潇洒自在，四海之内皆兄弟，虽非同胞胜同胞。在这样一部以血性男儿为主角的小说中，自然少不了血性男儿的爱物——酒。酒在小说中虽然也时常扮演色之媒、祸之源的角色，但在整部小说中，酒的主要角色却是血性男儿的诤友和伴侣，是豪杰气，是英雄胆，是谋士智。

"吴用智取生辰纲"一回是典型的酒文化的江湖化。大名府梁中书为了巴结太师蔡京，令杨志押解庆贺礼物前往东京。杨志押解十辆太平车，上插一面黄旗，旗上写"献贺太师生辰纲"。吴用探得实情，假装是卖枣的小贩，于正午时分在黄泥冈设伏。杨志一行到了黄泥冈，因天气太热，在冈上的林子中歇息。这时，一个汉子挑着酒担子，唱着"赤日炎炎似火烧，野田禾稻半枯焦。农夫心内如汤煮，公子王孙把扇摇"，来到黄泥冈上，在松林里头卸下担子，坐地乘凉。军士要买酒解渴，杨志却担心酒中有蒙汗药，把他们训斥了一顿。这时，吴用等人走上前来买酒，那汉子卖给他们一桶，同时在假装相互争执时，吴用巧妙地把蒙汗药下到另一只桶里。军士们见先前那些人喝了没有什么事儿，就凑钱来买酒喝。那汉子却叫道："不卖了，不卖了！这酒有蒙汗药在里头！"军士们再三求情，要买些酒喝，那汉子就是不卖。吴用等人过来为他们说情，汉子才答应卖酒给他们。众军士口渴难耐，见了酒一拥而上，刹那间就把一桶酒喝得干干净净。汉子收了酒钱，"依然唱着山歌，自下冈子去了"。不大一会儿，那帮士兵"头重脚轻，一个个面面厮觑，都软倒了"，眼睁睁地看着那些卖枣子的人把金银财宝都装了去。清代小说批评家金圣叹对吴用智取生辰纲这段妙文十分赞赏，说："看他写枣子客人自一处，挑酒人自一处，酒自一处，瓢自一处，虽读者亦几忘其为东溪村中饮酒聚义之人，何况当日身在庐山者耶？耐庵妙笔，真是独有千古。看他写卖酒人斗口处，真是绝世奇笔。盖他人叙此事至此，便欲骏骏相就，读之，满纸皆似惟恐不得卖者矣。今偏笔笔撇开，如强弓怒马，急不可就，务欲极扳开去，乃至不可收拾，一似惟恐为其买者，真怪事也。"（《第五才子书施耐庵水浒传》第十五回夹批）

"吴用智取生辰纲"写到了酒和蒙汗药，这是江湖的标配。江湖人士大多喜欢饮酒，而行走江湖的人也会用蒙汗药，或被人下蒙汗药。《水浒传》第二十七回《母夜叉孟州道卖人肉　武都头十字坡遇张青》让人们见识了酒文化的江湖化。武松因怒杀潘金莲被发配孟州牢城。在押赴孟州时，一行人在孟州道十字坡一家酒店歇息。武松和押解他的公人又热又累，便向店家女主人要好酒解渴。这家酒店是一家黑店，店主人是张青和孙二娘。当天张青外出，孙二娘在店里支应，听武松要好酒喝，心中暗喜，便去里面托出一旋浑色酒来。武松看了道："这个正是好生酒，只宜热吃最好。"那妇人道："还是这位客官省得。我烫来你尝看。"妇人自忖道："这个贼配军正是该死。倒要热吃，这药却是发作得快。那厮当是我手里行货！"孙二娘把酒烫热了，拿过来分做三碗，对武松说："客官，试尝这酒。"两个公人哪里忍得饥渴，只顾拿起来吃了。武松便道："大娘子，我从来吃不得寡酒，你再切些肉来与我过口。"武松等孙二娘转身进去，却把这酒泼在僻暗处，口中虚把舌头来咂道："好酒！还是这酒冲得人动！"孙二娘哪里是进去切肉？她只是虚转一遭，便出来拍手叫道："倒也，倒也！"那两个公人只见天旋地转，强禁了口，望后扑地便倒。武松也把眼来虚闭紧了，扑地仰倒在凳边。孙二娘笑道："着了！由你奸似鬼，吃了老娘的洗脚水。"当孙二娘准备把武松拖进去时，武松突然跃起，把孙二娘摁在地上。就在他准备痛下杀手时，张青从外面进来。张青和武松互相通问，方知刚才闹了一番误会。原来，菜园子张青和母夜叉孙二娘也是江湖中人，他们在十字坡开店，卖酒为生。见到过往客商，"有那入眼的，便把些蒙汗药与他吃了，便死。将大块好肉切做黄牛肉卖，零碎小肉，做馅子包馒头"。张青、孙二娘有三不杀，一是云游僧道，二是江湖上行院妓女之人，三是各处犯罪流配的人。这大概也算是盗亦有道吧。

《水浒传》中对酒的描写，集中表现在对那些武艺超群、疾恶如仇、敢作敢为的英雄人物身上，表现在对鲁智深、武松、林冲、李逵等人的性格刻画上，表现在对他们的英雄气概和坚强精神的烘托与陪衬上。和鲁智深有关的，有酒后三拳打死镇关西、大闹五台山、大闹桃花村、倒拔垂杨柳等，就连智取二龙山，也是诈称鲁智深酒醉被缚才奏效的。其中，尤以大闹五台山最为精彩。鲁智深原名鲁达，三拳打死镇关西之后，到五台山文殊院做了和尚，明是出家修行，实则是借此避难。在文殊院过了几个月斋戒食素的清淡日子，便觉"口中淡出鸟来，这早晚怎得些酒来吃也好"，随即下山抢人酒喝，喝醉了酒又大打出手，闹得人仰马翻，"破了酒戒，乱了清规"。后来又到山下打制了一根六十二斤重的水磨禅杖，连走几家酒店都买不到酒喝，便假称自己是行脚僧人，才买到了酒和狗肉，美美地饱餐痛饮一顿，这才回五台山。走到半山亭，坐了一会儿，酒劲涌了上来，便借着酒劲耍起拳脚，不料"一膀子扇在亭子柱上，只听得刮喇喇一声响亮，把亭子柱打折了，坍了亭子半边"。虽然图得了一时痛快，可五台山是回不去了。于是，他便带着智真长老给他写的推荐信及"遇林而起，遇山而富，遇水而兴，遇江而止"四句偈语，下山去了。"不念经卷花和尚，酒肉沙门鲁智深。"这两句不无揶揄的评语，对他还是很贴切的。

武松是《水浒传》中赫赫有名的人物。他的出名，很大程度上得益于那个广为人知的故事——景阳冈武松打虎。武松回清河县看望哥哥，来到阳谷县地界，望见前面有一个酒店，酒旗上写"三碗不过冈"五个大字。武松进得酒店，不顾店家的劝阻，前后喝了十八碗酒，吃了四斤牛肉，然后绰了哨棒出门而去。店家赶了出来，叫道："客官哪里去？"武松问道："叫我做甚么？我又不少你酒钱，唤我怎地？"店家让他看一旁张贴的榜文，原来景阳冈上有一只吊睛白额大虫，已经伤了三二十条好汉性命。官家告诫过往行人，只在白天结伴过冈，不要独自行动，以免丢了性命。武松抢白了店家一通,然后自顾上冈,先见一棵大树被刮去一片树皮,上写道:"近因景阳冈大虫伤人,但有过往客商,可于巳、午、未三个时辰,结伙成队过冈,请勿自误!"武松以为是店家的把戏,拖着哨棒只顾上冈,直到看见了官府的正式榜文,这才相信真的有虎。欲要回去,却担心被店家耻笑,于是只好硬着头皮上冈。正走着,酒力发作,浑身焦躁,见一块大青石,就把哨棒倚在一边,躺在大石上,正要睡去,忽然从树背后跳出一只吊睛白额大虫。武松吃了一惊,酒都变作冷汗出来了。借着酒力,武松和老虎展开了你死我活的搏斗,哨棒打断了,他就用拳头,终于降伏了恶虎,为地方除了一害。武松也因在景阳冈打死老虎而声名远扬,所谓:"别意悠悠去路长,挺身直上景阳冈。醉来打杀山中虎,扬得声名满四方。"从小说的有关描写来看,武松绝不是那种"明知山有虎,偏向虎山行"的人。他之所以敢独上景阳冈,是因为小时候他曾多次从冈上过,从来没有见过什么老虎。所以,当店家告诉他冈上有老虎时,他首先想到的是店家要谋他的钱财。见了树上写的字,他还以为是店家耍的把戏,好让人在他的店里投宿,多赚几个钱。等到看见官府的榜文,他才相信真的有这么回事儿。这时,他动过转回去的念头,"欲待转身再回酒店里来",可是,他又一寻思:"我回去时,须吃他耻笑,不是好汉。"既然难以转回去,索性横下一条心:"怕甚么鸟!且只顾上去,看怎地!"到了这个时候,已是开弓没有回头箭了,是死是活,是英雄还是狗熊,就看敢不敢上冈了。武松毕竟是一条好汉,硬着头皮上了冈,借着酒力打死了那只伤害了许多人的大老虎。在这个故事中,酒的作用是不可小视的。如果不是上冈前喝了那么多的酒,如果不是酒力适时发作,武松能否打死那只老虎还是个未知数。武松自己也承认这一点,他曾亲口对施恩说:"若不是酒醉后了胆大,景阳冈上如何打得这只大虫?那时节,我须烂醉了好下手。又有力,又

有势！"（《水浒传》第二十九回）

"武松醉打蒋门神"一节，不仅写得很精彩，而且很能表现出武松的性格。武松为替哥哥报仇，杀了西门庆和潘金莲，被刺配孟州，在安平寨与小管营施恩结为兄弟。得知施恩的快活林酒店被蒋门神霸占，他就和施恩一起去找蒋门神报仇，并约定过一家酒店要吃三碗酒，吃不了三碗酒不往前走。施恩说："这快活林离东门去，有十四五里田地。算来卖酒的人家，也有十二三家。若要每户吃三碗时，恰好有三十五六碗酒，才到得那里。恐哥哥醉了，如何使得？"武松大笑道："你怕我醉了没本事？我却是没酒没本事。带一分酒便有一分本事，五分酒五分本事。我若吃了十分酒，这气力不知从何而来。"施恩得知这种情况，急忙令两个仆人去家里取好酒来，在路上的酒店等候。武松这才高兴，说："怎么却才中我意！去打蒋门神，教我也有些胆量。没酒时，如何使得手段出来？还你今朝打倒那厮，教众人大笑一场！"武松每到一家酒店就要喝上三碗。其中有两篇描写酒店的文字，堪称江湖化的酒文化：

> 门迎驿路，户接乡村。芙蓉金菊傍池塘，翠柳黄槐遮酒肆。壁上描刘伶贪饮，窗前画李白传杯。渊明归去，王弘送酒到东篱；佛印山居，苏轼逃禅来北阁。闻香驻马三家醉，知味停舟十里香。不惜抱琴沽一醉，信知终日卧斜阳。

> 古道村坊，傍溪酒店。杨柳阴森门外，荷华旖旎池中。飘飘酒旆舞金风，短短芦帘遮酷日。磁盆架上，白泠泠满贮村醪；瓦瓮灶前，香喷喷初蒸社酝。村童量酒，想非昔日相如；少妇当垆，不是他年卓氏。休言三斗宿醒，便是二升也醉。

到了"河阳风月"酒店时，醉眼蒙眬的武松看见酒望子上写着"醉里乾坤大，壶中日月长"，一个小妇人坐在店中，就"径奔入酒店里来"，"双手按着桌子，不转眼看那妇人"，打了两角酒，让小妇人陪他喝。谁知这小妇人正是蒋门神新娶的小妾,她见武松来者不善,正要逃出去,却被武松"揪住云髻,隔柜身子提将出来,望浑酒缸里只一丢,听得'扑通'的一声响,可怜这妇人,正被直丢在大酒缸里"。蒋门神得报,来斗武松,见武松醉了,已有轻敌之意,却被武松先用玉环步再使鸳鸯脚,打得跪在地上求饶,把快活林还给了施恩,并答应连夜回老家去,再也不到孟州来。此外,武松为哥哥复仇、大闹飞云浦、醉打孔亮等章节,也有一些关于饮酒的精彩描写,对表现武松鲜明的个性特征发挥了不可替代的作用。

  林冲原是东京八十万禁军教头,武艺高强。高衙内无意中撞上了林冲的娘子,设计让陆谦把林冲叫到樊楼吃酒,然后把林冲的娘子骗到太尉府前巷内一家人家,欲强行非礼,幸得林冲及时赶到,救娘子出来。高衙内行奸不成,遂用陆谦之计,陷害林冲,把林冲刺配沧州。到了沧州,管营令林冲去看草料场。数九寒冬,风雪之夜,林冲宿于山神庙,寒气侵逼,难以入睡,就把葫芦中的冷酒提来慢慢地吃。忽听外面有响声,从墙壁缝中朝外一看,草料场失火了。他正要开门出去救火,却见陆谦等人正在外面小声议论他是否已经被烧死。林冲拽开庙门,大喝一声,冲了出去,亲手杀了陆谦、富安等仇人,然后冒着大雪前去报官。在去报官的路上,林冲遇见一帮人在喝酒,闻到酒香,要买些酒吃,那些人却是不肯,结果林冲一顿乱打,把那些人全都赶跑,抱着酒瓮一阵猛喝,然后又继续赶路,最后竟醉倒在山涧边。林冲本是戴罪之身,如今又杀了陆谦等人,州府行文捉拿。林冲无奈,只好去投奔梁山。梁山寨主王伦嫉贤妒能,山寨五个头领,仅让林冲坐第四把交椅。后来晁盖等人为躲避官军而上梁山,又是林冲在关键时候,设宴于水寨,借着酒兴,火并王伦,推举晁盖做了山寨之主,揭开了梁山好汉对抗朝廷的大幕。林冲从八十万禁军教头,到被高俅父子陷害,发配沧州,再到陆谦等人追杀到草料场，他始终是一忍再忍，委曲求全，但是，当发现忍让已不足以保全自身时，他终于走上了反抗的道路。"逼上梁山"的"逼"字，在林冲身上表现得最为突出。饶有意味的是，不论是逼上梁山，还是火并王伦，酒都在林冲的反抗性格发展过程中起到了相当重要的作用。据统计，从林冲被陆谦骗到樊楼饮酒，到火并王伦，饮酒场景的描写竟达十六次之多。这不仅表明酒在林冲的性格发展中发挥着十分重要的作用，更重要的是，酒在这里还起到了承前启后、中转过渡的媒介作用。当初，林冲如果不是贪酒，也不会中了陆谦的诡计；风雪山神庙，林冲如果不是去找酒喝，则可能葬身于火海；梁山之上，如果不是借着酒劲，林冲恐怕很难对王伦下得了手。梁山英雄小聚义之前，林冲的人生道路，始终有酒相伴相随。

黑旋风李逵也是一个好酒的猛汉。他一出场，作者就借戴宗之口，指出了他"酒性不好，人多惧他"的性格特征。浔阳江边的琵琶亭上，宋江喝醉了酒，李逵为了做鲜鱼汤给他醒酒，和浪里白条张顺在江中恶斗一场，之后二人因此成为好朋友，酒在这里成了英雄相识的桥梁。李逵下山接母亲，宋江千叮咛万嘱咐不要喝酒，李逵满口答应。不料路经沂岭，李逵到山涧为母亲取水时，老母亲竟被老虎吞噬了。李逵顺着血迹，找到老虎洞，接连杀死四只老虎。当地富户曹太公听说杀了四虎的就是李逵，遂设下计谋，置办酒席，热情招待李逵，准备把他灌醉后绑送官府。李逵早把宋江的嘱咐抛到了九霄云外，"只顾开怀畅饮，全不记宋江的言语"。不到两个时辰，李逵被灌得酩酊大醉，立脚不住，被捆绑起来。李逵因酒中计。朱贵为救李逵，也把酒"请"了出来，在酒里下蒙汗药，将押送李逵的士兵都麻倒，救出了李逵。真是败也因酒，成也因酒。

《水浒传》中的酒就像一个称心如意的道具，需要的时候，随时随地都可以拿出来用，且每一次使用时皆各有特色，绝少雷同。譬如卖酒人，小说中出现了三次，三次出现各有妙处。第一次是鲁智深在五台山出家，搅扰了四五个月，久静思动，便大步出了山门，信步来到半山亭，正想找口酒喝，却只见远远的一个汉子挑着一副担桶，上面盖着桶盖，那汉子手里拿着一个旋子，唱着上来。唱道："九里山前作战场，牧童拾得旧刀枪。顺风吹动乌江水，好似虞姬别霸王。"鲁智深要买酒喝，那汉子却是不卖，他抢过酒桶，自顾喝了起来，两桶酒喝得剩下一桶，这才作罢。鲁智深之所以抢酒喝，一是因为他四五个月不曾沾酒，"口中淡出鸟来"；二是卖酒汉子唱的山歌触动了他的离情别绪。几个月前，他与九纹龙史进相遇，情投意合，视为知己，而他却因三拳打死镇关西，来到他并不情愿来的地方避难。一句"好似虞姬别霸王"，使他情不自禁地想起了史进，不由得更加惆怅。所谓"酒浇愁肠"，如今，酒就在他的面前，他如何不饮？金圣叹以为"第四句隐隐吊动史进，对此茫茫，那得不饮？"(《第五才子书施耐庵水浒传》第三回夹批)说得甚好！

第二个卖酒人出现在通往瓦官寺的路上。鲁智深下了桃花山，来到瓦官寺，见寺院败落，问寺中的和尚，方知这里已被一个和尚、一个道人霸占。和尚姓崔，法号道成，绰号"生铁佛"。道人姓丘，排行小乙，绰号"飞天夜叉"。他们以出家为名，实则打家劫舍，鱼肉百姓。正在这时，外面有人唱歌而来，鲁智深见是一个道人，"挑着一担儿，一头是个竹篮儿，里面露些鱼尾，并荷叶托着些肉；一头担着一瓶酒，也是荷叶盖着"。那道人一边走，一边唱："你在东时我在西，你无男子我无妻。我无妻时犹闲可，你无男子好孤凄。"道人明是唱山歌，实是借山歌唱他与崔道成奸淫良家女子之事，既是自我卖弄，又表明了他们是如何勾引良家妇女的。如果说第一个卖酒人唱的山歌是为鲁智深而唱，那么道人唱的山歌则是彻头彻尾的自我表现，是为了勾搭良家妇女。

　　第三个卖酒人是梁山好汉白胜装扮的。他唱的小调既与当时炎热的天气相符合，又借此吊起那些口渴难耐的军士的胃口。赤日炎炎，禾苗焦枯，在这样的夏日，公子王孙手摇蒲扇纳凉，而那些受苦受累的农夫却因天气炎热、禾苗焦枯而经受着煎熬。白胜唱的小调虽是说农夫"心内如汤煮"，实际上则是说那些在林中歇息的士兵。所以，士兵一见有酒，都吵闹着要买酒喝，而杨志偏偏说酒里有蒙汗药，不让他们买，士兵只好强忍下来。等到那些卖枣子的人喝光了一桶，士兵们再也忍受不住，心内痒起来，都待要吃，一个看着老都管道："老爷爷与我们说一声，那卖枣子的客人买他一桶吃了，我们胡乱也买他这桶吃，润一润喉也好。其实热渴了，没奈何。这里冈子上又没讨水吃处，老爷方便。"老都管过来向杨志求情。杨志也被说动了，又见剩下的那一桶，卖枣子的人也当面吃了半瓢，遂不再疑心，答应士兵买酒喝。杨志和士兵最终中计。虽然与这支小调没有必然的联系，但这支小调表现的情景却与士兵当时的处境很切合。正如金圣叹所说："上二句盛写大热之苦，下二句盛写人之不相体悉，犹言农夫当午在田，背焦汗滴，彼公子王孙深居水殿，犹令侍人展扇摇风。盖深喻众军身负重担，反受杨志空身走者打骂也。"（《第五才子书施耐庵水浒传》第十五回夹批）三处写卖酒人的文字，既是写人，又是写酒，各具特色，各具风采，显示出作者对酒文化的深刻理解，也强化了酒文化的江湖化。

《金瓶梅》：酒文化的世俗化

　　《金瓶梅》是我国第一部以家庭生活为主要内容的长篇小说。它择取西门庆的三个妻妾（潘金莲、李瓶儿、春梅）名字中的一字为书名，详细描绘了西门家族的兴衰际遇，形象而深刻地表现了明代以追逐享乐安逸为主要特色的市民生活，反映出一个时代的思想观念和行为方式的重大变化。在这样一部小说中，酒占据了很重要的分量，扮演了重要的角色。酒不仅在小说的情节结构中起到了链条和纽带作用，而且展现了世俗化的酒文化，让读者对明代世俗中的酒文化有了更多的认识和了解。

小说开篇就写到酒。第一回"西门庆热结十兄弟"，写十月初三那天，西门庆摆酒设宴，和应伯爵、谢希大、花子虚、祝实念、孙天化、吴典恩、云理守、常峙节、卜志道、白赉光等十人结为兄弟。在确定谁为老大时，西门庆说应伯爵年龄最大，应居于长位。应伯爵推辞说："爷，这可折杀小人了罢了。如今年时，只好叙些财势，那里好叙齿！若叙齿，这还有大如我的哩。且是我做大哥，有两件不妥：第一不如大官人有威有德，众兄弟都服你；第二我原叫做应二哥，如今居长，却又要叫应大哥，倘或有两个人来，一个叫'应二哥'，一个叫'应大哥'，我还是应'应二哥'，应'应大哥'呢？"西门庆笑道："你这挡断肠子的，单有这些闲说的！"谢希大道："哥，休推了。"西门庆再三谦让，被花子虚、应伯爵等一干人逼勒不过，只得做了大哥，第二便是应伯爵，第三是谢希大，第四让花子虚有钱做了四哥，其余挨次排列。

《三国演义》有"宴桃园英雄三结义"一节，写刘备、关羽、张飞三人在桃园歃血为盟之事，在江湖上很有影响。《金瓶梅》写西门庆与应伯爵等十人结为兄弟，小说没有使用"结义"这样的字眼，而是用了"热结"一词，意为大家对结为兄弟都很热情，实际上都是出于利益的考量，而不是出于义气。所以，在开始序尊卑的时候，不是序长幼，而是序财势，谁的财势大，谁就当老大，坐第一把交椅。这是典型的世俗化的酒文化。应伯爵等一帮帮闲蔑片，在西门庆家大吃大喝，酒过三巡，猜枚行令，耍笑哄堂，真个是"才见扶桑日出，又看曦驭衔山。醉后倩人扶去，树梢新月才弯"。饮酒正热闹间，西门庆的小厮玳安对西门庆悄声说："娘叫小的接爹来了，说三娘今日发昏哩，请爹早些家去。"西门庆随即起来对众人说："不是我摇席破座，委的我第三个小妾十分病重，咱先去休。"花子虚也借故离席，说："咱与哥同路，咱两个一搭儿去罢。"应伯爵一听就不高兴了，说："你两个财主的都去了，丢下俺们怎的！花二哥你再坐回去。"西门庆解释说："他家无人，俺两个一搭里去的是，省和他嫂子疑心。"十兄弟结交的宴席，老大和老四饮酒中间都找个借口离席了。通过这一场酒席，小说把全书中和西门庆相关的一些重要人物先交代出来，也为世俗化的酒文化奠了个底。

王婆定下"挨光计"，撮合西门庆和潘金莲这一对男女，成就他们的好事，随处可见世俗化的酒文化。在王婆的"挨光计"中，酒充当了重要角色。王婆谎称请潘金莲做衣服，先把潘金莲请到家中，然后西门庆自动上门，王婆让西门庆出钱，她去买来酒菜，三人对饮起来。一连饮了三巡，王婆借口酒没了，以买酒为由离开，屋子里只留下西门庆和潘金莲二人，给西门庆勾搭潘金莲创造机会。西门庆得此机会，以酒为媒，使出勾搭手段，轻易就突破了潘金莲的防线，成就了二人的好事。这时，王婆忽然闯入，撞破他们的好事，声言要去告诉武大郎，逼迫潘金莲随时听候西门庆的召唤，并要二人各自留下信物为证。故事从此展开，于是有了潘金莲毒杀武大郎、西门庆偷娶潘金莲，有了潘金莲与吴月娘、孙雪娥、春梅等人的争风吃醋，有了潘金莲与陈经济的珠胎暗结，进而引出了西门庆的种种秽迹丑行。在西门庆与潘金莲等妇人的交往中，酒是他们交往的由头，也是他们宣淫的媒介。从酒的作用中，人们看到了明代的酒文化是如何被世俗化的。

西门庆勾搭花子虚的寡妇李瓶儿，也是从饮酒开始的。李瓶儿原是

七、美酒妙笔：酒文化与古典小说

西门庆的朋友花子虚之妻，与西门庆早有勾搭，常常背着丈夫与西门庆暗通款曲，给花子虚戴了一顶大大的绿帽子。花子虚死后，西门庆和李瓶儿有恃无恐，恣意玩乐。正月十五这天，西门庆又逛到李瓶儿那里，"重酾美酒，再整佳肴"，与李瓶儿对饮起来。李瓶儿原本就对西门庆有情有义，见西门庆也有这个意思，遂借酒向西门庆表明心迹："拙夫已故，举眼无亲。今日此杯酒，只靠官人与奴作个主儿。休要嫌奴丑陋，奴情愿与官人铺床叠被，与众位娘子作个姊妹，奴死也甘心。不知官人心下如何？"西门庆虽假意推托，实则正中下怀。于是，"李瓶儿同西门庆猜枚吃了一回，又拿一副三十二扇象牙牌儿，桌上铺茜红毡条，两个灯下抹牌饮酒……又在床上紫锦帐中，妇人露着粉般身子，西门庆香肩相并，玉体厮挨。两个看牌，拿大钟饮酒。"二人饮酒求欢，恣意而为，种种丑行不一而足。乍一看，作者这里是在写二人饮酒，实际上则是借写饮酒巧妙地揭露了西门庆奢侈无度、荒淫无耻的生活，表现了暴发户西门庆卑鄙龌龊的精神世界。

小说中西门庆梳笼李桂姐的几次饮酒，都可以看出明代世俗化的饮酒习俗。但凡西门庆偎红倚翠，再续新欢，总是少不了酒。他梳笼李桂姐时，经常到她那里饮酒。他第一次到李桂姐家，桂卿和桂姐姊妹两个就"金樽满泛，玉阮同调，歌唱递酒"，正是"琉璃钟，琥珀浓，小槽酒滴珍珠红。烹龙炮凤玉脂泣，罗帏绣幄围香风。吹龙笛，击鼍鼓。皓齿歌，细腰舞。况是青春莫虚度，银缸掩映娇娥语，不到刘伶坟上去"。席间觥筹交错，推杯换盏，煞是热闹喜庆。西门庆一见桂姐美貌，就想梳笼她，让她唱一支南曲。李桂姐的姐姐李桂卿明白西门官人的意思，说："我家桂姐从小儿养得娇，自来生得腼腆，不肯对人胡乱便唱。"于是，西门庆就取出五两银子，并说改日再送几套织金衣服。桂姐这才忙起身谢了，唱了一曲《驻云飞》："举止从容，压尽勾栏占上风。行动香风送，频使人钦重。嗏！玉杵污泥中，岂凡庸？一曲清商，满座皆惊动。胜似襄王一梦中，胜似襄王一梦中。"这段曲子，是表白，是自夸，也是桂姐此时求宠心态的真实写照。一句"胜似襄王一梦中"，唱得西门庆心花怒放，"喜欢的没入脚处"。次日，西门庆"使小厮往家去拿五十两银子，段铺内讨四件衣裳，要梳笼桂姐"。桂姐是李娇儿的娘家侄女。李娇儿也是西门庆的内眷，听说西门庆要梳笼她的侄女，喜不自胜，连忙拿了一锭大元宝交付给玳安，"拿到院中打头面，做衣服，定桌席，吹弹歌舞，花攒锦簇，饮三日喜酒"。西门庆梳笼李桂姐又是定桌席，又是三日喜酒，让人们看到了明代世俗化的酒文化。

《金瓶梅》中的酒令也往往具有世俗化特色。第二十一回吴月娘与潘金莲、李瓶儿、孙雪娥、孟玉楼等人陪西门庆饮酒，又是掷骰子，又是猜枚，又是划拳。轮到吴月娘时，她提议行曲牌贯骨牌令，要求曲牌与骨牌合为《西厢记》一句唱词："既要我行令，照依牌谱上饮酒。一个牌儿名，两个骨牌名，合《西厢》一句。"吴月娘先说："六娘子，醉杨妃，落了八珠环，游丝儿抓住荼蘼架。"掷的点数无六点和八点，不饮。接着是西门庆掷。西门庆说："虞美人，见楚汉争锋，伤了正马军，只听，耳边金鼓连天震。"一掷，果然是正马军，于是西门庆吃了一杯。下面该李娇儿掷。李娇儿说："水仙子，因二士入桃源，惊散了花开蝶满枝。只做了落红满地胭脂冷。"不遇，下家掷。轮到潘金莲，她说："鲍老儿，临老入花丛，坏了三纲五常。问他个非奸做贼拿。"一掷，果然是三纲五常，潘金莲于是也吃了一杯。下面到李瓶儿，她说："端正好，搭梯望月，等到春分昼夜停。那时节，隔墙儿险化做望夫山。"不遇。接着是孙雪娥掷，她说："麻郎儿，见群鸦打凤，绊住了折足雁。好教我两下里做人难。"不遇。最后该孟玉楼掷，她说："念奴娇，醉扶定四红沉，拖着锦裙襕。得多少春风夜月销金帐。"一掷，正好是四红沉。吴月娘叫小玉给孟玉楼斟上三大杯，对孟玉楼说："你吃三大杯才好。今晚你该伴新郎宿歇。"西门庆的众多妻妾虽然没有一个出身名门，但多少都认得一些字，也算是识文断字的人，所以，吴月娘出的酒令尽管一般人很难对上来，但由于她们这些人平日里主要的消遣就是打牌看戏，对骨牌和《西厢记》都有所了解，因而都能随便诌上几句。从她们说的酒令来看，大都比较切合各自的身份。吴月娘所说的"六娘子"虽是曲牌名，但实际上暗合西门庆的六个妻妾。西门庆说的"虞美人，见楚汉争锋"，既是曲牌，也是他的六个妻妾明争暗斗、争风吃醋的写照。潘金莲是一个敢爱敢恨的人，说话很少顾忌，行酒令也是指桑骂槐，"坏了三纲五常"，"问他个非奸做贼拿"，实际上都是在说西门庆。李瓶儿说的酒令，更是她的心里话。她和西门庆原就是一墙之隔，花子虚死后，二人陈仓暗度，如胶似漆，已到了谈婚论嫁的地步，不料想却出来个蒋竹山横刀夺爱，使二人的好事险些化为泡影。后来多亏西门庆略施手段，才把她从蒋竹山手里夺过来，真个是"隔墙儿险化做望夫山"。

《金瓶梅》是表现明代市井生活的长篇小说，写了不少世俗化的饮酒场面，不仅对刻画人物形象、推进故事情节、表现作者的思想观念发挥了重要作用，而且让读者对明代世俗化的酒文化有了更多的了解，并通过酒文化对明代世俗社会有了更深入的观察。酒文化在《金瓶梅》中不是可有可无，不是"润滑剂"，而是非常必要，不可或缺。

《红楼梦》：酒文化的雅趣化

"自有《红楼梦》以来，传统的思想和写法都打破了。"鲁迅先生的这一见解非常精辟。《红楼梦》不同于《三国演义》《水浒传》《金瓶梅》

等名著依靠曲折离奇的故事和惊险紧张的情节取胜，而是把描写的重心转向人们的日常生活，在看似平淡无奇的日常生活中推动情节发展，展示人们的思想情怀，表现人物性格特征，揭示生活中的复杂矛盾，表达作者的情感取向。饮酒是人们日常生活的重要组成部分，在表现显赫一时的封建大家族由盛而衰、展现众多人物的命运走向、揭示人物的情感世界的过程中，让读者见识了雅趣化的酒文化。

《红楼梦》中的荣、宁二府举行过不可胜数的宴会，而以荣、宁二府为代表的贾、王、史、薛四大家族的兴衰，则从他们的宴会中可以看出端倪。这里没有必要详尽地列举每一次宴会，只要将第四十回"史太君两宴大观园"和第一百零八回"强欢笑蘅芜庆生辰"比较一下，就可以看出雅趣化的酒文化在表现贾府兴衰历程中的重要作用。

史太君在大观园设宴，和"元宵开夜宴"比起来算不上铺张，只是按每人平日爱吃的菜肴随便做上几样，摆在各人面前，然后再加一个十锦攒心盒，一个自斟壶。刘姥姥初进大观园，没见过世面，把鸽子蛋当

清孙温《手绘本红楼梦》插图

成了鸡蛋，说："这里的鸡儿也俊，下的这蛋也小巧，怪俊的。我且得一个儿！"凤姐说："一两银子一个呢！你快尝尝罢，冷了就不好吃了。"刘姥姥便伸筷子要夹，偏偏凤姐给她用的是四棱象牙镶金的筷子，半天夹不起一个，好不容易夹起来一个，伸着脖子正要吃，却滚到了地上，被人捡出去了。刘姥姥十分惋惜，感叹道："一两银子也没听见个响声儿就没了！"后来又给她换成一双乌木镶银筷子。刘姥姥道："去了金的，又是银的，到底不及俺们那个伏手。"凤姐道："菜里要有毒，这银子下去了就试的出来。"刘姥姥道："这个菜里有毒，我们那些都成了砒霜了！那怕毒死了，也要吃尽了！"这一次宴会虽然没做过多的正面描写，但通过刘姥姥之口，读者已经能够感受到豪门大族日常生活的奢侈了。

接下来一次宴会，不看菜肴，只看摆设，就知道是何等气派了：

> 上面左右两张榻，榻上都铺着锦裀蓉簟，每一榻前有两张雕漆几，也有海棠式的，也有梅花式的，也有荷叶式的，也有葵花式的，也有方的，有圆的，其式不一。一个上面放着炉瓶，一个攒盒。一个上面空设着，预备放人所喜食物。上面二榻四几，是贾母、薛姨妈。下面一椅两几，是王夫人的。余者都是一椅一几。东边是刘姥姥，刘姥姥之下便是王夫人。西边便是湘云，第二便是宝钗，第三便是黛玉，第四迎春，探春、惜春挨次排下去，宝玉在末。李纨、凤姐二人之几设于三层槛内，二层纱橱之外。攒盒式样，亦随几之式样。每人一把乌银洋錾自斟壶，一个十锦珐琅杯。

这只是一帮女眷，宴会尚且如此铺张，其家族之鼎盛，家门之豪富，已经可想而知了。

贾宝玉生日，在怡红院夜宴群芳，虽然是悄悄地进行，却也可见众人饮酒的雅趣。贾宝玉是寿星，让行占花令饮酒。"晴雯拿了一个竹雕的签筒来，里面装着象牙花名签子，摇了一摇，放在当中。又取过骰子来，盛在盒内，摇了一摇，揭开一看，里面是五点，数至宝钗。"宝钗将筒摇了一摇，伸手掣出一根，大家一看，只见签上画着一枝牡丹，题着"艳冠群芳"四字，下有一句唐诗，道是："任是无情也动人。"下面注着："在席共贺一杯，此为群芳之冠，随意命人，不拘诗词雅谑，道一则以侑酒。"大家共贺了一杯。宝钗自饮了一杯，让芳官唱曲助兴。芳官只得细细地唱了一支《赏花时》："翠凤毛翎扎帚叉，闲踏天门扫落花。您看那风起玉尘沙。猛可的那一层云下，抵多少门外即天涯。您再休要剑斩黄龙一线儿差，再休向东老贫穷卖酒家。您与俺眼向云霞。洞宾呵，您得了人可便早些儿回话。若迟呵，错教人留恨碧桃花。"只有宝玉只管拿着那签，口内颠来倒去念"任是无情也动人"，听了这曲子，眼看着芳官不语。湘云忙一手夺了，掷与宝钗。宝钗又掷了一个十六点，数到探春。探春笑道："我还不知得个什么呢。"伸手掣了一根出来，自己一瞧，便掷在地下，红了脸，笑道："这东西不好，不该行这令。这原是外头男人们行的令，许多混话在上头。"众人不解，袭人等忙拾了起来。众人看上面是一枝杏花，那红字写着"瑶池仙品"四字，诗云："日边红杏倚云栽。"下面注云："得此签者，必得贵婿，大家恭贺一杯，共同饮一杯。"众人笑道："我说是什么呢。这签原是闺阁中取戏的，除了这两三根有这话的，并无杂话，这有何妨。我们家已有了个王妃，难道你也是王妃不成。大喜，大喜。"说着，大家来敬。探春哪里肯饮，却被史湘云、香菱、李纨等三四个人强死强活灌了下去。探春只命蠲了这个，再行别的，众人断不肯依。湘云拿着她的手强掷了个十九点出来，便该李氏掣。李氏摇了一摇，掣出一根来一看，笑道："好极。你们瞧瞧，这劳什子竟有些意思。"众人瞧那签上，画着一枝老梅，是写着"霜晓寒姿"四字，那一面旧诗是："竹篱茅舍自甘心。"下面注云："自饮一杯，下家掷骰。"李纨笑道："真有趣，你们掷去罢。我只自吃一杯，不问你们的废与兴。"说着,便吃酒,将骰过与黛玉。黛玉一掷,是个十八点,便该湘云掣。湘云笑着,揎拳掳袖的伸手掣了一根出来。大家看时,一面画着一枝海棠,题着"香梦沉酣"四字,那面诗道是:"只恐夜深花睡去。"黛玉笑道:"'夜深'两个字,改'石凉'两个字。"众人便知他趣白日间湘云醉卧的事,都笑了。湘云笑指那自行船与黛玉看,又说"快坐上那船家去罢,别多话了"。众人都笑了。因看注云:"既云'香梦沉酣',掣此签者不便饮酒,只令上下二家各饮一杯。"湘云拍手笑道:"阿弥陀佛,真真好签!"恰好黛玉是上家,宝玉是下家。二人斟了两杯只得要饮。宝玉先饮了半杯,瞅人不见,递与芳官,端起来便一扬脖。黛玉只管和人说话,将酒全折在漱盂内了。湘云便绰起骰子来一掷个九点,

清孙温《手绘本红楼梦》插图局部

数去该麝月。麝月便掣了一根出来。大家看时，这面上一枝荼蘼花，题着"韶华胜极"四字，那边写着一句旧诗，道是："开到荼蘼花事了。"下面注云："在席各饮三杯送春。"麝月问怎么讲，宝玉愁眉忙将签藏了说："咱们且喝酒。"说着，大家吃了三口，以充三杯之数。麝月一掷个十九点，该香菱。香菱便掣了一根并蒂花，题着"联春绕瑞"，那面写着一句诗，道是："连理枝头花正开。"下面注云："共贺掣者三杯，大家陪饮一杯。"香菱便又掷了个六点，该黛玉掣。黛玉默默地想道："不知还有什么好的被我掣着方好。"一面伸手取了一根，只见上面画着一枝芙蓉，题着"风露清愁"四字，那面一句旧诗，道是："莫怨东风当自嗟。"下面注云："自饮一杯，牡丹陪饮一杯。"众人笑说："这个好极。除了他，别人不配作芙蓉。"黛玉也自笑了。于是饮了酒，便掷了个二十点，该着袭人。袭人便伸手取了一支出来，却是一枝桃花，题着"武陵别景"四字，那一面旧诗写着："桃红又是一年春。"下面注云："杏花陪一盏，坐中同庚者陪一盏，同辰者陪一盏，同姓者陪一盏。"众人笑道："这一回热闹有趣。"大家算来，香菱、晴雯、宝钗三人皆与他同庚，黛玉与他同辰，只无同姓者。芳官忙道："我也姓花，我也陪他一钟。"于是大家斟了酒，黛玉因向探春笑道："命中该着招贵婿的，你是杏花，快喝了，我们好喝。"探春笑道："这是个什么，大嫂子顺手给他一下子。"李纨笑道："人家不得贵婿反挨打，我也不忍的。"说的众人都笑了。虽是夜宴，但众人饮酒很热闹，颇有雅兴。

可是，到了第一百零八回"强欢笑蘅芜庆生辰"时，景象已完全不同了。此时的贾府在经历了"抄检大观园"等重大变故之后，已是"忽喇喇似大厦倾"，没了昔日的辉煌，不见了当初的兴旺景象。这时宝钗的生日宴会，虽然仍可聚起一帮人儿，但仅是强作欢笑，勉强维持局面而已。喝酒的时候，有"凤辣子"之称的王熙凤"虽勉强说了几句有兴的话,终不似先前爽利、招人发笑";贾母原是因为闷得慌才为薛宝钗举办这个生日宴会,见参加宴会的人都不似往常欢快的样子,着急道:"你们到底是怎么着?大家高兴些才好!"湘云道:"我们又吃又喝,还要怎么着呢?"凤姐道:"他们小的时候都高兴,如今碍着脸不敢混说,所以老太太瞧着冷净了。"宝玉轻轻地告诉贾母道:"话是没什么说的,再说就说到不好的上头去了。"

这些雅趣化的酒文化,显露出《红楼梦》深刻的思想意义之所在。它通过对四大家族,特别是贾府衰败过程的描写,揭露了封建统治阶级的腐朽性,揭示出历史发展的必然趋势。曹雪芹在表现这一历史趋势时,很多时候是通过对饮酒场面的描写来体现的。元春入宫为妃,元宵节回府省亲时贾家在大观园大摆宴席,一掷千金,豪奢非常,就连元春也看不过去,以为太过分了。荣国府元宵开夜宴,不仅设宴十来席,器珍物华,肴佳酒美,而且还专门请来了戏班子演戏助兴。贾母一高兴,便赏了演员几簸箕的铜钱。贾珍、贾琏为讨母亲欢心,也把大簸箕的铜钱往戏台上撒,"只听得满台钱响,贾母大悦"。豪奢之家挥金如土,于此可见一斑。贾府老爷、太太、公子、小姐众多,用探春的话说,"一年十二个月,月月有几个生日。人多了,便这等巧,也有三个一日、两个一日的"。有生日就有宴会,再加上年节宴会、祭祖宴会和迎宾送客的宴会,以及种种雅宴闲宴,贾府一年要摆多少个宴席,就数不胜数了。说日日有宴会或许有些夸张,但说三日一小宴、五日一大宴,肯定是合乎实际的。经常不断的大大小小的宴会,不仅显示出贾府的赫赫盛势、财大气粗,而且可见王公大族的奢侈腐败和挥霍无度。

正如冷子兴演说荣国府所言,荣、宁二府"如今生齿日繁,事物日盛,主仆上下安富尊荣者尽多,运筹谋划者无一。其日用排场费用,又不能将就省俭,如今外面的架子虽未甚倒,内囊却也尽上来了"。盛极而衰，乐极生悲。盛筵早晚是要散的。贾府在走向衰败时，方方面面都传出"盛筵必散"的"异兆悲音"。第七十五回"开夜宴异兆发悲音"一节，已经流露出贾府盛极而衰的先兆。八月十四夜，贾珍带领妻妾饮酒赏月，三更时分，贾珍酒已饮至八分，"大家正添衣喝茶、换盏更酌之际，忽听那边墙下有人长叹之声"，问之却无人答应。贾珍"一语未了，只听得一阵风声，竟过墙去了。恍惚闻得祠堂内槅扇开阖之声，只觉得风气森森，比先更觉凄惨起来。看那月色时，也淡淡的不似先前明朗，众人都觉发毛倒竖"。这异兆够让人惊心了。

八月十五中秋夜，贾母等人在大观园设宴赏月，先是感慨人少，不复有当年的热闹，后又闻笛声悠悠扬扬，呜呜咽咽，众人肃然危坐，默默相赏。再饮一会儿酒后，"只听桂花阴里又发出一缕笛音来，果然比先越发凄凉。大家都寂然而坐"。夜静月明，且笛声悲怨。贾母年老带酒之人，听此声音，不免有触于心，禁不住坠下泪来。众人彼此都不禁有凄凉寂寞之意。半日，方知贾母伤感，才忙转身赔笑，发语解释。然而终究无济于事，宴会不欢而散。林黛玉、史湘云逃宴赏月，联句遣兴，所吟诗句"酒尽情犹在，更残乐已谖。渐闻语笑寂，空剩雪霜痕"及"壶漏声将涸，窗灯焰已昏。寒塘渡鹤影，冷月葬诗魂"，不仅悲凉凄切，而且无意中成了诗谶。至第一百零八回，贾母用私房钱为薛宝钗设生日宴，贾府已是强弩之末，漏尽更残，凄凄惨惨，悲悲切切。

事实上，早在第五回"贾宝玉神游太虚境"一节，作者的意图就已经流露出来。贾宝玉游太虚幻境时，警幻仙子引宝玉入"饮馔"之幻，小丫鬟先捧上清香异味、纯美非常的好茶，警幻道："此茶出在放春山遣香洞，又以仙花灵叶上所带之宿露而烹，此茶名曰'千红一窟'。"不大一会儿，又有一个小丫鬟摆上清香甘洌、异于寻常的美酒，警幻道："此酒乃以百花之蕊、万木之汁，加以麟髓之醅、凤乳之曲酿成，因名为'万艳同杯'。"这名唤"千红一窟"的好茶和"万艳同杯"的美酒，听在耳中，不就分明是"千红一哭"和"万艳同悲"的哀音吗？

《红楼梦》中的人物形象，个个鲜活可爱，性格分明，让人过目不忘。之所以有此效果，与作者善于借描写饮酒场景来刻画人物形象、表现人物个性有很大关系。这是曹雪芹对酒文化的独特贡献。第七回"焦大骂醉"是《红楼梦》中的著名情节。焦大是贾府的老奴，"因他从小儿跟着太爷出过三四回兵，从死人堆里把太爷背出来了，才得了命；自己挨着饿，却偷了东西给主子吃；两日没水，得了半碗水，给主子喝，自己喝马溺"，仗着这些功劳，贾府的人都对他另眼相看。焦大没有别的嗜好，只是一味地好酒，喝醉了无人不骂。那一天，大总管赖二派他夜里送秦钟回家，他又趁着酒兴大骂起来，骂赖二不公道，欺软怕硬，是个没良心的王八羔子。贾蓉出来送凤姐，见焦大当街叫骂，忍不住骂了焦大几句，焦大却赶着贾蓉骂："蓉哥儿，你别在焦大跟前使主子性儿！别说你这样儿的，就是你爹、你爷爷，也不敢和焦大挺腰子呢！不是焦大一个人，你们做官儿，享荣华，受富贵！你祖宗九死一生挣下这个家业，到如今不报我的恩，反和我充起主子来了。不和我说别的还可，再说别的，咱们白刀子进去，红刀子出来！"凤姐见状，在车上说了贾蓉几句，贾蓉就叫人把焦大拖进去。焦大一恼，索性连贾珍都说了进去，乱嚷乱叫起来，骂得更是难听："要往祠堂里哭太爷去，那里承望到如今生下这些畜生来！每日偷狗戏鸡，爬灰的爬灰，养小叔子的养小叔子，我什么不知道？咱们'胳膊折了往袖子里藏'。"最后，焦大被塞了一嘴土和马粪，再也骂不出来。在茫茫的黑风暗雾中，万马齐喑，江河日下，猛听得一声喊叫，撕开那些荒淫伪善的面皮，着实给人石破天惊、痛快淋漓之感。这场醉骂的妙处全在一个"醉"字，无醉便无这些没天日的话。只有大醉之人，才能无所顾忌，放言叫骂。焦大虽然醉态可掬、醉相满纸，但他酒醉心不迷，心里清楚得很，骂出来的话句句是真，句句是实。因此，才惹得大小主子又急又恼，气急败坏。尤其是后面那几句揭露贾府荒淫无耻、男盗女娼的话，和后来柳湘莲骂宁国府"除了那两个石头狮子干净，只怕连猫儿狗儿都不干净"的两句话，有异曲同工之妙。

史湘云和探春是大观园女儿国中熠熠生辉的两个女性。探春的光彩之处，在于她那与生俱来的叛逆性格，在于她那不服输的精神。史湘云的可爱之处，在于她那天真热情、爽直本色的个性品格。在浓云密布、病柳愁花的环绕之下，忽见一片鲜艳的朝霞辉映天际，人们怎能不为之心胸开朗、欣喜异常呢？

《红楼梦》第六十二回"憨湘云醉眠芍药裀"，突出地表现出史湘云这样一种性格特征。宝玉生日那天，恰巧也是宝琴、平儿、岫烟的生日，虽然贾母、王夫人不在家，但大家还是高高兴兴地凑了份子，在芍药栏中的红香圃三间小敞厅里摆下宴席，好好地庆贺一番。正因为贾母和王夫人不在家，这帮大小姐们才无拘无束，一改平日的温文尔雅之态，推杯换盏，挥拳拇战，呼三喊四，吆五喝六，任意取乐，只见满厅中红飞翠舞，玉动珠摇，热闹非凡。湘云表现得最为活跃，袭人拈阄拈了个"拇战"，她高兴地说："这个简断爽利，合了我的脾气。我不行这个射覆，没的垂头丧气的闷人，我只划拳去了。"喝酒也喝得最痛快，不知不觉中已经喝醉了，由此引出了"醉眠芍药裀"一段妙文。曹雪芹用生花妙笔给人们描绘出一幅有声有色、有动有静、如诗如画的少女睡春图："湘云卧于山石僻处一个石凳子上，业经香梦沉酣，四面芍药花飞了一身，满头脸衣襟上皆是红香散乱。手中的扇子在地下，也半被落花埋了，一群蜜蜂蝴蝶闹嚷嚷地围着。又用鲛帕包了一包芍药花瓣枕着。"这幅迷人的少女醉春图，表现的是美的个性，美的情态，美的意境，是史湘云鲜明个性的艺术化再现。醉眠芍药裀的只能是爽朗热情、自然洒脱的史湘云，而不可能是葬花埋香的林黛玉或举止娴雅的薛宝钗。她的醉不是玉山颓倒，也不是梦入南柯，而是醉意蒙眬，醉态可掬，所以她才为纳凉避静，来到花丛，又怀着美好的诗情，用手帕包着芍药花瓣做了一个枕头，在青石板上躺下，不知不觉中酣然入梦，即使是在梦中"犹作睡语说酒令"，嘟嘟囔囔地说："泉香酒洌……醉扶归，——宜会亲友。"这样的酒令，也像她的心境和性格一样爽朗旷达，清澈见底。

　　尤三姐是《红楼梦》中最后出现的一颗流星，是一个从贫穷、孤弱、被侮辱被损害的境地中奋起，不惜以死来反抗豪门侮辱的奇女子、刚女子、辣女子，是一朵怒放于野滨寒塘的"出淤泥而不染""可远观而不可亵玩"的荷花。如果说《红楼梦》中大多数悲剧女性让人哀悼悲怜的话，那么尤三姐带给人们的却是敬重与震惊。第六十五回写贾珍、贾琏兄弟来尤老娘处，和尤二姐、尤三姐厮混，贾琏想撮合贾珍与尤三姐的好事儿，笑嘻嘻地要尤三姐和贾珍喝个双盏儿，向他们道喜。这尤三姐原就是一个烈性女子，"天生脾气，和人异样诡僻。只因她的模样儿风流标致，她又偏偏爱打扮的出色，另式另样，做出许多万人不及的风情体态来"，许多寻花问柳的男人都想占她的便宜，"及至她跟前，她那一种轻狂豪爽、目中无人的光景，早又把人的一团高兴逼住，不敢动手动脚"。所以，当贾琏要她喝酒时，她劈头盖脸就是一顿痛骂："你不用和我'花马掉嘴'的！咱们'清水下杂面——你吃我看'，'提着影戏人子上场儿——好歹别戳破这层纸儿'。你别糊涂油蒙了心，打量我们不知道你府上的事呢？这会子花了几个臭钱，你们哥儿俩，拿着我们姊妹两个权当粉头来取乐儿，你们就打错了算盘了！"她骂得痛快，喝得也痛快，自己拿过酒壶来斟满一杯，先喝了半盏，揪过贾琏就来灌，吓得贾琏酒都醒了。她知道贾珍、贾琏兄弟的软肋在哪里。他们灵魂空虚，卑鄙龌龊，仗着有几个钱，就到处寻花问柳，却又怕人知道，尽干些见不得人的勾当。一旦撕破了面皮，害怕的是他们，而不是她尤三姐。所以，和他们打交道，她不仅毫不怯懦，而且对他们充满蔑视，极尽嬉笑怒骂之能事，轻而易举地就将他们玩于掌股之上。小说这样写道："只见这三姐索性卸了妆饰，脱了大衣服，松松地挽个鬓儿。身上穿着大红小袄，半掩半开的，故意露出葱绿抹胸，一痕雪脯。底下绿裤红鞋，鲜艳夺目。忽起忽坐，忽喜忽嗔，没半刻斯文，两个坠子就和打秋千一般。灯光之下越显得柳眉笼翠，檀口含丹。本是一双秋水眼，再吃了几杯酒，越发横波入鬓，转盼流光。真把那珍、琏二人弄得欲近不敢，欲远不舍，迷离恍惚，落魄垂涎。"拿他兄弟二人嘲笑取乐够了，出了一口恶气，尤三姐"酒足兴尽，更不容他兄弟多坐，竟撵出去，自己关门睡去了"。

"尤三姐骂席"这段描写痛快淋漓，挥洒自如，不仅让读者看了过瘾，而且让人掩卷深思，感到几分沉重，几分苦涩。尤三姐对贾氏兄弟的痛骂、嘲笑、奚落，固然显示出她那孤傲诡僻的性格，但她的放浪形骸、忸怩作态，实际上则是用一种变态或扭曲的方式表达胸中的愤懑，向玩弄她的人进行反抗和报复，是处于孤独无助的弱小者以特殊方式对强敌的一种示威。就像她表白的那样："咱们金玉一般的人，白叫这两个现世宝玷污了去，也算无能！而且，他家现放着个极利害的女人，如今瞒着，自然是好的，倘或一日他知道了，岂肯干休？势必有一场大闹，你二人不知谁生谁死，这如何便当做安身乐业的去处？"在"骂席"的整个过程中，酒不仅仅是一种道具，更是尤三姐对敌斗争的利器，壮了她的胆气，夺了贾氏兄弟的魂魄。

《红楼梦》还写到了各种各样的酒，按生产工艺分类，主要有发酵酒、蒸馏酒和配制酒三种。发酵酒主要有黄酒（第三十八回）、绍酒（第六十三回）、黄汤酒（第四十四、四十五、七十一、七十九回）、惠泉酒（第十六、六十二回）和西洋葡萄酒（第六十回）等，蒸馏酒主要是烧酒（第三十八回），配制酒有合欢花酒（第三十八回）、屠苏酒（第五十三回）等。《红楼梦》里还有很多酒令，有划拳，有拇战，有射覆，有骰子令，有骨牌令，有筹子令，有谜语令，有诗句贯曲牌令，等等。如第一百零八回薛宝钗过生日时，鸳鸯行的酒令就是骰子令，其方法是"用四枚骰子掷去，掷不出名儿来的，罚一杯，掷出名儿来，每人喝酒的杯数，根据掷得的名儿来定"。鸳鸯喝了一杯令酒，随便掷了一个数，数到薛姨妈，就从薛姨妈开始掷，掷得四个"幺"。鸳鸯说："这是有名儿的，叫作'商山四皓'，有年纪的喝一杯。"薛姨妈饮了自己的门杯，说了一句"临老入花丛"，坐在她下首的贾母接了一句"偷闲学少年"。大家轮流掷去，轮到李纨掷时，掷了个"十二金钗"，因李纨的下家宝玉离席，李纨说席间的人不齐，结果被罚了一杯。没有下家，就交由鸳鸯再掷，掷的是两个"二"和两个"五"，名字叫"浪扫浮萍"。贾母见鸳鸯说不出曲牌来，就替她说了一个"秋鱼入菱窠"。坐在贾母下首的史湘云便接了一句"百萍吟尽楚江秋"。此时贾府已经衰败，即使是在宝二奶奶的生日宴会上，人们说的曲牌，吟的诗句，皆已没了贾府鼎盛时的大气与辉煌。贾府的衰败，在酒令的使用上也有所体现。

《聊斋志异》：酒文化的奇幻化

酒文化的奇幻化，早在《搜神记》中就已经出现了。经过漫长的发展，到了清代蒲松龄《聊斋志异》的出现，则把酒文化的奇幻化推向了一个新的高度。在中国古典小说中，酒常常被拿来作为一种道具，通过对饮酒、嗜酒等行为的描写，批判现实，讽刺世俗，针砭时弊。清代著名短篇小说家蒲松龄，堪称这方面的高手。在他的《聊斋志异》中，不仅有许多饮酒场景的描写，而且有些篇章或以酒为中心内容，或以酒为主要线索，借对饮酒场面的描写，来达到其批判现实、针砭世俗与时弊的目的。他常常以酒名篇，如《酒友》《酒狂》《酒虫》，以及篇名虽没有"酒"字而实际上是写酒的《秦生》等，巧妙地把酒文化和鬼怪精魅联系起来，借鬼狐说人事，借杯酒言人生，不仅具有强烈的批判现实的意义，而且表现出酒文化的奇幻化倾向。

《酒友》讲述车生家贫而好酒，每天晚上不饮上三杯就无法入睡，所以床头酒樽常不空。有一天晚上，一只狐狸进入屋内，偷喝了车生的酒，醉卧其床侧。车生醒来，见狐狸醉卧床侧，不仅没有捕杀它，还把它当作酒友。车生与狐狸因此而成至交，常常促膝欢饮，相处得甚为融洽。狐狸为感谢车生，有意帮助他，先是告诉车生东南道侧有遗失的金钱，可早早去取。车生如其所说，果然得到二金。后来，狐狸又告诉车生后院有一窖金钱，车生按照狐狸的指点，又得到许多金钱。狐狸告诉车生多屯一些荞麦，车生按狐狸说的，收了四十石荞麦。很多人都因此笑话车生。这年天大旱，各种庄稼都没有收成，人们就向车生买荞麦种，车生因此得到了数倍的收益。车生有了钱，买了二百亩肥沃的田地，

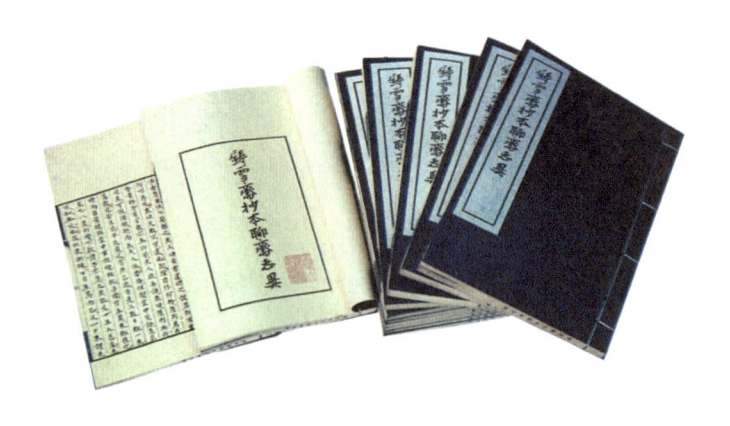

《聊斋志异》（铸雪斋抄本）书影

种庄稼时先问狐狸，狐狸让种麦子就种麦子，让种高粱就种高粱，结果都是好收成。车生得到狐狸帮助由贫而富，成为当地的富翁。蒲松龄借这个故事，不仅把酒文化幻化了，而且借此故事阐释了善有善报的人生道理。

《酒狂》讲的是人间和地狱之事，给人以穿越之感。故事说江西拔贡缪永定平常喜欢喝酒，一喝就醉，亲朋好友都躲避他。一天，他在族叔家中与客人酣饮，醉后骂座，闹得众人不欢而散。家人把他搀扶回去，人刚躺到床上就四肢僵硬，奄奄气绝。缪生的魂灵飘飘忽忽来到阴曹地府，无意中得到了舅父的帮助。舅父花了十万钱打点阴曹地府的鬼官，鬼官得到贿赂，答应他还阳，但有一个条件，就是必须在本旬结束之前兑现焚金币纸钱百提的许诺。缪生为了还阳就答应了鬼官的要求。还阳之后，缪生觉得需要花费很多钱才能兑现在地狱对鬼官的承诺，又一想醉后之事不过是幻境，不足为信，即使真有其事，那个偷偷放他回到阳世的鬼官也不敢让冥王知道这件事。于是，缪生便自作聪明，没有兑现当时的承诺。一年后，缪生又魂归地曹，命尽阴府。这个故事虽然荒诞，但它的现实批判意义十分明显。它借人鬼穿越，借助醉酒之事，对现实社会到处存在的贪污腐化、敲诈勒索、言而无信等现象，进行了辛辣讽刺和无情鞭挞。

《酒虫》中的长山刘氏，身体肥胖，喜欢饮酒，每次喝酒，一个人就能喝上一瓮。他家有田地三百亩，颇为富裕，从不把饮酒作为累赘之事。一个西域僧人说刘氏患有一种奇怪的病，体内有酒虫。刘氏很害怕，就请僧人帮他医治。僧人就让绑住他的手足，躺在太阳底下暴晒。在离刘氏头顶半尺远的地方，放上一坛美酒。晒了一个多时辰，刘氏口渴，非常想饮酒。酒香飘入鼻中，刘氏更加馋酒。可是，刘氏只能闻到头顶的酒香，却喝不到酒。忽然，刘氏觉得喉咙中奇痒无比，酒虫从喉中吐

清人绘《聊斋志异》插图

出,直接落到酒瓮中。刘氏一看,酒虫像一条鱼那样在酒中蠕动,口眼毕备。刘氏要酬谢那个僧人,僧人不要酬金,只要那条酒虫,说这条虫是酒之精,"瓮中贮水,入虫搅之,即成佳酿",试之果然。刘氏看到了酒虫在酒瓮中的模样,看见酒就恶心,从此视酒如仇,身体逐渐消瘦,而其家也越来越贫穷,最后连饭也吃不上了。故事把酒虫作为贫富的重要标志,酒虫在则富,酒虫去则贫。整个故事构思奇特,幽默风趣,读之令人捧腹。

《秦生》写莱州秦生饮毒酒身亡,幸遇狐仙相救,才得以生还,赞扬了狐仙的善举。莱州人秦生,自己制作药酒,不料误把有毒性的草药放了进去。秦生不忍心把药酒倒掉,就把它封存起来,放置在一边。过了一年多,秦生夜里忽然想喝酒了,一时找不到酒,就把存放的药酒打开。闻到那四溢的芳香,他再也忍不住,口水流了出来。于是拿过一只酒盏,取了一盏就要喝。妻子拦住他,苦苦劝阻。秦生笑着说:"快乐地饮酒而死,要比馋酒渴死好多了。"说罢一饮而尽,一不小心把酒瓶推倒了。妻子急忙把酒瓶扶起,盖了起来。满屋子流淌着酒,飘着酒香。秦生酒兴大起,趴在地上,像牛饮水一样喝起来。过了不大一会儿,秦生腹痛难忍,口不能言,半夜时分,竟然死去。秦妻哀号不已,为秦生备棺木,准备入殓。第二天夜里,忽然有一位美人进来,身高不满三尺,直接来到秦生的灵寝前,把一瓯水灌进秦生的口中。秦生忽然苏醒过来,向那位美人叩首,并求问其高姓大名。美人说:"我是狐仙。刚才,我的丈夫进入陈家,窃陈家的酒而饮,结果醉酒而死。我去陈家救丈夫,在回归的路上,偶然经过您家,丈夫怜惜君子与他同样是因醉酒而死,所以就让妾用剩余的药把您救活。"说罢,那位美人忽然就不见了。秦生饮酒,宁肯饮酒醉死,也不愿因馋酒而渴死,这是社会上一部分喜爱饮酒者的真实写照。狐仙救秦生,既是出于同病相怜,也是一念之仁,表现出异类所具有的仁心。

《聊斋志异》中的酒文化，总是和一些奇幻的事情相联系，要么是狐仙，要么是地狱，要么是酒虫，故事的发生和结局也往往出人意料，给人奇幻甚至穿越之感。在《聊斋志异》中，酒文化的奇幻化既是作者讲述故事的需要，同时也承载着作者对社会人生的认知和思考，具有较为强烈的社会批判意义和教化色彩。

八、酒赋灵感：酒文化与书画艺术

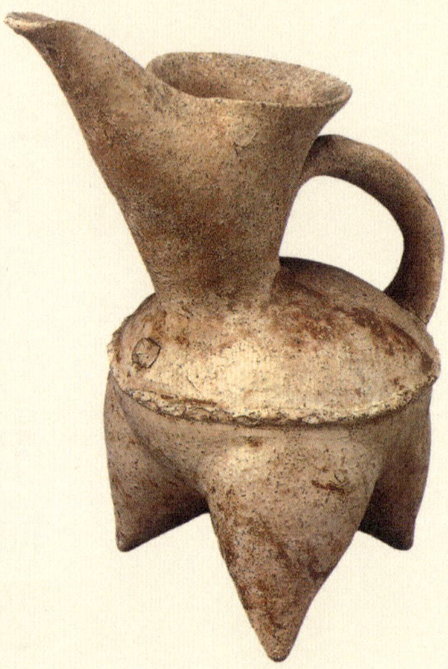

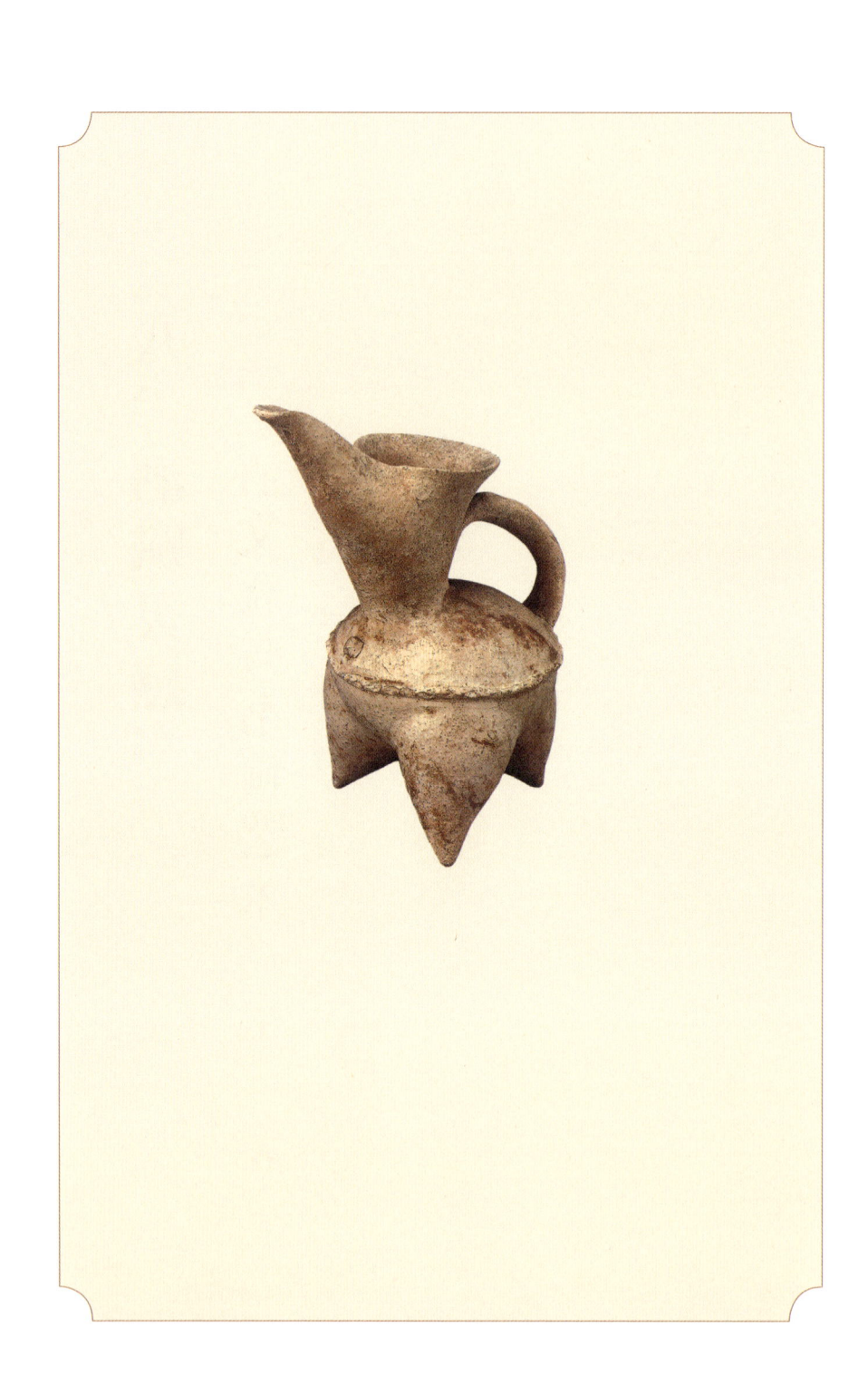

八、酒赋灵感：酒文化与书画艺术

酒文化在中国的书画艺术中浸淫甚深。许多著名书画艺术家都是酒君子，常常借酒使气，以酒激发创作灵感，在饮酒之后创作出传世名作。从好酒使气的吴道子到草书圣手张旭，从醉后须臾数千张的怀素到醉里绘就夜宴图的韩熙载，从醉酒写意的黄公望到晚年始得酒趣的文徵明，都把浓浓的酒意融化在他们的艺术创作之中，表现出酒文化对中国书画艺术的深刻影响。

张旭三杯草圣传

张旭，字伯高，一字季明，吴郡苏州（今江苏苏州）人，唐代书法家。以擅长草书，被后世尊为"草圣"。张旭出身贫寒，后被聘为苏州常熟县尉，累官至左率府长史、金吾长史。左率府和右率府属于东宫太子护卫机构，左卫率和右卫率都是正四品，长史为正七品。金吾长史类似金吾卫的幕僚长，正六品，相当于当时大县的县令。张旭一生在官场上没有显赫的位置，但在书法方面却取得了惊人的成就。

张旭在中国书法史上能够取得如此之高的成就，与其出身有很大关系。陆柬之是虞世南的外甥，张旭的母亲是陆柬之的侄女，也可以说是虞世南的外孙女。虞世南是初唐著名书法家、政治家，与欧阳询、褚遂良、薛稷并称"初唐四大家"。他主持编纂的《北堂书钞》是唐代四大类书之一。陈柬之早年跟随虞世南学习书法，其书法在唐代自成一家，为世人所重。张旭的母亲在书法方面也有很高造诣。张旭生长在这样的家庭环境中，自觉或不自觉地受到了母亲和外祖公的影响，书法师法外祖公虞世南，技艺精进。

后来的一个奇遇，使张旭的书法更上一层楼。张旭任常熟县尉的时候，曾经审理了一个案件。当时有一位老人前来县衙告状，张旭秉公审理，老人满意而去。可是，过了没几天，老人又找上门来。张旭感到不可理解，问老人："您怎么能够因为一些闲事，反复烦扰呢？"老人解释说："我实在不是惹是生非，再来说原来的案件。而是看到您的判词笔法奇妙，十分珍贵，就把它收藏起来。"张旭很惊奇，问他为何这么喜爱书法，老人回答说："先父曾经学习过书法，而且还有著作。"老人把先父留下来的书献给张旭。张旭拿过来一看，知道老人的父亲果然是精通书法的人。于是按照书中指点，潜心练习书法。相传张旭勤苦练习，他用来清洗砚台的池塘，水都变成了黑色。今苏州尚有张旭洗砚池。张旭在书法方面勤学苦练，努力出新。他曾经这样说："始吾闻公主与担夫争路，而得笔法之意。后见公孙氏舞剑器，而得其神。"（《唐国史补》）由此可见，张旭的书法创作源于生活，从生活中悟出书法的真谛，是对生活与人生的升华。张旭书法因此妙绝一时，冠于天下。

张旭的书法出名后，很多人向他求字。但他动笔之前，一定要先饮几杯酒。兴之所至，则会喝得酩酊大醉。这时才提笔创作，写出的书法

八、酒赋灵感：酒文化与书画艺术　　　　　　　　　241

往往如神来之笔，令人拍案叫绝。今常熟市城内东方塔附近，还有一条"醉尉街"，相传就是为纪念张旭在这里做县尉时喝醉酒之后为人们写字的事。常熟城内过去有一座"草圣祠"，相传也是为纪念张旭而建。"草圣祠"有一副对联："书道入神明，落纸云烟，今古竞传八法；酒狂称草圣，满堂风雨，岁时宜奠三杯。"上联写书圣王羲之，为了写好"永"字，苦练数年，形成了"永字八法"。后来，王羲之的七世孙智永把"永字八法"传给虞世南，使"永字八法"成为书法的入门技法。下联写张旭，称张旭是酒狂，喝醉酒后才进入创作状态，创作的草书堪称经典，

清　吴友如绘《张旭三杯草圣传》

被人尊为"草圣"。为了纪念这位草书狂人,人们每年都要到"草圣祠"献上三杯美酒,祭奠"草圣"张旭。下联的"岁时宜奠三杯",化用杜甫《饮中八仙歌》中的"张旭三杯草圣传,脱帽露顶王公前,挥毫落纸如云烟"之句,让人们看到了张旭好酒的一面。

张旭好酒是出了名的。杜甫有一首《饮中八仙歌》,对当时号称"酒中八仙人"的贺知章、李琎、李适之、崔宗之、苏晋、李白、张旭、焦遂等人的饮酒醉酒之态,作了形象的描绘。如写汝阳王李琎"汝阳三斗始朝天,道逢曲车口流涎,恨不移封向酒泉",汝阳王不仅好酒,而且酒量很大,三斗酒下肚才会喝醉。他平时离不开酒,见到酒就流口水,恨不得把封地移到酒泉;写李白"李白斗酒诗百篇,长安市上酒家眠,天子呼来不上船,自称臣是酒中仙",李白酒量大,饮酒之后,文思泉涌,诗兴大发;写张旭醉酒创作的状态,突出了张旭狂放无羁的性格,

清 吴友如绘"汝阳三斗始朝天"

清　吴友如绘"苏晋长斋绣佛前"

清　吴友如绘"左相日兴费万钱"

清　吴友如绘"焦遂五斗方卓然"

清　吴友如绘"宗之潇洒美少年"

八、酒赋灵感：酒文化与书画艺术

"脱帽露顶"是张旭创作时的典型动作。张旭喝醉之后，往往握着毛笔大喊大叫，创作时则是一挥而就。有时候直接把头伸进墨汁中，把头发蘸上墨汁，用头写字。人们看到这种情况，遂称张旭为"张颠"。酒醒之后，他看到自己用头写的书法作品，也感到很神奇，再想写出这样的作品，已经不可复得了。与其豪放不羁的性格相一致，张旭书法以狂草最为著名。他用当时颇为名贵的"五色笺"，挥毫写下了南北朝著名诗人谢灵运和庾信的诗歌四首，为后人留下了典范。此外，尚有《肚痛帖》《郎官石柱记》等书法作品传世。

唐代诗人李颀和张旭是好朋友。他有一首《赠张旭》的诗歌，对张旭其人和书法都有精彩评价："张公性嗜酒，豁达无所营。皓首穷草隶，时称太湖精。露顶据胡床，长叫三五声。兴来洒素壁，挥笔如流星。下舍风萧条，寒草满户庭。问家何所有？生事犹浮萍。左手持蟹螯，右手执丹经。瞪目视霄汉，不知醉与醒。诸宾且方坐，旭日临东城。荷叶裹江鱼，白瓯贮香粳。微禄心不屑，放神于八纮。时人不识者，即是安期生。"诗歌直言"张旭性嗜酒"，对张旭好酒及酒后的书法创作都有形象描绘，赞美了张旭不屑名禄的清高、放神八纮的高远。杜甫有一首《殿中杨监见示张旭草书图》诗，先对张旭的逝世表示哀吊："斯人已云亡，草圣秘难得。及兹烦见示，满目一凄恻。"最后却落脚到张旭的书法创作与好酒上，称"念昔挥毫端，不独观酒德"，意谓张旭在创作的时候，非常投入，也非常潇洒。从张旭的书法创作中，不仅可以看到张旭对酒的特殊爱好，而且可以看到张旭特立独行的品格。

附于《新唐书·李白传》之后的《张旭传》，对张旭书法创作的介绍简洁而形象："（张旭）嗜酒，每大醉，呼叫狂走，乃下笔，或以头濡墨而书。既醒，自视以为神，不可复得也。"对张旭书法达到的艺术高度和成就，则取用李肇《唐国史补》的论语，作了艺术性的评价："后人论书，欧、虞、褚、陆皆有异论，至旭无非短者。"唐代书家甚多，名家辈出，欧阳询、虞世南、褚遂良、陆柬之等，都是初唐大书法家，论及他们的书法成就，孰优孰劣，人们的评价有褒有贬，各有不同。但是，论及张旭的书法，人们却是一致称赞，没有微词。在史家看似平淡的叙述中，张旭与诸书家的高下已判然可见。张旭被称为"草圣"，绝非浪得虚名。

好酒使气吴道子

吴道子，又称道玄，阳翟（今河南禹州）人，唐代著名画家，有"画圣"之美誉。吴道子曾经向张旭、贺知章学习书法，没有大的成就。于是改学绘画，在绘画方面取得了显著成就。逍遥公韦嗣立很欣赏吴道子的绘画，用为小吏。从此开始，吴道子把主要精力放在描绘蜀道山水方面，创立了山水画派，且自为一家。吴道子曾任兖州瑕丘县尉，后来奉唐玄宗之召入朝廷，改名道玄，授内教博士，在宫中教授绘画，成为御用画师。这个时候，吴道子的绘画艺术已经达到很高水平，甚至到了没有皇上的特许，就不得作画的地步。

据张彦远《历代名画记》记载，唐玄宗开元年间，被称为"剑圣"的金吾大将军裴旻擅长舞剑。他曾经参与北伐奚人，被奚人围困，箭矢四面射来，裴旻舞动大刀，箭矢皆被舞动的大刀斩断。奚人见之，以为是天神下凡，纷纷逃窜。裴旻以华龙军使的身份驻守北平郡的时候，曾经一天之内射死三十一只老虎。裴旻的剑艺出神入化，神秘莫测，寻常人物都以能够一睹他的剑艺为荣幸。同时代的公孙大娘也善于舞剑。吴道子有幸观赏过二人舞剑，从中受到启发，绘画艺术得到极大提升。据说，裴旻在母亲去世后，想请吴道子在天宫寺作壁画超度亡魂。吴道子说，很久没有作画了，一时找不到灵感，听说裴将军剑艺高超，烦请裴将军舞剑以开启茅塞。裴旻也不客气，于是拔剑起舞，但见剑随人动，人随剑舞，人剑合一，飘舞灵动，神出鬼没，出人意表。吴道子观赏之后，顿觉剑艺和绘画之理相通，于是当场作画，就好像事先构思好了似的。吴道子的绘画技艺从此更为精进。

有关中国画史的著作，说到吴道子，常常引用张彦远的三句话："好酒使气，每欲挥毫，必须酣饮。"（《历代名画记》）喜欢喝酒，好要性子，每次准备创作的时候，一定要喝个尽兴，喝个痛快，不然的话就不会提笔作画，这就是吴道子。从张彦远对吴道子的评价中，不难看出吴道子的为人和创作态度。唐代书法家张怀瓘曾经这样评价吴道子："吴生之画，下笔有神，是张僧繇后身也。"（《历代名画记》）张僧繇是南朝梁著名画家，梁武帝时曾任直秘书阁知画事、右军将军、吴兴太守等。张僧繇善于画佛道人物，兼擅人物、花鸟、山水等。当时的江南，很多佛寺都有张僧繇的壁画。他画的人物像，朝衣野服，今古不失，可谓"殊方夷夏，皆参其妙"（《续画品》）。他画的人物富有立体感，观之栩栩如生。传说他在金陵（今南京市）安乐寺墙壁上画了四条龙，每条龙都是张牙舞爪，形象逼真，给人欲飞升之感。但是，这四条龙都没有画眼睛。人们感到奇怪，问张僧繇为何不给龙点上眼睛，张僧繇回答说："如果画上眼睛，它们就会飞走。"人们都不相信，请求张僧繇把龙眼睛画上。张僧繇于是给其中两条龙点上眼睛，忽然间雷鸣电闪，风雨交加，两条点上眼睛的龙撞破墙壁，腾空而去。而剩下的那两条没有画眼睛的龙，却安然停留在墙壁上。张僧繇画人物，寥寥数笔，就能够勾勒出人物相貌，所谓"笔才一二，象已应焉"（《历代名画记》），创造了中国绘画史上的"疏体"画派。吴道子继承了张僧繇的"疏体"画风，点画之间人物相貌已备。他说："众皆密于盼际，我则离披其点画；众皆谨于象似，我则脱落其凡俗。"(《历代名画记》)意为众人都是在细节之处花费笔墨，我则稀疏点画几笔；众人都在人物相似方面非常下功夫，我则是脱离凡俗，注重在神似方面落笔。吴道子画的佛寺壁画大多如此。常乐坊赵景公寺南中三门里东壁上，有吴道子画的《地狱变》图，其画笔力遒劲，鬼怪发怒，形象变异，阴森恐怖，看了令人毛发倒竖，不寒而栗。平康坊菩萨寺食堂前东壁上，有吴道子画的《智度论色偈变》，偈语是吴道子亲题，其笔迹遒劲，如磔鬼神，毛发次堵。所画《礼骨仙人》则是天衣飞扬，满壁风动。吴道子所画的佛教人物，落笔遒劲，线条粗细变化，富有韵律感和动态感，衣袖飘带流畅飘洒，有迎风起舞之势，故有"吴带当风"之誉。"吴带当风"也成为吴道子绘画的标志性风格。

吴道子"好酒使气，每欲挥毫，必须酣饮"，给时人留下了许多佳作，得到了杜甫等人称赞。杜甫在洛阳玄元皇帝庙看到吴道子画的《五圣图》，写下了《冬日洛城北谒玄元皇帝庙》诗："画手看前辈，吴生远擅场。森罗移地轴，妙绝动宫墙。五圣联龙衮，千官列雁行。冕旒俱秀发，旌旆尽飞扬。"在杜甫看来，前辈画家，只有吴道子最为出众。唐人朱景玄在《唐朝名画录·序》中对唐朝诸位画家进行评点，认为"近代画者，但工一物以擅其名，斯即幸矣，惟吴道子天纵其能，独步当世，可齐踪于陆（探微）、顾（恺之）"。张彦远《历代名画记》十分推崇吴道子的绘画，认为"自顾、陆以降，画迹鲜存，难悉详之。唯观吴道玄之迹，可谓六法俱全，万象必尽，神人假手，穷极造化也。所以气韵雄壮，几不容于缣素；笔迹磊落，遂恣意于墙壁；其细画又甚稠密，此神异也。因写蜀道山水，始创山水之体，自为一家"。吴道子在绘画方面确实是远承顾恺之和陆探微，近开唐代画风，以六法俱全、万象必尽、穷极造化、气韵雄浑而为世人所称道。对吴道子的绘画艺术，张彦远给予了极高评价，称"国朝吴道玄古今独步，前不见顾、陆，后无来者"。他把吴道子和张旭进行比较，认为吴道子"授笔法于张旭，此又知书画用笔同矣。张既号书颠，吴宜为画圣"。

元代书画理论家汤垕接受了张彦远的说法，认为"吴道玄笔法超妙，为百代圣"（《画鉴》）。在汤垕看来，吴道子的绘画艺术有一个发展变化并臻于化境的过程，认为吴道子"早年行笔差细，中年行笔磊落，挥霍似莼菜条。人物有八面，生意活动，方圆平正，高下曲直，折算停分，莫不如意。其傅采于焦墨痕中，略施微染，自然超出缣素。世谓之'吴装'"（《画鉴》）。人物画能够画出八面，且能生意盎然，顾盼生姿，其艺术功力非臻于化境，是不可能实现的。

酒徒醉后扫千张

怀素，俗姓钱，永州零陵（今湖南零陵）人。自幼居于长沙。10岁的时候，怀素突发奇想，决定出家为僧，在长沙一寺院落发为僧，法号藏真。诵读佛经之余，怀素唯一的喜好就是书法。由于生活在寺院中，没有机会见到前人的书法真迹，书法进步缓慢。为了能够在书法方面有更深的造诣，他就挑着书，手持僧杖，不顾路途遥远，千里跋涉，来到京师长安，拜见当时名公巨卿，向他们学习书法。怀素当时正值少年，抱着求教之心，虚心向当时名家颜真卿等学习书法艺术。尚书司勋郎卢象、小宗伯张正言等，都曾指教过怀素的书法。怀素博采诸家之长，书法艺术精进，年纪轻轻就已成为草书名家。

草书起源于汉代的杜度和崔瑗。杜度是汉章帝时人，曾任齐国相。他的草书骨力遒劲，字画枯瘦，书家评之为"若霜林无叶，瀑水飞迸"（《书断》）、"杀字甚安，而书体微瘦"（《四体书势》）。崔瑗是杜度的学生,其草书甚得杜度真传,但结字稍疏,书家有"崔氏甚得笔势,而结字小疏"(《四体书势》)之评。东汉后期,张芝卓然独立,成为草书大家,有"草圣"之誉。与张芝同时的,尚有罗叔景、赵元嗣,二人亦善草书。张芝自称其草书"上比崔杜不足,下比罗赵有余"(《三辅决录》)。此后,王羲之、王献之父子亦善草书,但并不以草书擅名。隋唐之际,虞世南和陆柬之在草书方面也享有盛名。师承虞世南、陆柬之的张旭,更是独步一时,令后人高山仰止。到了怀素,则是遍访名师,博采诸家之长,卓然自成一家,草书创作取得了超乎前人的成就。

怀素虽然是出家人,但他并不把佛门清规戒律放在心上,尤其是在京师访友期间,常常和那些名公巨卿举杯共饮,而且酒量大,酒德好,酒风过硬。醉酒之后,他进入最佳创作状态,往往乘醉提笔创作,不论纸张大小,总是一挥而就,不大一会儿就写很多张。有一次,他去求见大诗人李白。李白见过怀素的书法,对怀素很有好感,也很尊重他。李白欣然为怀素作《草书歌行》,其诗激情澎湃,由衷而发,让人对少年怀素的草书有了十分深刻的印象:

> 少年上人号怀素,草书天下称独步。墨池飞出北溟鱼,笔锋杀尽中山兔。八月九月天气凉,酒徒词客满高堂。笺麻素绢排数厢,宣州石砚墨色光。吾师醉后倚绳床,须臾扫尽数千张。飘风骤雨惊飒飒,落花飞雪何茫茫。起来向壁不停手,一行数字大如斗。恍恍如闻神鬼惊,时时只见龙蛇走。左盘右蹙如惊电,状同楚汉相攻战。湖南七郡凡几家,家家屏障书题遍。王逸少,张伯英,古来几许浪得名。张颠老死不足数,我师此义不师古。古来万事贵天生,何必要公孙大娘浑脱舞。

"上人"原是对持戒严格且精通佛学的僧侣的尊称,后来泛指僧侣。李白称年纪轻轻的怀素为"上人",是出于对怀素的尊重。李白诗在对怀素的草书艺术给予极高评价的同时，也点明了怀素与酒的关系。八九月时，天高气爽，高朋满座，词客满堂。这些酒徒推杯换盏，杯觥交错，开怀畅饮。这个时候，人们把上等的笔墨纸砚都拿了出来，几间房子都排满了。原来，怀素参加了这次宴会，而且已经喝得大醉，人们想趁机求几幅他的墨宝。怀素此时尚是一翩翩少年，对名公巨卿的邀请自然不会拒绝。于是斜倚绳床，勉强稳住自己的身子，提笔就写，只见笔走龙蛇，左盘右蹙，数间房子的笺麻素绢一挥而就，须臾之间就写了数千张。怀素的草书如飘风骤雨，落花飞雪，遒劲刚烈中不失自然朴素之风格，张芝、王羲之等书法大家和怀素比起来相形见绌，给人浪得虚名之感。李白的评价虽然不乏偏爱，但也的确说出了怀素草书的特点。诗歌的最后一句"何必要公孙大娘浑脱舞"，用公孙大娘的舞蹈来形容怀素草书的挥洒自如，表现怀素书法的狂放不羁，让人们对怀素的草书有了更为形象逼真的认识。

唐代书法大家、曾任吏部尚书的颜真卿有一篇《怀素上人草书歌序》，对怀素其人和他的草书给予很高评价。序文称"开士怀素，僧中之英。气概通疏，性灵豁畅"。称怀素书法"精心草圣，积有岁时。江岭之间，其名大著"。怀素的书法能够取得如此成就，离不开名公巨卿的提携与帮助，吏部尚书韦陟"睹其笔力，勖以有成"（《怀素上人草书歌序》）；礼部侍郎张谓赞赏怀素的书法，欣赏其豪放不羁的性格，把怀素引荐给朝中名士。怀素的书法艺术，赢得朝中官员如潮好评。据清人王琦《李太白集注》考证，当时名流为怀素赠诗歌者达三十七人之多。《全唐诗》中今存赠怀素的诗歌尚有十多首。礼部侍郎张谓作诗称怀素书法"奔蛇走虺势入坐，骤雨旋风声满堂"（《句》），卢象作诗称"初疑轻烟淡古松，又似山开万仞峰"（《句》），永州太守王邕诗称"寒猿饮水撼枯藤，壮士拔山伸劲铁"（《怀素上人草书歌》），处士朱遥士作诗称

"笔下惟看激电流,字成只畏盘龙走"(《怀素上人草书歌》)。御史戴叔伦用一种非常别致的方式称赞怀素草书:"心手相师势转奇,诡形异状翻合宜。人人去问此中妙,怀素自云初不知。"(《怀素上人草书歌》)大家都认为怀素的草书笔法高妙,超群出众,问怀素怎么写得这么好,怀素却十分谦虚说自己也不知道。戴叔伦还用"驰毫骤墨列奔驷,满座失声看不及",形容怀素草书一挥而就,迅捷至极,令众人来不及看清怎么回事就已经写完了。

御史许瑶则从酒文化的视角评价怀素书法:"志在新奇无定则,古瘦漓骊半无墨。醉来信手两三行,醒后却书书不得。"(《题怀素上人草书》)怀素的草书古瘦枯槁,支离烂漫,给人新奇之感,而这一切都像是信手拈来。怀素草书之所以能够如此,在于他不饮酒不能写,饮酒不醉不能写。只有大醉之后,才能激发出怀素的创作灵感,让他创作出新奇独特的草书作品。司勋员外郎钱起的诗也立足酒文化的视角:"远鹤无前侣,孤云寄太虚。狂来轻世界,醉里得真如。"(《送外甥怀素上人归乡侍奉》)怀素一进入创作状态,就像发狂了似的,给人轻狂不羁之感,但是对怀素来说,只有进入这种大醉如痴的状态,才能够激发创作灵感和潜力,创作出不朽之作。御史窦冀描述怀素草书:"粉壁长廊数十间,兴来小豁胸襟气。……忽然绝叫三五声,满壁纵横千万字。"(《怀素上人草书歌》)看似与酒无关,实则道出了怀素书法与创作的关系。没有饮酒的时候,怀素即使有了创作激情,也仅是小小地发泄一下胸中的不平之气。只有在大醉的时候,怀素才会忽然大叫几声,然后纵笔疾书,瞬间"满壁纵横千万字",留下许多传世佳作。有"古今第一草书"之美誉的怀素《自叙帖》,据说就是怀素在大醉之后创作的。怀素简要介绍自己的出身履历,叙述了自己少年成名的事。然后引用颜真卿《怀素上人草书歌序》的文字,把当时名公巨卿对自己草书的评价作了简要介绍，使人们对其草书有了全面的认识。

唐代文人大多好酒，李白"斗酒诗百篇"自不待言，画圣吴道子、草圣怀素也都是好酒之人。怀素与张旭一样，都以草书闻名。他们创作草书的经历和过程也有诸多相似之处，借酒助兴，用大醉调动豪情，用酒激发创作灵感，在"酒神"的作用下，一气呵成，一挥而就。他们的一些传世之作，就是在这种状态下创作出来的。酒激发了他们的创作激情，也成就了他们的书法艺术。

夜宴图中藏秘密

南唐顾闳中作的《韩熙载夜宴图》是一幅很著名的画。河南电视台 2021 年的春晚节目《唐宫夜宴》虽然演绎的是大唐盛世的景象，在创意上借鉴了《唐十八学士夜宴图》的内容，但从其表演上来看，显然也借鉴了顾闳中的《韩熙载夜宴图》。尤其是节目中的人物形象和表演动作，与《韩熙载夜宴图》中的人物有诸多相似之处。《韩熙载夜宴图》不仅是一幅与饮酒有关的名画，而且隐藏着南唐的许多秘密。

顾闳中是江南人，南唐后主李煜时曾任翰林待诏，是李煜信得过的人物。他擅长人物画，所画人物惟妙惟肖，栩栩如生。他的《韩熙载夜宴图》是奉南唐后主李煜之命而作。

《韩熙载夜宴图》中的主人公韩熙载是唐末北海（今山东潍坊）人。因父亲被李嗣源所杀而南逃吴地，后入南唐，曾任吏部员外郎，兼太常博士，官至中书舍人，颇受李璟、李煜重用。韩熙载才能出众，智慧超群，但恃才自傲，生活颇为放诞。当时，北宋赵匡胤准备挥师南下，统一江南，派遣陶谷下江南，试探江南君臣的态度。韩熙载出面接待陶谷，在驿馆设下计谋，让其陷入温柔陷阱，令其狼狈而返。韩熙载因此而声名大噪，生活更加狂放不羁，经常狎声妓，宴宾客，挥霍无度。李后主爱惜韩熙载这个人才，对他这些作为基本上不闻不问。但时间久了，李煜也开始有所怀疑，担心韩熙载以狎妓宴饮为幌子，做一些损害国家的事情，于是就让顾闳中以作画为名，把韩熙载夜宴的情景画下来，看一看韩熙载都是和哪些人交往，他们在宴会中做了什么事情，言谈话语是否涉及国家大事，是否有一些不法的勾当，等等。顾闳中领命之后，夜里来到韩熙载府第，以参加宴会为名，暗中观察宴会场景，暗暗记在心里，回去后逐一回想，细细思考，然后把当时的场景、人物形态、各人所为之事等逐一复原，于是就有了这幅流传千古的《韩熙载夜宴图》。

这幅因饮酒夜宴而产生的名画，从其创作之因来看，是作者顾闳中奉李后主之命，窥探韩熙载的夜生活而画的，是典型的"偷窥"之作。顾闳中在宴会大堂外小心偷窥，窥视到的是不同的人物、不同人物的态度、不同人物的举止，从中发现他们对待朝廷态度的蛛丝马迹。顾闳中观察细致入微，他利用超人的记忆，妙笔生花，创作出传世名作《韩熙载夜宴图》。这幅画以屏风为界，把整幅画分为五个相互联系的场景。第一个场景表现的是韩熙载与来宾一起欣赏乐女弹奏琵琶；第二个场景表现的是韩熙载击鼓，舞女在其击鼓声中翩翩起舞；第三个场景表现的是韩熙载在围床上休息的画面；第四个场景表现的是乐女们在演奏管乐，韩熙载手持执扇欣赏乐女的表演；第五个场景表现的是韩熙载和参加宴会的宾客与乐女逗乐调笑的情形。整幅画既浑然一体，又相对独立，完整地表现了韩熙载纵情声色的奢靡生活。

对顾闳中这幅偷窥得到的画作，宋人张雨有诗咏之："绛烛金杯满席春，红妆歌舞乐逾新。堪怜此际欢无极，岂顾堂前有瞰人。"（《赵氏铁网珊瑚》）面对满堂歌儿舞女，整席美味佳肴，充耳绕梁之音，宴会

《韩熙载夜宴图》局部

中人杯觥交错，开怀畅饮，每个人都很豪放，似乎不太在意礼仪之类的东西。就在这个时候，顾闳中在宴会堂前偷偷地观察着每一个参加宴会的人，偷窥他们的表情，倾听他们的谈话，了解他们的心态。宴会中人喝得高兴，沉醉在悦耳动听的音乐声里，如醉如痴地欣赏少女们的曼妙舞姿，哪里会注意到有人在观察他们？张简的诗歌也注意到了顾闳中暗中观察韩熙载等人之事："长夜留宾饮，平生气亦粗。灯前倾国貌，一笑总欢娱。李煜非英主，韩郎欲自污。谁知偷眼客，明日进新图。"(《赵氏铁网珊瑚》)面对满眼倾国倾城的歌儿舞女，韩熙载和宾客们挥洒豪情，沉醉在声色美酒之中。张简以同情的笔调，对韩熙载这种近似自甘堕落的做法表示了深深的同情和理解。"李煜非英主，韩郎欲自污"，透露出韩熙载沉湎声色的个中原因。至于顾闳中在暗中偷窥，把眼前所见之景画出来呈递给李后主，则没有人去关心。顾瑛的题词也涉及顾闳中其人："银烛金炉夜若春，红妆一顾一回新。观图不独丹青美，又必知其绘画人。"(《赵氏铁网珊瑚》)后人不仅知道《韩熙载夜宴图》画美，而且应该知道这幅画为什么会这么美，了解描绘这幅画的人。何广从欣赏的角度看这幅名画："人物风流独占魁，娱宾清夜绮筵开。醉眸频看红妆舞，疑是嫦娥月里来。"(《赵氏铁网珊瑚》)郑元佑则是独具只眼，称赞韩熙载名士风流："熙载真名士，风流追谢安。每留宾客饮，歌舞杂相欢。却有丹青士，灯前密细看。谁知筵上景，明日到金銮。"(《题顾闳中画韩熙载夜宴图》)是真名士自风流。韩熙载是南唐的真名士，自是风流倜傥，举止不凡。宴请宾客，欣赏乐舞，不是"自污"之举，而是风流高标。至于宴会中的所作所为被人画了下来，呈递给皇上，则根本不会在乎。这才是真正的韩熙载。顾闳中的《韩熙载夜宴图》，虽然本意是展示韩熙载夜宴的秘密，但在无意中却成全了韩熙载的名士风流。

　　《韩熙载夜宴图》虽为长卷，但是画中人物，除韩熙载相貌昂藏、卓尔不俗外，其他诸位宾客则是僧俗混杂，人物介于正邪之间。而那些舞女和歌者，则是皆有倾国倾城之貌。有人认为，顾闳中这样描绘韩熙载夜宴，大有深意。韩熙载生于五代末年，预知时任殿前都检点的赵匡胤前途无可限量，但又不愿意屈尊于赵匡胤之下，因而南渡，进入南唐，故意以沉湎声色示人，意在避免引起人们的注意。韩熙载曾经对僧人德明说："我这样做，正是为了避免入朝为相。"德明问道："为什么要逃避呢？"韩熙载回答说："中原一旦有真主出现，江南连弃甲都来不及。我不能因此成为千古笑料。"果然，当宋朝大将曹彬兵临城下围困金陵时，李煜下令举国投降。韩熙载有先见之明，以喜好声色示人，没有成为亡国之相。换句话说，南唐没有葬送在他的手里。这是韩熙载的高明之处。这样一种良苦用心，当然不是顾闳中这样的画家能够窥视得到的。

　　元代著名书法家班惟志在《韩熙载小传》后作了一首古风，对韩熙载的评论着眼于"自晦"："唐衰藩镇窥神器，有识谁甘近狙辈。韩生微服客江东，不特避嫌兼避地。初依李昇作逆事，便觉相期不如意。郎君友狎若通家，声色纵情潜自晦。胡琴娇小六幺舞，蹀躞掺挝如鼓吏。一朝受禅耻预谋，沦比中原皆僭伪。却持不检惜进用，渠本忌才非命世。往往北臣以计去，赢得宴耽长夜戏。齐丘虽尔位端揆，末路九华终见缢。图画柱随痴说梦，后主终存故人义。身名易全德量难，此毁非因狂药累。司空乐妓惊醉寝，袁盎侍儿追作配。不妨杜牧朗吟诗，与论庄王绝缨事。"韩熙载纵情声色，狎妓作乐，挝鼓如狂，看似大违人情，实则是有长远谋虑。虽有顾闳中的《韩熙载夜宴图》作为证据，但李后主对韩熙载还是深信不疑，对韩熙载依然是那么宽容。但后人不了解其中秘密，仅仅根据《韩熙载夜宴图》来判定和评价韩熙载，而不知道这幅图是顾闳中奉李后主之命，暗中窥视韩熙载夜宴而创作的。以韩熙载之才智，岂能看不懂李后主对他的态度？岂能不明白李后主派顾闳中窥视的用意？只不过他大智若愚，不点破而已。不仅如此，他还刻意配合，给人嗜酒豪饮、纵情声色之印象。这样一来，李后主也就打消了用韩熙载取代宋齐丘为相的念头，放松了对韩熙载的警惕。韩熙载能够在命运多艰的南唐得以善终，与他善于明哲保身有很大关系。

晚得酒趣文徵明

在中国画史上与沈周、唐寅、仇英并称"明四家"的文徵明，是一位酒君子。尤其是到了晚年，文徵明对人生、对社会有了更多的阅历和感悟之后，更加向往、追求诗酒人生和诗画人生。《饮酒》诗道出了他晚年的心态："晚得酒中趣，三杯时畅然。难忘是花下，何物胜樽前。世事有千变，人生无百年。还应骑马客，输我北窗眠。"世事在变，人生在变，身边的一切都在变。面对瞬息万变的社会和人生，该怎样度过有限的人生呢？自在，自由，自然，这才是应有的状态和追求。功名利禄，哪里比得上顺应自然的生活呢？这些道理，都是晚年文徵明从饮酒中悟出来的，一句"晚得酒中趣"，不仅透露出文徵明晚年生活的秘密，而且透露出文徵明的人生态度，与白居易晚年的诗酒人生非常相似。

文徵明，名壁（一作璧），号衡山居士，长洲（今江苏苏州）人，明代著名画家、书法家和文学家。仕途坎坷，使他与陶渊明灵犀相通，作诗常常步陶渊明诗韵，表达他对陶渊明的敬仰和尊重。他的诗也常常和陶渊明相联系，陶渊明喜爱酒和菊，文徵明也特别喜爱酒与菊，故有诗云"输与陶翁能领略，南山在眼酒盈觞"（《咏庭前聚菊》）。酒是文徵明生活的重要内容，也是他诗、文、画的重要内容。所以，他对酒有一种特殊的感情，成为一种特殊的爱好。他有一首《秋夜怀昌国》诗，写秋日饮酒之事："初秋雨时霁，夕景敛炎疴。蹑屦遵广除，矫首睇明河。白露浣衣带，商飙振庭柯。缟月升云阙，照我东墙阿。故人不得将，良夜空婆娑。非无一樽酒，顾影当奈何。"秋雨淅淅沥沥，秋月时时可见。在这样的日子里，没有故友叙旧，没有亲朋闲聊，孤独寂寥，日子该如何打发？为了排遣孤独和郁闷，文徵明一个人喝起了闷酒。"非无一樽酒，顾影当奈何"，形象地描绘了文徵明当时孤寂无聊的状态和心境。在文徵明的生活中，酒成了常客，成了必备之物，所以，在他的诗文中，可以常常看到酒的身影。"老惜鬓飘禅榻畔，醉看燕蹴舞筵前。无情刚恨通宵雨，断送芳华又一年。"（《和答石田先生落花十首》）文徵明把饮酒和春日夜雨联系起来，既抒写了惜春之意，又流露出老迈无奈之感。"芳情兀兀惟凭醉，却是愁多酒易消"（《春寒》），表达的是芳华易逝、借酒浇愁的无奈。"良辰在眼休教负，相对山僧把一杯"（《九日期九逵不至独与子重游东禅作诗寄怀兼简社中诸友》），惜时与感世相交融，孤独与挥洒相辉映，流露出文徵明别样的情怀。"别后交游如梦里，意中山水落樽前。青灯酒醒还生恋，明日烟波更渺然"（《与宜兴吴祖贻夜话有作就简李宗渊杭道卿吴克学》），不经意间把人生游历和对未来不可知的茫然，都洒落在樽酒之中。他的《江船对月效乐天何处难忘酒》诗，表达的是对美景的眷恋和对美酒的向往："何处难忘酒，江船对月时。风声传笑语，波影散须眉。远火山浮动，明河天倒垂。此时无一盏，水月负佳期。"美景配美酒，才子对佳人，美好的事情总是双双而至，两两而来，令人爱之怜之，不忍把他们分开。如果没有美酒，再好的美景，多好的佳期，都会令人兴味索然。

文徵明不仅"何处难忘酒""晚得酒中趣"，而且能够把个人对生活、对社会、对美酒的感悟都融入绘画创作中，真正像他在诗中写的那样"意中山水落樽前"。文徵明擅长山水人物，尤以山水画为多。他的许多画作都是描摹山水，绘写山川盛景。比较著名的如《关山积雪图》《寒林晴雪图》《洛原草堂图》《松石高隐图》《浒溪草堂图》《木泾幽居图》《石湖图》《落花图》《万壑争流图》《千岩竞秀图》《桃源问津图》《龙池叠翠图》等，都给人挥洒自如、空灵高远之感。文徵明好酒，无论是在享受孤独的时候，还是在创作的时候，总是能够在酒中找到生活的乐趣，得到创作的灵感，把眼里的山川景物，想象中的山水风貌，都化作创作灵感，融入美酒之中，往往是酒喝尽兴了，作品也创作出来了。文徵明在酒的陪伴下，吟诗作画，向世人呈现出精彩的诗酒人生和诗画人生，践行了"何处难忘酒"的诗意人生。他的晚年作品《对酒》诗和《对酒》书法，就是在饮酒之后创作的。诗歌前两句"晚得酒中趣，三杯时畅然"，已经透露出这样的信息。到了晚年，文徵明对博大精深的酒文化有了更清晰的认识和深刻的理解，品出了其中的"真意"和情趣。在三杯酒下肚、略有酒意而尚不及微醺的时候，他拿起笔来，一挥而就，给世人留下了著名的《对酒》诗和精美的书法作品。他的《万壑争流图》《千岩竞秀图》等作品，都是在对酒有了深刻理解和感悟之后创作的。文徵明 81 岁才完成的《千岩竞秀图》，就是他"晚得酒中趣"之后的作品。在谈到该作品的创作时，文徵明说："比尝冬夜不寐，戏写《千岩竞秀图》，仅成一树。自此屡作屡辍，自戊申抵今庚戌始成，三易岁朔矣。昔王荆公选唐诗，谓费日力于此，良可惜也。若余此事，岂特可惜而已。"（《千岩竞秀》题记）进入老年之后，文徵明时常以酒为伴，绘画则是时断时续，以至于一幅作品需要三年的时间才完成。由此可见，在文徵明晚年的绘画创作中，酒发挥了怎样微妙的作用。

花前酌酒唐伯虎

唐寅，字伯虎，一字子畏，号六如居士、桃花庵主，吴县（今江苏苏州）人，明代著名书画家、文学家。在中国画史上，唐寅与沈周、文徵明、仇英并称"明四家"，其诗文与文徵明、祝允明、徐祯卿齐名，并称"吴中四才子"。他的诗酒人生、诗画生涯不仅极具浪漫色彩，而且与酒文化有不解之缘。他的许多诗文都写到酒，或者借酒来表达人生感悟。他自号桃花庵主，并作《桃花庵歌》，描绘了其诗酒人生、花酒生活，表现出豁达乐观的人生情怀："桃花坞里桃花庵，桃花庵里桃花仙。桃花仙人种桃树，又摘桃花卖酒钱。酒醒只在花前坐，酒醉还须花下眠。半醒半醉日复日，花落花开年复年。但愿老死花酒间，不愿鞠躬车马前。车尘马足富者趣，酒盏花枝贫者缘。若将富贵比贫贱，一在平地一在天。若将贫贱比车马，他得驱驰我得闲。别人笑我太疯癫，我笑他人看不穿。不见五陵豪杰墓，无花无酒锄作田。"

唐寅对花与酒有特殊的嗜好，"酒醒只在花前坐，酒醉还须花下眠。半醒半醉日复日，花落花开年复年。但愿老死花酒间，不愿鞠躬车马前"。他离不开酒，离不开花，甘愿老死花酒间，也不愿摧眉折腰事权贵。随着人生阅历的增加,随着世事人情的历练,唐寅后来对花与酒有了新的感悟,他的《花酒》诗表达了这样一种颠覆性的感悟:"戒尔无贪酒与花,才贪花酒便忘家。多因酒浸花心动,大抵花迷酒性斜。酒后看花情不见,花前酌酒兴无涯。酒阑花谢黄金尽,花不留人酒不赊。"他告诫人们不要贪恋花酒,贪恋花酒会忘了家庭,迷恋花酒会失去本性。美女殷勤劝酒的时候,男人们会兴致高涨,豪情万丈,而到酒醒时分,却看不到那些美貌如花的女子对你的真情。待你黄金散尽的时候,没有哪个美女会留恋你,也没有人会再赊酒给你喝。在金钱和财富面前,友情、爱情、人情之类的,统统都是浮云。没有钱,谁认识你是老几?当然,这是唐寅对人生和社会有了更深的认识和了解之后的痛彻感悟,也是他对自己人生观念的一次彻底颠覆。

  虽然如此,不论青年、中年还是老年时期,唐寅都喜欢饮酒,喜欢花花草草,喜欢花与酒的浪漫。他有一首《花下酌酒歌》,既享受了花与酒的浪漫,又流露出对韶光易逝的感慨:"九十春光一掷梭,花前酌酒唱高歌。枝上花开能几日,世上人生能几何?昨朝花胜今朝好,今朝花落成秋草。花前人是去年身,去年人比今年老。今日花开又一枝,明日来看知是谁?明年今日花开否,今日明年谁得知?天时不测多风雨,人事难量多龃龉。天时人事两不齐,莫把春光付流水。"唐寅年轻时眠花宿柳,风流倜傥,对年轻貌美的女子如同对自然界的鲜花一样,爱之怜之,采之摘之。民间流传的《唐伯虎点秋香》,可以看出唐寅对美色的追求已经到了近乎痴迷的程度。中年之后,随着人生阅历的增加,对世态人情的多重感受,唐寅对花的喜爱程度明显减弱,对酒则更加偏爱。"请君细点眼前人,一年一度埋芳草。草里高低多少坟,一年一半无人扫",是对世事的观察,也是对人生的感悟。《叹世》一诗,写尽了对世事人生的慨叹:"坐对黄花举一觞,醒时还忆醉时狂。丹砂岂是千年药,白日难消两鬓霜。身后碑铭徒自好,眼前傀儡任他忙。追思浮生真成梦,到底终须有散场。"世事难预料,人生终散场,虽然略显消沉和沧桑,但毕竟道出了人事的一些真谛。正因为有这样一种心理,中年之后的唐寅更加好酒,常常是"花前月下得高歌,急须满把金樽倒""昨日醉连今日醉""万场快乐千场醉",把人生乐事寄托在饮酒之中,正如他在《咏渔家乐》中描写的那样,"烹鲜热酒招知己,沧浪迭唱仍扣舷。醉来举盏酹明月,自谓此乐能通仙"。

在唐寅的诗酒人生中,绘画卖画占据了非常重要的地位。唐寅的一生,不为官,不耕田,不经商,不炼丹,不信佛,不坐禅,平常就靠绘画为生。传说唐寅在西湖边上卖画,上面是一条黑狗,旁边有一行小字,说这幅画是一个字谜,猜中者分文不取。如果要买的话,需要三十两银子。挂了多日,也没有人能够把这幅画取走。一天,一个秀才从画摊前路过,上来要把画摘走。唐寅问他:"先生是要买画吗?"那人摇头不语。唐寅又问:"你猜中了谜底?"那人点了点头。唐寅问道:"谜底是什么?"那人还是不说话。唐寅这时说道:"恭喜你猜中了,这幅画属于你了。"唐寅这幅画画的黑狗,狗为犬,"黑犬"合起来是一个"默"字,所以谜底是"默"字。秀才上来取画,唐寅再三询问,秀才就是不说话,而是沉默不语。如果开口说话,那就不是"默"了。所以,无论唐寅怎么问,秀才就是不开口,始终保持沉默。唐寅曾有四句诗,生动形象地总结概括了自己的人生状况:"不炼金丹不坐禅,饥来吃饭倦来眠。生涯画笔兼诗笔,踪迹花边与柳边。"(《感怀》)

唐寅是一个非常有正义感的文人。凭他的才能,想要混个一官半职并非什么难事,想从巨商大贾那里获得钱财也非常容易,但他宁肯穷困潦倒,也不愿丧失独立人格。他的一生,"生涯画笔兼诗笔,踪迹花边与柳边",没有一件事不需要钱。况且,唐寅"庸庸碌碌我何奇,有酒与君斟酌之",经常与好友相聚,喝几杯小酒,高兴的时候甚至要不醉不归。这一切都需要钱财,都需要大把的银子。钱从哪里来?唐寅身无长物,只有绘画的技能,平时就是写诗作画。写诗是为了记事抒怀,记载那平平淡淡却令人称奇的人生;作画既是满足个人爱好,同时也是为了描绘美好的生活,描绘美丽的自然山水。另一个非常现实的问题,是他要靠画作卖钱养家糊口。他有一首《言志》诗,记述了他的卖画生涯:"不炼金丹不坐禅,不为商贾不耕田。闲来写就青山卖,不使人间造孽钱。"唐寅不修道,不信佛,不行商,不坐贾,不耕田,不治生,养家糊口,全靠卖画。唐寅卖画除友情馈赠外,主要有顾客订购、延请作画、现金采购等形式。唐寅绘画出名之后,很多人慕名求购,祝允明有"四方慕之,无贵贱贫富,日诣门征索"的记载。唐寅经常被人请去作画,其著名画作《山静日长图》,就是受邀在今无锡境内的剑光阁历时三个月绘成的。他曾经被江阴夏家请到家中作画,夏家好酒好菜款待唐寅十来天,却不见唐寅有动笔的意思,多次乞请,不见回应。一天早上起床后,唐寅一气呵成,画出了名作《莺莺图》。他的《玉芝图》,是应王丽人之请而作。画成之后,唐寅题诗一首:"玉芝仙子住瑶池,池上多栽五色芝。捣作千年合欢药,客沾风味尽相思。"当时有画坊销售唐寅的画,其中有一个名叫孙思和的人,家中有一大本唐寅的画,簿记上记有唐寅某年某月某日作何画,簿记封面上有"利市"二字,表明这本画簿是为出售而作。到了晚年,唐寅靠卖画养家糊口已经显得有些艰难,竟至于出现了"厨烟不继"的窘况。他的《风雨淹旬厨烟不继涤砚吮毫萧条若僧因成绝句》,形象地描绘了当时的窘况与艰辛:"荒村风雨杂鸣鸡,燎釜朝厨愧老妻。谋写一枝新竹卖,市中笋价贱如泥。"年景不好,画卖不上价钱,靠卖画养家糊口更为艰难。年景不好,收入减少,使得巧妇难为无米之炊。唐寅想画株新竹拿到集市上换几个钱，可是，有谁愿意出钱买画呢？即使贱卖，也没有买家啊！唐寅的真迹，如果在当今，一定是天价，但在当时，却到了"贱如泥"的境地！时耶？运耶？

唐寅诗文俱佳，有时也靠卖文得些润笔。明人袁宏道有言："子畏原不知文，志铭尤非所长，而不乏求之者，想白雪无权，黄金有命也耶？一笑一笑！"唐寅出名后，他的文章价格也上涨，而且不乏求之者。他为人撰写墓志铭，别人会支付给他一定的润笔，多少可以补贴一些家用。但唐寅在中年以后，主要还是靠卖画为生。遇到年景不好的时候，绘画的价格大幅下跌，让唐寅这位江南大才子不得不为养家糊口而发愁，有时候甚至连酒也喝不成。年景好的时候，唐寅的画有了销路，日子会好过得多。他的《咏渔家乐》流露出丰收年景的快乐："世泰时丰刍米贱，买酒颇有青铜钱。夕阳半落风浪舞，舟船入港无危颠。烹鲜热酒招知己，沧浪迭唱仍扣舷。醉来举盏酹明月，自谓此乐能通仙。遥望黄尘道中客，富贵于我如云烟。"唐寅并不向往高官厚禄，不向往富贵名利，他向往的是平平安安的生活，能和三五好友无拘无束地举杯畅饮，扣舷而歌。喝醉了酒，躺在船舷上，举杯邀明月，与自然对话，与天地沟通。这种自然朴素的生活态度，为唐寅卖画为生的生活增添了几分朴素自然的色彩。

九、挥洒灵动：酒文化与音乐舞蹈

九、挥洒灵动：酒文化与音乐舞蹈

音乐是声音的艺术，舞蹈是形体的艺术，同时也是心灵的艺术。《礼记·乐记》说："凡音之起，由人心生也。人心之动，物使之然也。感于物而动，故形于声，……声成文，谓之音。"人心有所动，则感于物，物动而形之于声，声按照一定的结构形式和表现形态呈现出来，就是音乐。《礼记·乐记》还指出了音乐和人们情感间的内在联系："乐者，音之所由生也，其本在人心之感于物也。是故，其哀心感者，其声噍以杀；其乐心感者，其声啴以缓；其喜心感者，其声发以散；其怒心感者，其声粗以厉；其敬心感者，其声直以廉；其爱心感者，其声和以柔。"古人还把宫、商、角、徵、羽五音与君、臣、民、事、物对应起来，认为"宫乱则荒，其君骄；商乱则陂，其君坏；角乱则忧，其民怨；徵乱则哀，其事勤；羽乱则危，其财匮。五者皆乱，迭相陵，谓之慢"。音乐和国家、君臣、民众、社会、事物之间的内在联系，同时也决定了音乐与社会文化生活的密切关系。因此，酒文化和音乐的联系也就是自然而然、水乳交融的了。《毛诗序》谈到诗歌与音乐、舞蹈的关系时，有一段很著名的话："嗟叹之不足故咏歌之，咏歌之不足，不知手之舞之，足之蹈之也。"文字不足以表现，就要形之于声音，用音乐来表现。音乐不足以表现，就要手足并用以舞蹈的形式来表现。不论音乐还是舞蹈，都是礼仪的重要载体，而礼仪又是通过酒来表现的。这就决定了酒文化与音乐舞蹈的内在联系，透过酒文化，可以窥见音乐舞蹈的特质与功用。

祭祀宴飨与音乐舞蹈

古人祭祀天地祖先，举行盛大宴会，都离不开酒，离不开音乐和舞蹈。《周礼》中已经有大合乐、大司乐之说。所谓"大合乐"，就是用盛大的音乐"以致鬼神，以和邦国，以谐万民，以安宾客，以悦远人，以作动物"。"大司乐"则是根据祭祀的对象，确定奏什么乐，唱什么歌，跳什么舞，有"乃奏黄钟，歌大吕，舞云门，以祀天神；乃奏太簇，歌应钟，舞咸池，以祭地祇；乃奏姑洗，歌南吕，舞大卷，以祀四望；乃奏蕤宾，歌黄钟，舞大夏，以祭山川；乃奏夷则，歌小吕，舞大濩，以享先妣；乃奏无射，歌夹钟，舞大武，以享先祖"（《周礼·春官·宗伯》）等说法。所有的祭祀享宴活动，在献酒祭奠的同时，还要载歌载舞。在整个祭祀宴飨活动中，饮酒是贯穿始终的一项重要活动，是向天地鬼神和列祖列宗表示敬意的一种方式。祭祀天神，需要奏黄钟，歌大吕，跳云门舞；祭祀地神，奏太簇，歌应钟，跳咸池舞；祭祀四方神灵，奏姑洗，歌南吕，跳大卷舞；祭祀山川之神，奏蕤宾，歌黄钟，跳大夏舞；祭祀先妣，奏夷则，歌小吕，跳大濩舞；祭祀先祖，奏无射，歌夹钟，跳大武舞。这种在祭祀时饮酒、唱歌、跳舞的方式，逐渐形成一种为官方和民众共同接受的习俗，并广为流行，绵延百代。举凡重要的宴会，都要有音乐舞蹈助兴侑酒。即使在偏僻的农村，稍微隆重一些的宴会，也要请当地的音乐班子吹拉弹奏一番，以此来渲染和烘托气氛，营造一种人神和谐的环境。

在宫廷宴会中，酒与音乐舞蹈如同孪生兄弟，常常是如影随形，须臾不能相离。从古代的宫廷宴会，到如今的宾朋相聚，人们在举杯痛饮的同时，还要根据宴会的性质和功能，敬献美酒，演奏音乐，跳舞助兴，歌儿舞女载歌载舞，营造气氛。饮酒和敬酒是宴会的必备节目，音乐舞蹈的作用则是娱神飨宾，侑酒助兴，活跃气氛。通常情况下，饮酒是主要内容，音乐舞蹈则是作为一种侑酒助兴的艺术形式而存在。有的时候，音乐舞蹈的作用是不可替代的。如著名的《霓裳羽衣曲》，又称《霓裳羽衣舞》，就是饮酒与音乐舞蹈相结合的产物。传说开元年间，唐玄宗登三乡驿，望见传说中的仙山女儿山，对神仙所居之神山和月宫忽生向往之情，回宫后作《霓裳羽衣曲》。唐玄宗在创作词曲的时候，吸收了西凉节度使杨敬述进献的《婆罗门曲》的部分内容。《霓裳羽衣曲》总计三十六段，把酒与歌舞融合在一起，实现了酒与乐舞的完美融合。序曲六段由箫、筝、笛、磬等演奏，不歌不舞。中曲十八段，载歌载舞；曲破十二段是全曲的高潮，歌舞结合，以舞蹈为主，到乐曲由急转缓时，只舞不歌。《霓裳羽衣曲》是音乐与舞蹈的完美结合，是唐玄宗开元、天宝间最为流行的宫廷乐舞。每当唐玄宗和杨贵妃宫中宴饮为乐的时候，总是要演奏这支曲子。他们观明月、品美酒之时，仙乐般的《霓裳羽衣曲》就会一次次响起。在这支曲子的诞生过程中，音乐舞蹈占据了主要地位，饮酒只是一个形式，一个创作的由头。但是，如果没有唐玄宗与杨贵妃的赏月饮酒，没有他们酒酣耳热后的激情和幻觉，哪里会恍恍惚惚地听到空中的仙乐，并且十分神奇地记了下来？因此可以说，《霓裳羽衣曲》是酒文化与音乐舞蹈完美结合的产物，是盛世之音的完美呈现。

酒与音乐舞蹈的孪生关系，有时候会被强权扭曲，最为典型的例子是战国时期秦王与赵王的渑池会。赵国有和氏璧，乃稀世之宝，秦昭王想攫为己有，假称愿意拿十五座城池来换这块宝玉，被赵人识破，阴谋没有得逞。秦强赵弱，秦国发兵攻打赵国，攻克石城，斩获二万人。这时，秦国提出在西河渑池与赵王相会，以修两国之好。赵惠文王为保持尊严，和上大夫蔺相如赴会。渑池会上，秦王喝酒喝到高兴的时候，对赵王说："我听说您爱好音乐，请您演奏瑟。"赵王就演奏起来。演奏完毕，秦国御史上来写道："某年某月某日，秦王与赵王在渑池一同饮酒，令赵王演奏瑟。"这时，蔺相如来到前面，对秦王说："赵王听说秦王善于演奏秦地的乐器缶，我献上缶，请秦王演奏来助兴。"秦王大怒，不肯答应。于是，蔺相如手捧缶来到秦王面前，跪地请其演奏。秦王就是不答应。蔺相如说："我和大王相距只有五步，您就不怕我脖子上的血溅到大王您的身上吗？"秦王的卫士想上前杀蔺相如，却被蔺相如的气势所震慑。秦王很不高兴，但为了自身安全，还是勉强答应了蔺相如的请求，为赵王击缶为乐。蔺相如把赵国的御史招来，让他写上："某年某月某日，秦王为赵王击缶。"由于蔺相如的机智勇敢，直到渑池会结束，秦王也没能从赵王那里占到什么便宜。

渑池会原本就是秦王向赵王示威、迫使赵王献上和氏璧的一次聚会。秦王不仅把酒作为政治斗争的工具，而且把音乐也用到政治斗争上，让赵王为他演奏瑟，然后令御史记下来，说秦王令赵王鼓瑟。这样一来，两个本来平等的君主变成了君臣的关系。如果赵王不做出合适的回击，秦王就可以借此大做文章，甚至明目张胆地侵略赵国。这实际上正是秦王举行渑池会、与赵王饮酒的真正目的。蔺相如看出了秦王的险恶用心，也一报还一报，迫使秦王为赵王击缶，并让赵国的御史记下来，说秦王为赵王击缶，使秦王失去了借口。在渑池会上，酒是政治斗争的工具，你可利用，他也可以利用。音乐也成了政治斗争的工具，成为示强或示弱的一种方式。这个时候，饮酒与音乐的真正价值和意义，都被激烈的政治斗争损毁殆尽。

在寻常宴会上，音乐也能传递出不同信息，给人不同的感受。蔡邕赴宴，听琴声而辨杀机的故事，让人们看到了音乐具有的另类作用。蔡邕是东汉末年著名文学家、音乐家、书法家。有一次，他的一位朋友在家里举办宴会，邀请亲朋好友前来赴宴，蔡邕也在邀请之列。蔡邕高高兴兴地前去赴宴，可是，他快到朋友家的时候，听到琴声从里面传出。蔡邕是精通音乐的人，从琴声中听到了暗藏着的浓浓杀意。蔡邕感到不可思议：既然请客，为何会流露出杀意？难道有什么危险不成？想到这里，蔡邕掉头就往回走，不参加宴会了。第二天，朋友见到他，问他为何爽约了，没有参加宴会。蔡邕如实相告，说宴会开始前，他已经到了朋友家门口，但听到琴声中暗藏杀意，不知是怎么回事儿，就只好回去了。朋友一听就明白了，说他当时正在弹琴，看到一只螳螂正准备捕捉一只蝉，那只蝉觉察到了危险，正准备飞走。他担心那只螳螂捕捉不到蝉，不知不觉中就把捕捉蝉的心思倾注到琴声中，因而琴声流露出杀意。朋友说出实情，蔡邕的疑虑顿时消解。但朋友从此对蔡邕更加刮目相看了，因为他那从指尖下流露出的小小心思，竟然被蔡邕听出来了。蔡邕的琴理琴技达到何种程度，已经不能用常理来解释了。

缘酒而成的音乐舞蹈

在祭祀、宴会和庆典上，酒和音乐舞蹈相映成趣，相映生辉。有时候，酒却是音乐舞蹈的催生婆，它能激发起人们的创作欲望，使人们在酒神精神的作用下创作出亘古名曲。荆轲的《易水歌》和汉高祖刘邦的

《大风歌》，都是酒神精神催生出来的音乐。

  战国时期，燕国太子丹曾作为人质居于秦国，秦国对他很不礼貌，根本不把他作为燕国太子来看。太子丹非常怨恨秦国，伺机逃回赵国，矢志报仇。田光向太子丹推荐了夏扶、宋意、武阳和荆轲四个勇士，认为太子丹如果想报仇，非荆轲不可。太子丹就派人把荆轲请到燕国，以上宾之礼待之。三年之后，太子丹向荆轲求教复仇之计。荆轲知道樊於期得罪了秦国，而秦国又垂涎燕国的督亢这个地方，就请求以樊於期的首级和督亢的地图作为礼物进献秦王，以取得秦王的信任，然后伺机行刺秦王。太子丹满足了荆轲的要求。临行前，太子丹亲自送荆轲至易水，设宴为其饯行。荆轲感谢太子丹的知遇之恩，饮至酒酣之时，起身为太子丹祝福，引吭高歌："风萧萧兮易水寒，壮士一去兮不复还！"高渐离在一旁击筑伴奏，宋意唱和。太子丹与高渐离、宋意等人，在易水边置酒设宴，上演了一幕壮士惜别的活剧，他们"为壮声则发怒冲冠，为哀声则士皆流涕"（《燕丹子》），为荆轲壮行。荆轲到了秦国，把督亢的地图卷起来，内藏匕首，献图给秦王。结果图穷匕首见，荆轲行刺不成，被秦王的卫士杀害。荆轲虽然死在了秦国，但他酒后所作的《易水歌》，却成了传之千古的名曲，成了悲壮辞行的象征。

  刘邦的《大风歌》是其得意之时的酒酣之作。公元前195年，刘邦平定英布之乱后，回师时途经家乡沛（今江苏沛县东），置酒沛宫，和家乡的父老乡亲欢聚一堂。刘邦是一个很爱面子的人，也是一个很爱显摆自己的人。如今当了皇帝，回到了家乡，那该是怎样的一种心情！所以，喝到高兴的时候，他一边击筑，一边唱道："大风起兮云飞扬，威加海内兮归故乡，安得猛士兮守四方！"首句是起兴之句，也是对楚汉战争和汉初平定诸王叛乱的概括描述。第二句正是刘邦此时此地心情的真实写照，颇有小人得志、贫人乍富之意。第三句折射出当时的政治局势和社会形势，反映出他对天下纷扰的深深忧虑。《大风歌》虽只是一支短曲，但它却是刘邦的猖介性格、不可一世的狂傲气势和小人得志心态的形象化表现，包含的内容相当丰富。这首歌由刘邦自己创作，由一百二十个儿童伴唱。刘邦一边唱歌，一边舞蹈，手舞足蹈，颇为尽兴。伴唱的儿童一边伴唱，一边随之起舞，把整个气氛烘托得甚为隆重、喜庆。这首曲子后来收入汉乐府之中，成为历代传唱的名曲。

著名琴曲《渔舟唱晚》，相传是唐代诗人陆龟蒙、皮日休傍晚时分泛舟松江之上，见渔父醉酒而歌，有所感触而作。琴曲描写渔父醉酒之后乘坐一叶小舟，在江水之上颠簸起伏、鼓枻鸣榔、撒网捕鱼之状，跌宕起伏，缓急交错，甚有情趣。此曲着重一个"醉"字，用悠扬起伏、跌宕有致的琴曲，表现了渔翁酣饮醉态、大江落日、江水滔滔、小舟戏浪等景象，意境深远，余味悠长。

虽然许多音乐舞蹈都是因酒而成，但是，仔细分析一下就会发现，不同的场所，不同的情形，酒对音乐舞蹈的作用是不同的。《大风歌》是刘邦志得意满、风帆正顺之时的作品，是其衣锦还乡时在父老乡亲面前的一次精彩表演，所以，此曲激昂慷慨，气势恢宏，有一种吞吐宇宙的大气；《易水歌》是壮士惜别之时的作品，他们饮酒作别，实际上是生离死别，去者一去不返，留者刎颈为谢，整个场景悲悲切切、凄凄惨惨，所以，整支曲子为悲壮凄凉的气氛所笼罩；《渔舟唱晚》表现的是渔翁醉酒之后泛舟江上的情形，渔翁小醉之后泛舟江上，夕阳西下，江水粼粼，小舟起伏，一种舒缓优雅的情调，所以，《渔舟唱晚》既没有《大风歌》的豪迈，也没有《易水歌》的悲壮，其基调是轻松、舒适、惬意，在江水起伏、小舟颠簸、夕阳落照的意境下，流露出远离世俗喧嚣的超逸情怀。《渔舟唱晚》能够为人们所喜爱，在于它不仅把中国传统的音乐舞蹈与酒文化巧妙地融合在一起，而且营造了一种旷达悠远的意境，表达了一种轻松惬意的情怀。对此情怀的向往与欣赏，古往今来是相通的。现在，这首曲子每天都伴随着中央电视台《新闻联播》后的《天气预报》，走进当代人的生活，走进当代人的心灵。

唐代公孙大娘的剑器舞，是中国古代著名的舞蹈。公孙大娘生活于盛唐时期，大诗人李白、杜甫等都曾有幸欣赏过公孙大娘的剑器舞。公孙大娘是盛唐时期著名舞者，尤其善于剑舞。唐玄宗生日那天，总是要举行盛大歌舞宴会，他和杨贵妃一边饮酒，一边欣赏乐舞。公孙大娘是唐玄宗宫廷宴会的常客，为人们表演剑器舞。她表演的剑器舞有"邻里曲""西河剑器浑脱""裴将军满堂势"等，都与传统的酒文化有诸多联系。唐玄宗开元三年（715），年幼的杜甫在郾城（今河南漯河郾城区）曾有幸欣赏过公孙大娘的剑器舞，留下了非常深刻的印象。后来，公孙大娘进入宫中，成为唐玄宗的侍女，因其剑器舞技艺高超，经常在唐玄宗的宴会上表演，获得了剑器"天下第一"的美誉。大历二年（767），杜甫在夔州别驾元持的宅第参加宴会时，欣赏到了公孙大娘弟子李十二娘的剑器舞，写下了名作《观公孙大娘弟子舞剑器行》诗。诗歌先赞美公孙大娘"昔有佳人公孙氏，一舞剑器动四方。观者如山色沮丧，天地为之久低昂。霍如羿射九日落，矫如群帝骖龙翔。来如雷霆收震怒，罢如江海凝清光。"公孙大娘舞起剑器，山河失色，天地动容。其挑如后羿射日，其动如天马奔腾，其来如雷霆震怒，其收如江海凝光，既动人心魄，又赏心悦目，给人尽善尽美之感，赢得了"先帝侍女八千人，公孙剑器初第一"之美誉。接着写李十二娘传公孙大娘剑器舞之芬芳，"临颍美人在白帝，妙舞此曲神扬扬"，展现出非凡的剑器舞艺术。即便是杜甫的《观公孙大娘弟子舞剑器行》，也是在参加宴会之后创作的。可以说，公孙大娘舞剑器，是舞助酒兴，舞因酒成，酒与舞相得益彰，相映成趣。

九、挥洒灵动：酒文化与音乐舞蹈

酒文化与琴曲名作

琴是中国民族音乐中具有领衔地位的乐器。应劭《风俗通义》说："雅琴者，乐之统也，与八音并行。然君子所常御者，琴最亲密，不离于身，非必陈设于宗庙乡党，非若钟鼓罗列于虡悬也。虽在穷阎陋巷，深山幽谷，犹不失琴。以为琴之大小得中而声音和，大声不喧哗而流漫，小声不湮灭而不闻，适足以和人意气，感人善心。"战国时期的邹忌有一番琴音关乎国运时政的高论："大弦浊以温，小弦廉折以清，推之深而释之舒，钧谐以鸣，大小相益，回邪而不相害，是知其善。……大弦浊以温者，君也；小弦廉折以清者，相也；推之深释之舒者，刑罚审也；钧谐之鸣者，政令一也。大小相益、回邪而不相害者，上下和鸣，吏民相亲也。夫复而不乱者，所以治昌；连而径者，所以存亡。故曰琴音调而天下治。治国家，弭人民，无若乎五音者矣。"（《太平御览》卷五百七十六引）琴在音乐中的独特地位，以及琴音与国运时政的关系，决定了琴曲必定是中国古典音乐中最为流行、最为普及、最受欢迎的乐曲。而古典琴曲中的一些著名作品，则与酒文化有着难解难分的因缘关系。从琴曲《广陵散》到《梅花三弄》《阳关三叠》，再到《霓裳羽衣曲》《霸王卸甲》《渔舟唱晚》等等，首首皆有酒的身影，曲曲皆散发着酒的芳香。

琴曲《阳关三叠》是十大古典名曲之一。它以唐代诗人王维的《送元二使安西》诗为主要歌词，引申诗意、添加词句谱写而成。中国历代有许多著名的送别诗，尤其是唐代，送别之作颇多名篇佳作，如王勃的《送杜少府之任蜀州》、李白的《黄鹤楼送孟浩然之广陵》、高适的《别董大》、王昌龄的《芙蓉楼送辛渐》等，都是传诵千古的名作。"海内存知己，天涯若比邻""孤帆远影碧空尽，唯见长江天际流""莫愁前路无知己，天下谁人不识君""洛阳亲友如相问，一片冰心在玉壶""青山一道同云雨，明月何曾是两乡"等名句，脍炙人口，千古传颂。王维的《送元二使安西》不仅意境深邃，别意绵绵，而且是以酒作别，借酒表达深深的惜别之意，更是名作中的名作。其诗为七言绝句："渭城朝雨浥轻尘，客舍青青柳色新。劝君更尽一杯酒，西出阳关无故人。"因诗中有"阳关"二字，故琴曲又名《阳关曲》。全曲分为三段，将原诗反复三次，故名《阳关三叠》。此曲前两句写初春渭城的景色，不经意中写出了初春景色的"清新"与"静谧"，点出了送别的地点——客舍。后二句突出了送别主题，"更尽一杯酒"，表明送别宴会已是酒意阑珊，到了即将分别之时，流露出依依惜别之情。"西出阳关"点明了元二出使的必经之地，表现出诗人对朋友即将远行的担心与牵挂。后二句借酒言情，惜别之意、不舍之情尽在杯酒之中。因为诗中有"渭城"和"阳关"二词，此曲又称《渭城曲》和《阳关曲》。此曲用一个曲调反复变化三次，借酒抒写离别之情、惜别之意，充满了留恋与不舍，流露出淡淡的无奈与忧伤。

其他一些名曲，如《广陵散》《霸王卸甲》《十面埋伏》《汉宫秋月》等，也都和酒有着不解之缘。如琵琶大曲《霸王卸甲》，取材于项羽兵败垓下、与虞姬饮酒作别的故事。楚汉战争中，项羽被刘邦打败，困于垓下。有人劝他渡江而去，他日重整旗鼓，与刘邦再战。可是，项羽念及当初随他渡江的八百子弟，自觉无颜见江东父老，遂摆宴与虞姬作别。京剧《霸王别姬》演的就是这一故事。此曲着重表现了项羽战败之后的痛苦和无奈，以及和虞姬不忍分别却又不得不分别的复杂心情，如泣如诉，苍凉悲壮。如果把此曲和另一支琵琶大曲《十面埋伏》结合起来看，就可更加清楚地看出此曲和酒文化的密切关系。《十面埋伏》着重表现战争场面，节奏急促，铿锵有力，听来有万马奔腾之状，摧枯拉朽之势；《霸王卸甲》表现的是英雄末路，因而哀怨悲凉则是其主基调。

　　取材于曹魏时期阮籍醉酒故事的名曲《酒狂》，强化了音乐与酒文化的关系。阮籍字嗣宗，与嵇康同为竹林七贤的核心人物。他生当魏晋易代之际，常常面临着生与死的选择。为了保全自身，他不得不借酒佯狂，用酒来掩饰自己，为自己增加一层保护色。《神奇秘谱》认为此曲是阮籍所作，称"（阮）籍叹道不行，与时不合，故忘世虑于形骸之外，托兴于酕酒，以乐终身之志。其趣也若是，岂真嗜酒耶？有道存焉。妙在于其中，故不为俗子道，达者得之"。《酒狂》并非阮籍所作，但这首曲子表现的故事情节，却多是从阮籍一生的传奇经历而来。现存的几个《酒狂》曲谱，都围绕阮籍醉酒和醉酒之后佯狂来表现阮籍，塑造阮籍这个痴迷美酒超脱凡尘的人物形象。在这首曲子中，酒与人物、酒与音乐、酒与人物所处的世界完美地融合在一起，让人们感受到酒在阮籍人生历程中的独特作用，感受到酒在音乐创作中的独特作用。

酒文化与音乐舞蹈家

　　音乐舞蹈家对酒有天然的爱好与亲和感。骨子里存在的酒神精神以及酒的刺激和激励作用，会激发起他们的创造力和想象力，激发起他们的创作欲望和创作激情，从而创作出传世名作。

　　中国古代最早的音乐家秦青的故事，就已经把酒与音乐舞蹈家的关系定位在相辅相成、相得益彰的位置上。战国时期的秦青善于歌唱，很多人慕名而来，向他学习唱歌。一个名叫薛谭的人跟学了一段时间，还没有把秦青真正的本领学去，就自以为已经学得差不多了，于是向师父辞行。秦青没有挽留他，而是在郊外置酒为他饯行。喝酒喝到高兴的时候，秦青引吭高歌，其歌"声振林木，响遏行云"（《列子·汤问》）。薛谭听了，惊得目瞪口呆，这才明白他学到的一点东西仅仅是皮毛，并没有学到师傅音乐艺术的精奥。他立即打消了回家的念头，决定留下来继续学习，并且从此再不提出师回家的事。正是这一场辞行宴，使薛谭见识了师傅高超的艺术水平和非凡的艺术表现力。如果没有这场饯行宴，秦青的音乐艺术所达到的境界，恐怕是没有人能够领略到的。

拨弦乐器"阮"是和阮咸之名相联系的。阮咸是阮籍的侄子，竹林七贤之一。阮咸饮酒和他的任诞放达一样，在当时是出了名的。有一次，尉氏阮姓在一起饮酒，阮咸来到族人中间，和族人共饮，但他不用平常使用的杯子，而是用大盆当杯子，开怀畅饮。这时有一群小猪跑了过来，把酒盆当成了饭盆，一哄而上。阮咸见状，知道赶是赶不跑了，就和小猪抢着喝起来。这就是中国酒文化史上有名的"豕饮"。阮咸饮酒的名声不怎么好，但他对音乐却十分精通。西晋初年，晋武帝令光禄大夫荀勖调律吕，正雅乐。朝廷每次举行宴会，荀勖都自调宫商，无不谐韵。时任散骑侍郎的阮咸却听出了其中的不和谐之音，认为荀勖校正的雅乐与古代的雅乐不合，这是古今铜尺长短不一致造成的。他对人说，荀勖调的雅乐声音高，声音高则属于悲声。前人有言："亡国之音哀以思，其民困。"如今声音不合雅乐，恐怕不是德政中和之音，这一定是古今校正声音的铜尺长短不同造成的。如今的钟磬等乐器，是魏时杜夔制造的，音声舒缓雅致，与荀勖调的律吕不相适应。人们很早就不知道杜夔所造的钟磬是什么样子了，那都是当时的人制作的，不能随便改变。这些话传到了荀勖耳中，荀勖很不高兴。他是一个非常自负的人，尤其是在音乐方面，他自认为当时无人能及。阮咸说长道短，是故意找碴儿，不给他面子。于是，大权在握的荀勖就随便找个借口，把阮咸贬出京师，到遥远的始平出任太守。阮咸未来得及赴任就因病去世了。后来，有人在地下挖出了古代的玉尺，和荀勖校正音乐的铜尺相比，短了四分。荀勖再用玉尺校正他之前调的钟鼓、金石、丝竹乐器，发现都短了一些。这时，荀勖才对阮咸的音乐天才表示佩服，认为阮咸有神明之识。可是，阮咸已经去世，物是人非，一切都已经晚了。

阮咸不仅精通乐理，而且善弹琵琶。据文献记载，阮咸弹奏的是秦朝流行的琵琶，四根弦，十三根柱，琴颈比较长，共鸣箱是木制的，其形圆而扁平。演奏时用手拨弦，使其发出不同的声音。由于阮咸善弹琵琶，后人就把秦琵琶称为阮咸，或简称"阮"。杜佑《通典》云："阮咸，亦秦琵琶也，而项长过于今制，列十有三柱。武太后时，蜀人蒯朗于古墓中得之。晋《竹林七贤图》阮咸所弹，与此类同，因谓之'阮咸'。咸世实以善琵琶知音律称。"据杜佑记载，秦琵琶称为阮咸，是唐朝武则天时期的事情。当时出土的琵琶是铜制的，太常少卿以为是阮咸所制。由于其样式和《竹林七贤图》中阮咸所弹琵琶相似，且又有人认为是阮咸所制，所以就把这种琵琶称作"阮咸"。唐人仿其形制，用木料制作琵琶。此后，这种形制的琵琶很快就流行开来。阮咸这位历史文化名人，有幸因名字成为一种乐器名而广为人知。

有"笛圣"之誉的桓伊，是东晋著名音乐家。桓伊，字叔夏，小字野王，谯国铚县（今安徽宿州市西南）人，与嵇康是同乡。桓伊早年为王濛、刘惔所知，屡参诸府军事。当时，前秦苻坚屡屡兴兵犯境，朝廷以桓伊为淮南太守，捍御强敌。桓伊御敌有功，进都督豫州十二郡和扬州之江西五郡。后又与谢琰破苻坚于淝水，封永修县侯，进号右将军。桓伊是名将，长期征战沙场，威名赫赫。他对音乐有天然的感悟，史家称其"善音乐，尽一时之妙，为江左第一"（《晋书·桓伊传》）。作为音乐大家，桓伊尤其擅长吹奏笛子。他有一支笛子，据说是蔡邕的柯亭笛，经常拿出来吹奏。王羲之的儿子王徽之曾任大司马参军、黄门侍郎，有一次，他应召赴京，夜晚泊舟在青溪旁。这时，桓伊从岸上经过，被船上的人认了出来。王徽之知桓伊善于吹奏笛子，就让人上岸请桓伊上船相见，说慕名相见，想听他吹奏一曲。桓伊知王徽之是大名士，虽与之素不相识，还是答应了。他来到船上，据胡床而坐，即吹奏起来，一连吹奏了三段，然后一句话不说，就上岸离去。据说十大古典名曲之一的《梅花三弄》，就是根据桓伊吹奏的三段笛子曲改编的。明人朱权《神奇秘谱》，在琴曲《梅花三弄》的小序中称："桓伊出笛为《梅花三弄》之调，后人以琴为三弄焉。"

桓伊善于吹奏笛子，还曾经用吹奏笛子的方式，委婉地向晋孝武帝进谏。晋孝武帝原是一个有作为的帝王，到了晚年却听信谗言，耽于享乐，致使大臣各树党羽，相互攻讦，朝政日非。一天，孝武帝召见桓伊，与之饮宴，名将谢安等侍坐。酒酣兴至之时，孝武帝命桓伊吹奏笛子侑酒助兴。桓伊没有一点不高兴的意思，当即吹奏了一曲。然后放下笛子，对孝武帝说："臣弹奏筝的技艺虽不及吹奏笛子，但还是可以为歌唱伴奏的。请让臣用筝为歌者伴奏，另请一人吹奏笛子吧。"孝武帝很高兴，就令御伎上来吹奏笛子。桓伊说："御伎吹奏，必定和臣的弹奏节拍不合。臣有一奴，就让他上来吹奏笛子吧。"孝武帝很喜欢桓伊的放达，就同意了。于是，家奴上场吹奏笛子，桓伊一边弹筝，一边和着节拍韵律唱了起来："为君既不易，为臣良独难。忠信事不显，乃有见疑患。周旦佐文武，《金縢》功不刊。推心辅王政，二叔反流言。"(《晋书·桓伊传》)声音高亢，情感激越，抑扬顿挫，俯仰可观。谢安听了，不由得涕下沾巾，跨过几案，来到桓伊面前，捋着桓伊的胡须说："使君果然不同凡响！"孝武帝听出了其中的意思，顿时面有愧色。桓伊身为藩镇，位为列侯，孝武帝与之宴饮，竟然把他视如伶人，让他吹奏笛子以取乐，显然不够尊重。可贵的是，桓伊巧妙地利用音乐进行劝谏，认为孝武帝不该听信谗言，使忠臣蒙冤受屈。而孝武帝之有愧，不仅是对桓伊，更是对谢安,对朝中一切正直忠贞的大臣。然而,此时的孝武帝已不是那个意欲有一番作为的孝武帝,暂时的悔恨惭愧,并不能促使他改变荒淫无度、耽于享乐的生活。东晋王朝从孝武帝末年开始,就乱兆已现、险象环生了,接连而至的内乱使东晋失去了最后一次振兴的机会,最终在权臣的倾轧争夺中易帜为刘宋了。

临终一曲《广陵散》

《广陵散》是中国音乐史上颇具神奇色彩的一支琴曲。它的产生和流传,与魏晋之际的嵇康有着十分密切的关系。嵇康,字叔夜,谯郡铚县(今安徽宿州市西南)人,魏晋时期著名的文学家、音乐家。嵇康与阮籍齐名,曾主持竹林之游,纵酒放达,肆意酣畅,一时传为美谈。他的文章颇负盛名,鲁迅先生称赞其文"思想新颖,往往与古时旧说反对"(《魏晋风度及文章与药及酒之关系》)。嵇康在中国音乐史上也是一位很有影响的人物,所著《琴赋》,对琴的演奏方法与技巧,琴曲对表现人的思想情感的作用等,都做了细致而生动的描述。在音乐理论上,他最著名的观点是"声无哀乐",著有《声无哀乐论》,详细阐述了这样一种观点:音乐只是声调的有规律组合,本身无哀乐可言,但声律组合而成的音乐却可以引起人们不同的情感。嵇康善于弹琴,尤以弹奏《广陵散》著名。

据《晋书·嵇康传》记载,嵇康与名曲《广陵散》有一段奇缘:"初,康尝游于洛西,暮宿华阳亭,引琴而弹。夜分,忽有客诣之,称是古人,与康共谈音律,辞致清辩,因索琴弹之,而为《广陵散》,声调绝伦。遂以授康,仍誓不传人,亦不言其姓字。"《太平广记》卷三百一十七引《灵鬼志》记载的故事与此略有差异。故事说的是嵇康曾经一人出行,

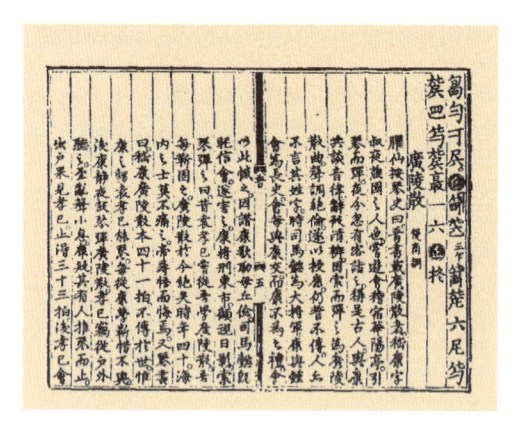

琴曲《广陵散》

离开京师洛阳数十里，有一亭子名月华亭，嵇康夜宿此亭。这个亭子曾经发生过杀人案，嵇康知道这件事情，但心神萧散，了无惧意。到了一更时分，嵇康起身操琴，先弹奏了几曲，琴声娴雅舒缓，甚有情致。这时，空中忽然有叫好之声。嵇康一边弹琴，一边问道："君是何人？"答云："我乃是故人，幽没于此。听到您弹琴，音曲清和，正是我昔日喜欢听的曲子，故而来听。我不幸遭遇变故而终，形体残毁，不宜和您相见。但是喜爱您的琴技，应该出来相见。希望您不要怪罪我，更不要厌恶我。您继续弹奏，可再弹奏几曲。"嵇康毫无惧意，就再弹奏起来。奏毕，嵇康说："夜已经很深了，您为何不下来呢？不必计较什么形体残毁。"那人闻声下来，手拿着自己的头，说："听到您抚琴，不知不觉间心开神悟，恍若暂生。"那人于是一手提头，一边与嵇康共同讨论音乐的情趣，言辞甚清辩。他对嵇康说："您把琴给我试弹一下。"嵇康把琴给他，那人于是就弹了一曲《广陵散》。嵇康一听，甚为精妙，于是便向他学习弹奏此曲，很快就能流畅地弹奏了。这支曲子与嵇康先前弹奏的那些曲子完全不同，其音声情趣都远胜于前。那人见嵇康已经学会弹奏《广陵散》，就让嵇康发誓，永远不得传授他人。到了天明时分，那人对嵇康说："和您相遇虽然只有今夜这么短暂的时间，但是却有千年之感。就此与您永远分别，怎能不怅然若失呢！"

《灵鬼志》记载的这个故事近似小说家语，却弥补了正史的不足。它说明，嵇康临刑时弹奏的《广陵散》，乃是一位不知姓名的高人传授。嵇康生当曹魏末季，却"越名教而任自然"，不愿与司马氏合作，因而受到吕安一案的牵连，被捕入狱。临刑东市的时候，亲友与之话别，他没有嘱咐后事，只是要哥哥把琴给他拿来，又弹奏了一曲《广陵散》。一曲既终，嵇康颇为感慨地说："袁孝尼尝请学此散，吾靳固不与。《广陵散》于今绝矣！"(《世说新语·雅量》)《广陵散》是古之名曲，其曲若"飞龙鹿鸣，鹍鸡游弦，更唱迭奏，声若自然"(嵇康《琴赋》)。嵇康善弹此曲，且其临刑时再次弹奏，更表明对此曲的偏爱。袁准曾经有幸听嵇康弹奏过《广陵散》，一再请求向他学习。嵇康因曾经答应过那位神秘的人物，最终还是没有传授给他，以至于感慨"《广陵散》于今绝矣"。实际情况是，嵇康之后，此曲不仅并未失传，反而成为两晋时期广为流行的名曲之一，潘岳《笙赋》有"辍《张女》之哀弹，流《广陵》之名散"之句可证。有人认为，《广陵散》就是此前的《聂政刺韩傀曲》，表现的是聂政刺侠累的故事，故而此曲"纷披灿烂，戈矛纵横"，始终洋溢着浩然之气，激荡着侠义之风。《神秘曲谱》收录的《广陵散》就有"刺韩""冲冠""发怒""报剑"等分段题目。可见，《广陵散》演绎的就是一个侠客故事。嵇康临刑弹奏《广陵散》，也许暗示出其侠客梦的破灭。

嵇康是中国古代既精通器乐，又有自己的音乐理论的音乐家，同时又是一个很喜欢饮酒的人。他虽然明白"酒色令人枯"的道理，但生活在那样一个"名士少有全者"的时代，也只好"醉里乾坤大，壶中日月长"，靠饮酒来强迫自己与险恶的政治局势保持一定的距离。嵇康并不想做什么轰轰烈烈的大事业，只想过一个平常人的生活。他说："但愿守陋巷，教养子孙，时与亲旧叙阔，陈说平生。浊酒一杯，弹琴一曲，志愿毕矣。"(《与山巨源绝交书》) 他平生所喜爱的唯诗酒琴曲而已。他会打铁的手艺，也会种菜，曾经与向秀一起灌园打铁。有人请他打制工具，给他工钱，他一概谢绝。若是亲戚朋友，带上酒菜，和他畅饮一通便算是工钱了。可以说，饮酒充实和滋润了嵇康的生活，酒神精神培育了嵇康的人文品格。正是由于嵇康能够满足"浊酒一杯，弹琴一曲"的生活，潜心于音乐的研究与创造，他在古典音乐尤其是在音乐理论和琴曲技艺方面，才能够达到如此之高的艺术境界。

音乐舞蹈是需要天赋和灵感的艺术，是更多地需要创作激情和表演欲望的艺术。而要获得创作激情和表演欲望，音乐家和舞蹈家不仅需要生活的积累，也需要某种外力的激励和刺激，饮酒和传统的酒文化恰恰在这方面满足了音乐舞蹈艺术的需要，给创作者以灵感，给表演者以激情，使创作者和表演者以冲动或亢奋状态投入艺术创造，进而创作出传世之作。酒文化与音乐舞蹈，如同酒文化与书法绘画一样，既是相生，又是共生，在相生和共生中创造出不朽之作。

十、各色酒会：酒文化与民间习俗

十、各色酒会：酒文化与民间习俗

酒会在酒文化中占有重要地位。中国人饮酒，除特殊情况外，很少一个人喝闷酒的，这与西方以个人独饮为主的饮酒习俗截然不同。这种不同的根本原因，在于中国文化强调群体而西方文化强调个体。酒以成礼的本质特征，决定了饮酒和礼仪的内在联系，所以才有了各种各样的酒会，有欢迎宾客的欢迎酒会，有招待宾朋的招待宴会，有宴请亲朋好友的朋友聚会，有送别同事或朋友的送别宴会，等等。但最常见的则是节日酒会、婚聘酒会和丧葬酒会。这些酒会都承载着浓浓的礼仪文化，表现出鲜明的民俗文化特征。从本质上说，各色酒会都是酒文化与礼仪文化的结合。包括春节、元宵节、清明节、端午节、中秋节、重阳节等六大传统节日的节日酒会，包括纳彩、问名、纳吉、纳徵、请期、亲迎等"六礼"的婚聘酒会，包括吊唁、下葬、做七等在内的丧葬酒会，都承载着传统的酒文化，并通过酒文化反映出不同的礼仪文化和地方风俗。

酒文化与节日习俗

中国民间传统节日有很多。南朝梁宗懔的《荆楚岁时记》记载的荆楚大地的节令与民间节日有许多,仅节日一项,自元日(春节)至除夕就有二十种之多,不仅有春节、元宵节、清明节、端午节、中秋节、重阳节等重要的传统节日,有社日、人日、腊日、除夕、七夕等,还有四月八日浴佛节、七月十五盂兰盆节等与佛教有关的节日。其中与酒文化关系最为密切的,则是春节、元宵节、清明节、端午节、中秋节、重阳节等六大传统节日。

春节,又称元旦、元日、岁首等。春节是一年开始的第一天,因而过春节又称过年。中国古代使用干支纪年,每年十二个月对应十二地支,第一个月为正月,正月初一即是春节。夏商周三代的建正(确立正月)各有不同,夏朝以寅月为正月,殷商以丑月为正月,两周以子月为正月,秦朝以亥月为正月。现在的农历与夏历接近,也是以寅月为正月。对应现在的农历,殷商是以十二月为正月,两周以十一月为正月,秦朝以十月为正月。汉武帝以后,恢复以寅月为正月。此后虽然也有改正朔,但以寅月为正月基本上固定了下来。正月初一固定下来之后,其他的节日也都随之固定下来,各种节日习俗逐渐趋于完善。每一个节日都有相应的礼仪活动,而有礼仪活动就一定会有酒,有酒文化。酒以成礼,没有酒,怎么能够成就各种礼仪活动呢?在中国各种传统节日中,酒大概是最不能缺少的一种礼仪性饮品了。

春节是一岁之始,是"三元之日"。在这样一个日子里,人们要敬天地,敬鬼神,敬祖先,而这些都少不了酒。这一天,人们鸡鸣而起,燃放爆竹,饮酒吃肉,拜贺新年。春节饮酒是很早的习俗了,《礼记·四民月令》就有"过腊一日,谓之小岁,拜贺君亲。进椒酒,从小起"的记载。宗懔《荆楚岁时记》对正月初一饮酒有较为详细的记载。初一早起,燃放爆竹之后,"长幼悉正衣冠,以次拜贺。进椒柏酒,饮桃汤;进屠苏酒、胶牙饧。下五辛盘,进敷于散,服却鬼丸。各进一鸡子。造桃板著户,谓之仙木。必饮酒,次第从小起"。初一早起后,一家人不分老幼,都要穿戴整齐,年幼的向年长的拜贺新年。当时人们祝贺新年的方式比较独特,先饮椒柏酒,喝桃汤。再饮屠苏酒,吃胶牙饧。饮酒的时候,与今天有很大不同,是先从年幼的开始,最后是最年长的。关于这种习俗,有一种说法是:年幼的过年,是增加了一岁,年长者过年,是人生又少了一岁,所以饮酒先从年幼者开始。后来,为了表示对长者的尊敬,敬酒先从年长者开始。春节饮椒柏酒和屠苏酒也是有讲究的。古人认为,椒是玉衡星精,服之令人身轻耐老。柏是仙药,能够祛除百疾。屠苏酒是一种药酒,据说春节这天饮屠苏酒能够祛除瘟疫。可见,春节饮椒柏酒和屠苏酒,都是图个吉利,有祈求平安快乐的意思。即便是贫穷人家,过春节也要做一身新衣服,或者把旧衣服洗干净,喝几杯小酒,相互祝福新春,所谓"小民虽贫者,亦须新洁衣服,把酒相酬尔"(《东京梦华录》卷六)。如今过春节,家人聚在一起,通常也要饮酒,不过大多是根据喜好饮白酒、红酒或米酒。饮酒的时候,年幼的要对年长者说几句祝福的话,年长者对年幼的人要说几句鼓励的话。尊老爱幼的传统美德,长幼有序的礼仪规范,都在春节饮酒中得到体现。至于饮酒多少,则视各人酒量大小而定,有酒量的可以多饮几杯,没有酒量或不能喝酒的人,别人也不会强求。

正月十五是一年的第一个月圆之夜,所以称作元宵节。在道教"三元"中,正月十五为上元,七月十五为中元,十月十五为下元,所以元宵节又称上元节。此外,元宵节还有元夕、灯节等别称。元宵节与道教和佛教有关。东汉时期，人们在元宵节这天晚上要"燃灯供佛"，所以，燃灯成为元宵节最主要的特征。到了这一天，家家户户都要张灯结彩，在门口或院落中悬挂五彩灯笼，小孩子们到了晚上都要打灯笼玩耍。元宵节是春节的继续，晚餐时一家人围桌而坐，饮几杯小酒是必不可少的。在南方一些养蚕的地方，曾经有这样的风俗：元宵节这天，人们要在门口两边插上杨枝，在杨枝所指的方向，摆上酒、肉脯、点心、米糕、豆粥等，并在米糕上插一双筷子，然后祭拜蚕神，祈祷养蚕能够获得丰收。当然，祭祀用酒只是摆摆样子，最后还是给人喝的。

  清明节唐代之前称上巳节。上巳节即每年三月的第一个巳日，其时春暖花开，惠风和畅，正是踏青游春的时节。《诗经·郑风·溱洧》描写的就是上巳节青年男女游春的场景。后来，上巳节就变成了洗濯污垢、祛除灾异的节日，故汉代有上巳节"官民皆洁于东流水上，曰洗濯祓除，去宿垢疢为大洁"之说（《后汉书·礼仪上》）。汉代以后，上巳节固定在每年的三月初三，但上巳节洗濯祓除、踏青游春的主要内容仍得以保留。东晋时期，著名书法家王羲之在上巳节时，和当时名士在山阴会稽山兰亭踏青游春、祓除灾异。他们品酒会友，玩起了曲水流觞的游戏，把上巳节变成了饮酒会友的节日。南朝梁时，仍然保留着这种习俗。宗懔《荆楚岁时记》说到三月三，称"士民并出江渚池沼间，为流杯曲水之饮"。看来，曲水流觞已经成为三月三的保留节目。由于上巳节和二十四节气中的"清明"时间很接近，所以，唐代以后，"清明"逐渐取代了上巳节，成为"清明节"，其节日内容也由上巳节的踏青游春为主，变为以祭奠先人为主。唐代诗人杜牧《清明》一诗，清楚地表明了唐代的清明节已经转变为以祭奠先人为主："清明时节雨纷纷，路上行人欲断魂。借问酒家何处有，牧童遥指杏花村。"杜牧这首诗歌说出了唐代清明节最主要的两项内容：祭祖和饮酒。清明时节，细雨纷纷，那些前去墓地祭奠先人的人，一个个因怀念先人而伤心欲绝，魂魄欲断。祭奠过先人之后，为了排遣心中的悲伤，消解胸中的痛苦，他们想找个地方痛饮几杯。无意中遇到一个牧童，询问哪里有饮酒的地方，牧童手指远处的村庄，告诉人们杏花村里有酒家。由南北朝时期三月三的曲水流觞，到唐代以后清明节的祭祖饮酒，节日习俗和节日内容发生了很大变化，但节日饮酒却一如既往地保持了下来。

端午节也是中国民间传统节日，其起源虽然有不同说法，但为纪念爱国诗人屈原自沉汨罗江而死却是一种主流。宗懔《荆楚岁时记》对端午节民俗有较为详细的记载，称"四民并踏百草，又有斗百草之戏。采艾以为人，悬门户上，以禳毒气"，又称"是日竞渡，采杂药"，"以五彩丝系臂，名曰辟兵，令人不病瘟"。在端午节这一天，人们要采摘带有露水的艾叶，做成人形状，悬挂在门口，同时要吃粽子，赛龙舟，佩香囊，系五彩丝绳。但宋代以后，端午节这天又有饮雄黄酒的习俗。雄黄酒是一种特制的酒，是在酒中加入微量的雄黄而成。这种酒具有杀菌、驱虫、解五毒的功能，也可用来治疗一般的皮肤病。由于雄黄酒具有一定毒性，未成年人不能饮用，只能用雄黄酒点在小儿的额头、脸颊或手心处，成年人则可以少饮数杯。在蚊虫滋生的江南广大地区，端午节饮雄黄酒成为一种颇为流行的风俗。人们印象比较深刻的，是白娘子的传说中白娘子饮雄黄酒的故事。白娘子为报答许仙的救命之恩，下凡到人间，与许仙结为夫妇，彼此十分恩爱。端午节到了，许仙听信法海的话，让白娘子饮下雄黄酒，致使白娘子现出原形，许仙因受到惊吓而昏了过去。白娘子为救许仙，上天庭盗仙草。法海却借机把许仙弄到金山寺软禁起来。为了救许仙出苦海，白娘子与法海斗法，水漫金山，伤害了许多无辜的人，因此被镇压在雷峰塔下。宋元话本有《白娘子永镇雷峰塔》，讲的就是这个故事。由此可见，早在宋代，端午节饮雄黄酒就已经成为民间的一种习俗。此后，历代相传。在南方许多地方，至今仍保留着端午节饮雄黄酒的风俗。

中秋节是庆祝丰收的节日，也是家人团圆的节日。中秋时节，北方已经基本秋收完毕，进入相对清闲的农闲季节。为了庆祝丰收，同时也为了家人团聚，人们在中秋这天要吃月饼，准备各种美食和时令鲜果，晚上一起赏月，一同品尝美味佳肴。像圆月一样的月饼，代表的是丰收和团圆，是中秋佳节必备的美食。但同时，饮酒也是中秋节必备的科目。北宋孟元老的《东京梦华录》，记述了当时中秋饮酒的习俗："中秋节前，诸店皆卖新酒，重新结络门面彩楼，花头画竿，醉仙锦旆，市人争饮。至午未间，家家无酒，拽下望子。"中秋节前几天，酒坊都要卖新打下的谷物酿的新酒，酒楼要重新装饰一番，在花头画竿上悬挂写有"醉仙"字样的锦旗。看到这些，人们就知道新酒开始上市了，就会争着饮新酒，讨个吉利。到了中秋节这天，中午过后，酒家就把旗杆上悬挂的酒望子扯下来，不再卖酒了。因为，家家户户都已经把过节的美食和美酒都准备好了，都在等待晚上那轮冉冉升起的明月，一起欢度佳节。到了中秋节的晚上，人们吃月饼，品美酒，赏明月，甚为惬意。有些富贵之家，为了更好地赏月，往往包下酒楼里位置最好的房间，庆团圆，品美酒，赏明月。南宋时期的中秋，更注重饮酒。吴自牧《梦粱录》记载的杭州中秋景象，让人看到了酒在中秋的重要作用。南方许多地方，到了中秋节这天，王孙公子，富家巨室，"琴瑟铿锵，酌酒高歌，以卜竟夕之欢"，即使是陋巷贫穷之家，也要"解衣市酒，勉强迎欢，不肯虚度"。南方人中秋节这天要喝桂花酒，寓意富贵荣华。桂花通常在中秋前后盛开，花开万朵，香飘万里，沁人心脾。桂花美酒，与中秋节特别契合。所以，饮桂花酒就成了南方人过中秋佳节的一道风景。中秋节要饮酒，一些咏赞中秋明月的诗歌，往往要与饮酒联系起来，让人过目不忘。如韩愈《八月十五夜赠张功曹》的"一年明月今宵多，人生由命非由他，有酒不饮奈明何"，把饮酒提到了比赏月更高的位置，认为中秋节如果不饮酒，那就辜负了中秋这一轮明月。苏轼的《水调歌头·明月几时有》深得词家好评，宋人胡仔有"中秋词，自东坡《水调歌头》一出，余词俱废"之评。这首词开篇即是"明月几时有，把酒问青天"，把中秋明月与饮酒联系在一起，自然让人们想到了酒与中秋的关系。

重阳节是登高节，也是敬老节。饮菊花酒，佩茱萸囊，是重阳节的标配。据说，重阳节起源于东汉。据《续齐谐记》记载，东汉时期，汝南人桓景跟随费长房学艺。一天，费长房对他说："九月九日这天，汝南会发生大灾难。赶快让你的家人缝茱萸香囊系在臂上，登山饮菊花酒，可以避免这次灾祸。"桓景按照费长房说的去做，一家人都离开村子，登上附近的高山，在山上饮菊花酒。等到了天黑回到家里，眼前的景象让他们大吃一惊，原来鸡犬牛羊等家禽家畜竟然全都死了。桓景把这件事告诉费长房，费长房说："那些家禽家畜代替你们承受了这次灾难。"从此以后，在每年的九月九日这天，人们为了躲避瘟疫，都要登高山，饮菊花酒，佩戴茱萸囊，久而久之逐渐成了一种习俗。东晋时期，随着中原世族南迁，重阳节登山、饮菊花酒、佩茱萸囊的习俗在江南也流行开来。因重阳节要佩茱萸囊，故重阳节又称茱萸会。宗懔《荆楚岁时记》说起重阳节，称"今世人九日登高饮酒，妇人带茱萸囊，盖始于此"。这种风俗后来逐渐传开，成为北方的一种习俗。到了九月九日重阳节这天，人不分贵贱，地不论远近，都要登高、饮酒、佩茱萸囊。没有山的平原地带，人们要到野外去，一边野炊，一边饮酒，同时欣赏秋天的美景。重阳节是秋天最美的时节，因而成为诗人们吟咏的对象。王维的《九月九日忆山东兄弟》最为脍炙人口："独在异乡为异客，每逢佳节倍思亲。遥知兄弟登高处，遍插茱萸少一人。"王勃的《蜀中九日》

则把重阳节与饮酒联系起来，突出了重阳节饮酒的习俗："九月九日望乡台，他席他乡送客杯。人情已厌南中苦，鸿雁那从北地来。"用重阳节的送客酒，表达了对故乡的思念，读来颇有情致。

酒文化与婚聘习俗

婚姻是人生大事。在长期的宗法社会中，婚姻不仅仅是男女双方当事人的事，而且是两个家庭的事情，甚至是两个家族的事情。在上层社会，婚姻还常常被赋予政治、经济、军事等方面的内容，成为相关方面的大事。如春秋战国时期，诸侯国之间的联姻，两汉以后华夏族与少数民族的联姻，都有政治因素的考量。王昭君和文成公主和亲的故事，都是典型的政治婚姻。至于为了家族利益而联姻的情况，在王公贵族间更为常见。正因为婚姻被赋予了如此多的内容，从古至今人们都格外注重婚姻，"三礼"中都有婚礼的相关记载，《礼记·昏义》有纳彩、问名、纳吉、纳徵、请期和亲迎"六礼"之说，规定了婚姻的六个主要环节。在婚姻的每一个环节中，都能看到酒文化的身影，让人们感受到酒文化在婚姻中的重要作用。

纳彩是婚姻的第一个环节。青年男女到了宜婚的年龄，男方家长相中了谁家的女儿，就请媒婆探听女方家的口风。如果女方家也有意，男方家就请媒人去女方家提亲。女方家如果答应商议婚事，男方家就备好礼物，前去女方家提亲。这就叫纳彩。中国古代，纳彩备的礼物，通常是大雁。《仪礼·士昏礼》称"昏礼有六，五礼用雁，纳彩、问名、纳吉、请期、亲迎是也"，意思是，在婚姻习俗中有五个环节，都要用大雁作为礼物。大雁是一种季节性的飞鸟，春天往北飞，迁徙到北方生活；秋天向南飞，在南方过冬。大雁恪守阴阳之序，不论天气怎样变化，都恪守秋去春来的规律，不会轻易改变。以大雁作为礼物，就是取其始终如一、守信不悖之意，寓意百年好合。另外一种说法是，大雁行止有序，不论南下还是北上，都是老雁或强壮的雁飞在前面，引导路径，弱雁和幼雁尾随其后，从不逾越。栖宿时也是这样，老雁和强壮的雁在外，弱雁和幼雁居中。汉代以后，儒家思想占据了统治地位，对用大雁做礼物又有了新的解释，说用大雁作为五礼的礼物，是取大雁象征夫妇之义，妇人从夫，不失序，不失节。其实，"雁"与"验"谐音，用大雁做礼物，有祝福男女双方联姻成功的意思。六礼有五礼用大雁作为礼物，都表达了这样一种意思。

男女双方同意议婚之后，还有问名、纳吉、纳徵三个环节，婚事才能定下来。男女双方同意婚事，只是初步意向，但能不能结婚，适合不适合结婚，还需要问名，即男方派人到女方家，问适婚女子的名字和出生年月日时，也就是了解女方的名字和生辰八字。男方家人以大雁为礼物，到女方家问名。女方家主答应后，来宾进入，女方家主把女子的名字和生辰八字写在一张纸上，封好后交给男方家人。然后，女方家举行家宴，招待男方家人。问名既是为了防止同姓血缘近亲结婚，又是为了把问名得来的女子生辰八字，与男子的生辰八字相合。男方将女子的名字和生辰八字取回之后，在祖庙进行占卜。若占卜得吉兆，则预示祖先同意这门婚事。然后派人带上礼物通知女方家，双方可以缔结婚姻。女方家若无异议，一对适婚男女的婚姻关系就这样确定下来了。一般情况，男女双方要签订聘书，意味着男女双方正式确定婚姻关系。这就是纳吉。

订婚之后，要通过纳徵这种仪式，把男女双方缔结婚约明确下来。纳徵类似于今天的下聘礼，男方家由家族中有威望、有影响的男子出面，带上丰厚的礼物，前往女方家下聘礼。女方家也由家族中有威望、有影响的人出面接待。由于男女双方家族中有威望、有影响的人第一次相见，而男方又备有丰厚的礼物而来，无论是出于对男方家人的尊重，还是从礼尚往来的角度看，女方家长都要摆设宴席，热情招待。所以，由男女双方家人和媒人参与的纳徵，一场丰盛的宴席是少不了的。聘礼已下，婚事已定，男女双方的家人都踏实了，因而宴会时则是开怀畅饮，往往是双方都喝得酩酊大醉才结束。纳徵之时，通常会有类似礼单的礼书，上面写有男方家下的聘礼的种类、数量等。

与纳徵一样需要隆重的饮酒仪式的是请期。请期又称告期，俗称"看好"或"选日子"，是男方家长把订婚男女的生辰八字和拟定的结婚日子写在红色笺纸上，请家族中有威望的人和媒人一起，带上礼物，去女方家商议结婚日期。在中国古代，请期送的礼物是大雁，《礼记·士昏礼》所谓"请期，用雁，主人辞，宾许告期"。当今的情况已经完全不同，男方去女方家商定婚期的时候，通常都要带上比较贵重的礼物，而好酒是必不可少的。男女双方商定婚期之后，女方家要摆设宴席，盛情招待前来商议婚期的男方家人和媒人。在北方一些地方，男女双方商议婚期的宴席非常隆重，双方各有四至六人参加。女方家为了表示盛情和热情，通常会邀请那些酒量比较大的族人作为陪客，殷勤向前来商议婚期的男方家人劝酒，意思是一定要让男方家的客人喝好，喝满意，似乎只有这样才能显示出女方家的热情和盛情。饮酒的时候，除了一般的礼仪，通常还要行酒令，用酒令技巧高低，决定喝酒多少。最好的结果是，男方家来商议婚期的客人，有一两个喝高了，甚至是喝醉了，女方家才觉得表达了盛情，才感到满意。从纳彩到请期，每个环节虽然都免不了饮酒，但无论其仪式感还是隆重程度，似乎只有纳徵可以与请期一较高下。

亲迎是婚庆礼仪的最后一个环节，也是最隆重最热闹的环节。亲迎即今天人们所说的迎亲，把新娘子从娘家迎接到男方家，与新郎成婚。

男方家派出壮观的迎亲队伍，到女方家迎娶新娘。一路上吹吹打打，十分热闹。在突破女方家故意设置的诸多障碍之后，男方终于把新娘迎出来，踏上赴新郎家的路程。亲迎环节通常还要有迎亲书，由男方家前来迎亲的主事人携带。迎亲的队伍到了女方家时，把写有迎亲主事人姓名、迎亲队伍人数、迎亲时辰等内容的迎亲书，交给女方家的主事人。迎亲书与聘书、礼书合称古代婚聘"三书"，是古代婚姻的法定文书，具有法律效力。

新娘接到家之后，接下来就是举行婚礼了。古今中外的婚礼千差万别，各有不同。中国传统婚礼是，男方把新娘子迎娶到家之后，要举行盛大婚宴，招待前来祝贺的亲朋好友。婚宴开始之后，新郎在主事人的引导下，向来宾敬酒，表示感谢之意（新的婚礼习俗则是新郎和新娘一起向来宾敬酒）。随后是新郎的父母挨桌敬酒，向参加婚宴的客人表示感谢。在婚礼中，新郎和新娘是主角，他们不仅在婚礼宴会上要向来宾敬酒，而且要在洞房花烛夜饮交杯酒。这是婚礼最重要的一项仪式，也是酒文化在婚礼中的体现。

如果说婚礼上新郎新娘向来宾敬酒是为了表达谢意，那么洞房花烛夜新郎与新娘的交杯酒，则是新郎和新娘交心合体的开始。中国古代，新婚夫妇有"合卺"之礼。"合卺"是指新婚夫妻在洞房花烛夜之时共饮合欢酒。"卺"是用葫芦制作的瓢，一个葫芦一剖两个瓢。新婚之夜，洞房之内，新郎新娘各拿一个，斟上酒之后，新郎和新娘交臂而饮，就叫合卺。合卺之礼始于周代，夫妻共饮合卺酒，象征夫妻从此合二为一，永结同好。据说，到了宋代，合卺之礼演变为新婚夫妻共饮交杯酒。孟元老《东京梦华录·娶妇》这样记载，新郎和新娘"用两盏以彩结连之，互饮一盏，谓之交杯。饮讫，掷盏并花冠子于床下，盏一仰一合，俗云大吉，则众喜贺，然后掩帐讫"。意思是在洞房花烛夜，新郎和新娘并肩坐在彩帐之内，闹洞房的宾客用彩带把两个酒杯连在一起，两端拉起，新郎和新娘各饮一杯，这就叫交杯酒。饮酒完毕，把两个酒杯扔到床底下，如果杯子一仰一合，则为大吉之兆，众人道贺一番，然后把彩帐放下，闹洞房之事就此结束，给新郎和新娘留下一个浪漫而温馨的新婚之夜。让新郎新娘喝交杯酒不是简单的闹洞房，而是通过这个仪式象征新郎新娘交心合体，从此成为休戚与共、命运相连、同甘共苦的夫妻。这是祝贺，也是祝愿。

婚聘习俗始于纳彩，终于合卺。在每一个环节中，都少不了酒文化的身影。整个婚聘过程，酒是婚聘的使者，是礼仪的载体，又是承载男女双方情感和婚聘仪式的礼物。在合卺礼之前，酒文化和新郎新娘没有直接关系，有关系的是男女双方的家人和媒人。即使是新式婚礼，新郎新娘也只是有在婚宴上向来宾敬酒的份儿。而在传统婚聘过程中，只有到洞房花烛夜，新郎新娘行合卺礼的时候，交杯酒才出现。这个时候的酒文化是以交杯酒的形式出现的，其作用是成就新郎新娘交心合体之礼，成就新郎新娘夫妻休戚与共、同甘共苦之礼。

酒文化与丧葬习俗

中国传统文化重视丧葬，故有"死者为大"之说。人的一生，生死为大。生死相较，死者为大。如果迎亲的队伍与送葬的队伍在路上不期而遇，自然是迎亲的要礼让送葬的。这样的镜头在一些电视剧中可以看到。看一看"三礼"中有关丧葬的礼仪，就可以明白人们为何重视丧葬了。《礼记》中有许多关于丧葬礼仪的记载，涉及"檀弓""王制""丧服小记""杂记""丧大记""奔丧""问丧""间传""丧服四制"等篇章；《周礼》涉及丧葬礼仪的有"大宗伯""职丧"等；《仪礼》涉及丧葬礼仪的有"丧服""士丧礼"等。"三礼"把中国古代的丧葬礼仪基本上都说清楚了。最初的丧葬礼仪很少涉及酒文化，但在丧葬礼仪的发展演变过程中，酒文化的作用逐渐凸显出来。"酒以成礼"的基本价值和意义在丧葬礼仪中得到充分显现，其中的开吊酒、动身酒、送葬酒、头七酒和五七酒，都与丧葬礼仪有密切关系。

吊唁死者的开吊酒。人死之后，死者家人要派人向亲戚朋友报丧。亲戚朋友不论远近，接到死者的信息，视与死者的关系远近，确定前去吊唁，亲自向死者致礼，向死者家人表示慰问。按照传统的丧葬礼仪，死者家人在丧葬期间只能进素食，不能饮酒食肉。对于前来吊唁的亲朋好友，死者家人还是要尽地主之谊，虽然给亲朋好友提供的也是素食，但酒还是要提供的。吊唁的人遵循死者为大的原则，饮酒的时候不得喧哗，不能行酒令。中国古代丧葬礼俗，人死之后，亲人要服白色的孝服，戴白色的孝帽，穿白色的鞋子，故而人们把丧葬视为"白事"。吊唁者参加"白事"，饮用的酒通常是白酒或黄酒，不能饮用红酒。

死者出殡时的"动身酒"。中国古代，死者入土为安的观念十分流行，所以很多地方都实行土葬。家人要为死者准备木材制作的棺材，家境较为富裕的家庭，制作的棺材木板比较厚，整个棺材比较重，需要八人或更多的人抬棺。同时，由于死者的墓穴距离村庄比较远，所以还要准备一些身强力壮的人在中途"换肩"，替换那些需要替换的人。如果路途比较远，中途可能要替换多次。而丧家忌讳中途棺材落地（这被视为不吉利，是很忌讳的事），所以在抬棺动身之前，一定要盛情招待抬棺的人，不仅要让他们吃饱，还要准备酒，让他们喝好。抬棺的人吃饱喝足了，才有力气一口气抬棺到墓地。抬棺者饮的"动身酒"，既是家人希望死者"动身"到往生之地，也是抬棺者动身前的壮胆酒。

答谢送葬者的"送葬酒"。丧家从报丧开始，直到死者入土埋葬，通常需要五到七天的时间。在这一段时间里，死者家人轮流为死者守灵，接待和答谢前来吊唁的宾客，操办丧葬事务，按照礼仪又只能进一些汤汤水水和素食，身体也到了极限。安葬死者之后，为了答谢参加送葬的客人，丧家要摆设宴席，招待参加送葬的客人和前来帮忙的亲戚邻居。大家一起喝"送葬酒"，礼送死者，同时表示丧葬之事暂时告一段落。"送葬酒"通常是由死者家族的长者或有威望的人主持，丧者家人向客人和亲朋好友表示感谢，但按照传统丧葬礼仪，不能饮酒食肉，以表示对死者的尊敬。但对于不守礼仪的人来说，这些规矩似乎没有什么用处。曹魏时期，阮籍的母亲去世了，裴楷前来吊唁，这时阮籍刚刚喝得大醉，披头散发坐在床上，也不哭泣。裴楷来吊唁，旁人递过来一张席子，裴楷跪在席子上，哭吊一番，然后起身离去。有人问裴楷："大凡来吊丧，主人见了客人都要哭泣，客人回之以礼。可是，阮先生不哭，您却哭起来了，这是为什么？"裴楷说："阮籍不是俗人，所以不遵守那些礼仪。我辈都是俗人，所以按礼仪要求的来做。"

祭奠死者的"头七"酒。许多地方，人死之后，家人为了表达对死者的思念，要"做七"，即从死者去世之后的第七天开始，逢七就要举行祭奠死者的仪式，到"七七"为止。传说人死之后要转世托生，需要四十九天，所以，"做七"要做到"七七"才算圆满。"做七"的时候，头七和五七最为隆重。头七是家人在死者去世后的第七天，带上香烛、纸箔和其他祭品，于上午十二时之前，去死者坟墓前举行祭奠仪式。祭品摆放好之后，燃放爆竹，告诉死者，家人来祭奠了。随后，打开一瓶酒，均匀洒在死者坟前，祭奠死者，然后才是燃香烛、纸箔等祭品。家人在坟前向死者磕头行礼，女眷还要像送葬那样哭泣呐喊。待香烛、纸箔快燃尽的时候，家人才可以离开。头七酒是祭奠死者的，家人不能饮用。传统的丧葬礼仪对死者家人的饮酒有严格规范，其子女等在服丧期间不能饮酒，不能动荤。中国古代，子女为父母要服丧三年，要求三年内不能饮酒吃肉，显然不合情理。比较可行的是，在满七之后，可以适量饮酒，吃肉则不加限制。但在公开场所，还是要遵守不饮酒的规矩。

"五七"酒则比较隆重。在死者去世满三十五天的时候，家人要摆设宴席，举行隆重的"做七"仪式。在这一天，亲朋好友携带香烛、纸钱、元宝等祭品，到死者家参加祭奠活动。亲朋好友到齐后，家人携带祭品，和亲朋好友一起，先到死者坟前，举行隆重的祭奠仪式。其祭奠仪式与头七相似，摆放祭品，燃放鞭炮，洒酒祭奠，点燃香烛，焚烧纸钱等，家人在坟前向死者三叩首，来宾站在死者家人之后，三鞠躬表示哀悼。祭奠结束后返回，死者家人摆设宴席，招待前来参加祭奠的亲朋好友。按照惯例，死者家人不能饮酒，邀请族人中德高望重者主持宴会。"五七"之后虽然还有六七和七七，但"五七"之后，丧葬之事基本告一段落，所以，"五七"酒大家都比较放得开。主持者代表死者家人对参加"五七"酒的来宾表示感谢，待酒过三巡、菜过五味之后，参加宴会的宾客除了不能喧哗和行酒令外，饮多饮少可以随意。客人之间相互认识的，或有亲戚关系的，可以借此机会相互敬酒，以及表示答谢等。"五七"酒隆重而肃穆，既表现出对死者的哀悼和敬重，又体现出酒文化与传统丧葬礼仪的内在联系。

十一、酒令览胜：雅俗酒令各擅场

十一、酒令览胜：雅俗酒令各擅场

　　酒令是中国酒文化的一大特色。它通过行酒令的方式劝酒助兴，活跃宴会气氛，增进参加宴会者的感情交流，加深彼此间的相互了解。从某种意义上说，喝酒只是一个由头，一个幌子，一块招牌，一种自娱娱人的方式，而真正的意义则在于通过饮酒加强人与人之间的沟通与交流。所以，酒令不仅是社会、历史、文化的反映，而且反映出中国人的聪明智慧和幽默风趣，反映出中国人对酒和酒文化的理解与把握，反映出中国人特有的交流方式。它把天文地理、自然风物、语言文字、生活用品以及与人们日常生活相关的事物，统统拿了过来，通过某种特殊的方法，劝人饮酒，活跃气氛，同时又联络感情，加深了解，促进交流。传统文化博大精深，酒令也是丰富多彩，各种酒令粗略算下来不下百种，比较流行的就有投壶、骰令、射覆、文字游戏令、廋词令、五经四书令、骨牌令、筹令、划拳、诗词令、姓名令、快乐酒令、笑话酒令、故事酒令等几十种。这些酒令各有擅长，雅俗共赏，构成了中国酒文化的一道亮丽风景线。

酒令的功能妙用

早在春秋战国时期，饮酒就已经开始行酒令了。据《左传·昭公十二年》记载，晋昭公为齐庄公举行宴会，中行穆子负责招待。宴会中，穆子建议行投壶酒令，即拿矢朝一个壶中投掷，矢进入壶中算是投中。晋昭公先投。穆子代替晋昭公投，说："有酒如淮，有肉如坻。寡君中此，为诸侯师。"(《投壶辞》)穆子一投，果然投中了。齐庄公拿起一根矢，说："有酒如渑，有肉如陵。寡人中此，与君代兴。"一投也中了。伯瑕对穆子说："你的话错了。我们本来就称霸诸侯了，还要投壶干什么？投中也不是什么稀奇事，齐君已经轻视我们的君主了，回去后就不会再来了！"穆子说："我们的统帅坚强而有力，士卒争相勉励。如今就像从前一样，齐国能够怎样呢？"

公元前531年，晋平公死，晋昭公继位。次年，也就是公元前530年，齐侯、卫侯、郑伯等到晋国，朝见晋国的新君。晋昭公宴请齐侯，让中行穆子作陪。为助酒兴，晋侯和齐侯行投壶令，将一壶置于中间，每人持矢朝壶中投，把矢投进壶中者不饮，投不进者饮。虽然此时晋国已不像晋文公时那么强大，但晋国毕竟还是霸主，晋昭公不愿屈尊，就让穆子代他来投。所以，穆子投壶时说"寡君中此，为诸侯师"。齐侯却不甘久居人下，说："寡人中此，与君代兴。"显然有想和晋侯并驾齐驱的意思。投壶本来只是一种酒令，但在这里，却演变成了政治斗争的一种方式。

战国时期，魏文侯饮酒，令公乘不仁为觞政。有人以为，这就是中国酒令之滥觞。春秋时期晋侯宴请齐侯，穆子与齐侯投壶，虽然有令词，但是却无令官。而酒令严格地说是由令官执行的。魏文侯让公乘不仁为觞政，说："饮不釂者，浮以大白。"(《说苑·善说》)意思是说喝酒喝不干净的人，罚一大杯。这实际上就是让公乘不仁做酒司令，监督众人饮酒。公乘不仁尽职尽责，见魏文侯没有喝干净，说："罚君一大白。"魏文侯只当没听见。侍者提醒公乘不仁说："请你退下去，君已经醉了。"公乘不仁说："作为臣子，不能随意改变；作为君主，同样也不能随意改变。君已设令，而不按酒令去做，怎么可以呢？"魏文侯听了，说："说得好！"举起杯来一饮而尽，并把公乘不仁作为上客对待。

西汉初年，吕后设宴，令朱虚侯刘章监酒。刘章说："臣是将门之子，请求用军法行酒令。"吕后就答应了他。喝酒的时候，吕后的娘家人有一人喝醉了酒，把酒洒了，刘章拔出剑来把他杀了，然后报告吕后："有一人洒了酒，臣谨依军法，把他斩了。"吕后因有言在先，没加追究。《红楼梦》中鸳鸯奉贾母之命为令官，曾说："酒令大如军令。"但事实上，饮酒行令是不可能真的按军令去执行的。酒令如果真的严格到军令那种地步，那酒也就没法喝了，某人说不定一不小心、一不留神，把酒洒了，或是违了令官之令，稀里糊涂地脑袋就搬了家，那该是多么可怕的事情啊！

虽然曾经出现过朱虚侯杀人那样极端的事例，但喝酒的人对行酒令却是乐此不疲，因为酒令确有其独到的妙用。提神、助兴、侑酒自不必说，更主要的还在于它可以显示才华，表现智慧，了解他人，消除隔阂，加深印象，促进交流。至于借饮酒以求达到其他的目的，就更少不了酒令了，民谣所说的"酒杯一端，政策放宽；酒杯上手，原则全丢；滋流一响，有话好讲；酒足饭停，不行也行；饭饱喝醉，不对也对；嘴巴一抹，事情办妥"等诸多极不正常的现象，恐怕都是出现在酒令的呐喊声中。正因为酒令有如此之多的妙用，古往今来各种各样的酒令层出不穷，花样翻新。除最早出现的投壶之外，还有骰令、筹令、骨牌、诗词令、文字游戏令、戏曲小说令、笑话酒令、故事酒令，以及为众多的人所乐于接受的通令、划拳等多种形式。随着时代的演进，各种酒令也在不断翻新，不断变化，被赋予新的社会文化内容，反映出时代的特色。如《西厢记》筹子令，见于记载的就有三种，而且每一种都是一百筹。清人俞敦培《酒令丛抄》收有前人编制的《西厢记》酒筹令，他自己又编制了"艺云轩《西厢记》新令"。此外，清人汪兆麒又有"集《西厢》筹令"。这三种《西厢记》酒筹令都是择取《西厢记》曲文和宾白，根据其意思，确定与其相关的人饮酒，但各有风貌，各有特色，行酒令时可以根据爱好做出选择，却是不可相互代替。即使是那些看似通俗的酒令，如很是流行的"剪子布锤"（又称"锤包锤"）和"老虎杠子"，其创制方法和思路也是一样的，都是选择相互克制之物形成一个连环，用相邻的两物决出胜负。但是，两者却不可相互替代。因为前者是用手势来表示，行令时可说可不说，且每次必分胜负，而后者却是用筷子敲击桌面，行令时必须说出你所选择的东西，而且它是四物循环，中间可有间隔，不是每次必分胜负。这样的话，参与者就有了选择的余地，若想每次都有人喝酒，就选"剪子布锤"，若想进行得慢一点，就选"老虎杠子"。古今酒令层出不穷，花样翻新，种类繁多，也是为了适应人们不断变化的需求和选择。

中国的酒令虽然花样翻新，千差万别，但严格地说可以分为雅令与俗令两个大类。文化有雅俗之分，酒令也有雅俗之分，这原不是什么问题。但是若因此而把二者分出一个高下尊卑，就有些荒唐了。雅文化有其产生的背景和原因，有其发展流行的渠道，有其适用的场合；俗文化亦然，其产生、发展、流传和适用范围，都和民俗民众有着密不可分的关系。作为文化的一部分，可以把酒令分成雅令与俗令两类，但事实上，人们在行酒令的时候，常常有雅人随俗和俗人求雅的情况。如果把俗人求雅说成是附庸风雅，那么雅人随俗也就有斯文扫地之嫌了。

对文人雅士来说，饮酒是一种生活，一种乐趣，一种人生，一种爱好，一种需求。在历代文学创作中，酒是文人文思的润滑剂，也可以催化神来之笔。正因为此，历代文人对酒都有一种特殊的感情。东晋大诗人陶渊明生性嗜酒，以为"酒能祛百虑，菊解制颓龄"（《九日闲居》），纵然"家贫不能常得"，但也丝毫不能减弱他对酒的兴趣。他造酒、饮酒、咏酒，以至于昭明太子说"有疑陶渊明诗篇篇有酒"（《陶渊明集序》）；唐代李白更是与酒有不解之缘，不论是高歌"仰天大笑出门去，我辈岂是蓬蒿人"，还是失意时的"花间一壶酒，独酌无相亲"，抑或是贵妃捧砚，力士脱靴，醉草《吓蛮书》，他都要饮酒放歌，惹得与他同时代的杜甫说"李白一斗诗百篇，长安市上酒家眠。天子呼来不上船，自称臣是酒中仙"；苏东坡对酒有独到的见解和体味，以为"江左风流人，醉中亦求名。渊明独清真，谈笑得此生"，在高歌"大江东去，浪淘尽，千古风流人物"的时候，还十分清醒地劝人们"一尊还酹江月"。

陶渊明像

在许许多多黄土里刨生活、肩头上担日子的普通人看来，酒也许就是一碗黄汤，一杯浊水。困了累了，喝几盅解解乏；愁了闷了，饮一杯消消气；怯了怕了，灌两壶壮壮胆。逢年过节，红白喜事，远方来客，农闲无事，不论家里庭院、村边谷场，还是街头巷尾、旅馆店堂，弄几碟小菜，拎几瓶小酒，几个人围在一起，一边唠嗑，一边捋胳膊划拳，吆五喝六，很是热闹惬意。农家酒令不是划拳拇战伸指头，就是"老虎杠子""有没有"，不会文绉绉的，一点儿也说不上雅。但喝酒行令的人兴高采烈，津津乐道。听一听他们划拳的口令，如"一条龙""一枝花""哥俩好""二度梅""三星高照""连中三元""四季发财""四喜临门""五子登科""五星魁首""六六大顺""六出祁山""七个巧""七仙女""八仙过海""八面风""九连环""九重天""满堂彩""全来到"等等，你会觉得这不仅仅是一种口令，更是一种文化，一种带有农民的质朴、狡黠、机敏、幽默的文化，一种反映出几千年社会心理积淀的文化。

　　一种好的酒令，不仅能够为广大酒友所接受，有相当广阔的流行区域，而且应该有一定的文化品位和文化内涵。如上述所说的划拳令，乍一看来吆五喝六，不那么文雅，但它可以说是目前最为流行的酒令。而且，从其令词来看，确实包含着很丰富的社会文化内容，也不缺少文化品位。"一枝花""二度梅""三星高照""连中三元""五子登科""六出祁山""七个巧""八仙过海""九重天"等等，哪一句令词没有一个动人的故事？哪一句令词没有文化内涵？哪一句令词没有文化品位？正因为这种酒令具有丰富的文化内涵、较高的文化品位，它才能为包括许多文化人在内的广大民众所接受，才能在酒桌上、宴会上盛行不衰，才具有旺盛的生命力。而那些出自文人骚客之手的所谓"雅令"，虽然很有文化品位和文化内涵，吸引了不少文人的注意，赢得了一片喝彩，但"雅"也成为它的致命缺陷，限制了它的受众，限制了它的流行。譬如《西厢记》筹子令，令词出自有文雅之称的《西厢记》曲文，颇多"之、乎、者、也"之类，不仅需要识文断字，而且需要戏曲知识才能行得。这样一来，那些没有机会接受文化教育的人，即使想行这种酒令，也没有那个条件。斗大的字识不了一箩筐，怎么念筹子上的令词？怎么行得了酒令？所以，只好敬而远之，对不起了。

　　中国有句俗话，叫作"无酒不成席"。不论什么样的宴会，只要想使气氛隆重热烈一些，喜庆的氛围更浓重一些，就不可能少了酒。没有酒的宴会该是怎样的情形，是不难想象的。可是，有了酒，有了名酒好酒，宴会也不一定就能办得很出色。这不仅涉及出席宴会者的文化素质和参与心理，而且还有个如何遵从酒礼和如何行酒令的问题。酒礼也是一门颇为复杂深奥的学问，前述各章已经涉及。这里只说酒令，如果有那么几个粗俗之人，不顾酒礼和主人的面子，行酒令时捋胳膊挽裤腿，大呼小叫，粗俗不堪，或者不分场合随便说一些有失雅道的黄色段子，自然会大煞风景，令人扫兴；如果行一些能够为大多数人接受的酒令，由大家推举一位德高年劭、深孚众望的人主持酒令，做酒司令或酒监，或按次序轮流行令，或行飞觞令，既温文尔雅，不失礼数，又能活跃气氛，增进了解，加强交流，就会为宴会增光添彩。

　　"兰陵美酒郁金香，玉碗盛来琥珀光。但使主人能醉客，不知何处是他乡。"（李白《留客中行》）酒能醉人。若是主人殷勤好客，佳令连环，纵然是村醪浊酒，人岂能不醉？酒不醉人。若无豪客佳令，即使是兰陵美酒，如何能令客醉？能让客醉，固然是主人的一番美意；客走主安，又何尝不是客人的一种心情？倘若客人没能尽兴，或是醉得分不清东南西北，这样的酒不喝也罢。若要主客尽兴，二美兼得，岂能饮酒无令？

　　梁实秋对酒有过精彩的评价："酒实在是妙。几杯落肚之后，就会觉得飘飘然，醺醺然。平素道貌岸然的人，也会绽出笑脸；一向沉默寡言的人，也会议论风生。再灌下几杯之后，所有的苦闷烦恼全都忘了。酒酣耳热，只觉得意气飞扬，不可一世。若不及时知止，可就难免玉山颓欹，剔吐纵横，甚至撒疯骂座，以及种种的酒失酒过全部的呈现出来。"（《饮酒》）酒的确是一柄双刃剑。它可以成刘邦之事、关羽之名，壮英雄行色，鼓三军士气，也可以使前嫌冰释，两仇言欢，路人如故，朋友情深。但是，酒也可以使人消沉，诱人堕落，成为色媒，招惹祸端。正如无名氏《酒祸》写的那样："酒是伤人之物，平地能生荆棘。惺惺好汉昏迷，醉倒东西南北。看看手软脚酸，蓦地头红面赤。弱者谈笑多言，强者逞凶斗力。官人断事乖方，史典文书堆积。狱卒不觉囚逃，皂隶横遭马踢。僧道更是猖狂，寺观登时狼藉。三清认作三官，观音唤作弥勒。医卜失志张皇，会饮交争座席。当归认作人参，丙丁唤作甲乙。乐人唤笛当箫，染匠以红为碧。推车那管高低，把舵不知横直。打男骂女伤妻，鸡犬不得宁息。扬声叫讨茶汤，将来却又不吃。妻孥通晓不眠，搅得人家苦极。病魔无计支持，悔恨捶胸何益。"对爱酒嗜酒的人来说，这篇《酒祸》可以为戒。

酒是一柄双刃剑，酒令同样也有双重效果。林语堂先生论及中国的酒令时，说过这么一段话："中国人对于酒的态度和酒席上的行为，在我的心目中，一部分是难于了解和应该斥责的，而一部分则是可加赞美的。"(《酒令》) 他认为，应该斥责的是"强行劝酒以取乐"，而可加赞美的则是"声音的喧哗"。对强行劝酒以取乐，他这样描写："凡是稍能饮酒者，必以酒量自豪，而总以为别人不如他自己。于是即有强行劝酒，希望灌醉别人的举动。但劝酒时，总是出之以欢乐友谊的精神，其结果即引起许多大笑声和哄闹声，但也使这次欢会增出不少的兴趣。宴席到了这种时候，情形极为有趣。客人好似都已忘形：有的高声唤添酒，有的走来走去和别人掉换位，所有的人到了这时都已沉浸于狂欢之中，甚至也无所谓主客之别了。这种宴席到了后来，必以豁拳行令斗酒为归宿。各人都必用尽心机以能胜对方为荣，并且还须时时防对方的取巧作弊。其中的欢乐，大约即在这种竞争精神的当中。"其可赞美的，则是划拳行令的韵致和节奏："两个人同时伸出几个手指，一面即各由口中高声喊猜，两方手指加起来的总数，猜着者为胜。所喊的一二三四等数字，都有极雅致的代表名词，如'七巧''八马''八仙过海'之类。豁拳伸指时，双方必须在快慢上和谐节拍，因之嘴里的喊声也随之而生出高低快慢、顿挫抑扬的韵调，如音乐中的节拍一般。还有些人并在上下句喊声的中间插入一种如音乐的过门一般的句子。所以这种豁喊声可以连续有节拍的接下去，直到两人之中有一个胜了，由输者喝完事先所约定的杯酒时，方暂时停顿一下子。这种豁拳并不是盲目胡猜，须极注意对方指数的习惯，而立刻加以极敏捷的推测。其兴趣完全看豁拳者是否高兴，和豁拳时音调是否迅速合拍而定。"这样的酒令既有韵律感，又体现出饮者的智慧和文化素养，对行令者和观赏者都是一种享受。

酒中君子在饮酒行令时，如果少一些强行劝酒取乐的粗俗之举、失态之行，多一些妙如音乐般的韵致和谐，给人一份愉悦的心情和恬然豁达的心境，则可谓得到了酒令之真谛。

文人墨客之雅令

文人墨客饮酒，或者是在比较庄重的场所饮酒，若要行酒令也都比较雅致。尤其是古代文人雅士聚会饮酒，行的都是温文尔雅的酒令，以此表现行令者的文化素养和聪明智慧。中国的文雅酒令有很多类型，其中较具代表性的有射覆令、廋词令、文字游戏令、骨牌令、酬令、诗词令、四书五经令等。

射覆酒令。射覆原是汉代的一种游戏。《汉书·东方朔传》载有东方朔射覆的故事："上（指汉武帝）尝使诸数家射覆，置守宫盂下。射之，皆不能中。朔自赞曰：'臣尝受《易》，请射之。'乃别蓍布卦而对曰：'臣以为龙，又无角；谓之为蛇，又有足。跂跂脉脉善缘壁，是非守宫即蜥蜴。'上曰：'善。'赐帛十匹，复使射他物，连中，辄赐帛。"这里所说的射覆，实际上是先把某种东西遮盖起来，让别人猜其究竟是什么。相传唐玄宗准备任某人为丞相，先把其名字写在一张纸上，用金瓯覆盖起来，让太子李亨猜，猜中了赐酒。唐代诗人李商隐《无题》诗已有咏射覆的诗句："隔座送钩春酒暖，分曹射覆蜡灯红。"后来，射覆就被广泛用作酒令，以相连的字句隐喻某物，类似字谜，让人去猜。清俞敦培《酒令丛抄》介绍"古令"时说："然今酒座所谓射覆，又名射雕覆者，殊不类此。法以上一字为雕，下一字为覆。设注意'酒'字，则言'春'字、'浆'字，使人射之。盖春酒，酒浆也。射者言某字，彼此会意；余人更射，不中者饮，中则令官饮。"

廋词酒令。廋词就是隐语，今人称之为字谜。所以，廋词令又称为字谜令。关于廋词，清人周亮工《字触》称："字以触名，本取点画，无贵声诗。然支干数目，尽谱雅章；药物卦名，咸归韵什。至于离合之篇，专主分析其字，托之隐语，诗教似支。而敷义昭融，制辞隽上，如讽苏李之吟，奚啻齐梁之句，即不更以点化相绳，亦宛然正葩嗣响也。今人不但不能佳，并不知此体矣。"周亮工认为，前人所作廋词"敷义昭融，制辞隽上"，可以称之为《诗经》的嗣响。虽然如此，还是有不少廋词属于游戏一类，主要是供人一笑，侑酒取乐，并无特别的意义，更无关风教。清人黄周星作廋词酒令四十笺，皆属于人名令。每一笺有若干句，后标明人名所属时代，猜谜者可根据提示，打古代四个人名。猜中后，可据笺上所说，奉酒给指定的人饮；若是猜不中，则自饮一杯。

文字游戏酒令。汉语言文字是由偏旁部首按照一定的规律组合而成的，具有指事、象形、会意、形声、转注、假借等特点，随便加以分合增减，都可以用于字谜、酒令、游戏等娱乐活动。建安时期，孔融有离合诗，把自己的籍贯、姓氏、名字等用五言诗的形式表现出来，开离合诗的先河。北宋黄庭坚的《同心》诗，把"好闷"二字拆为两句诗："你共人、女边著子，争知我、门里挑心"。南宋刘一止有《山居作拆字诗一首寄江子我郎中比尝以拆字语为戏然未有以为诗者请自今始》诗："日月明朝昏，山风岚自起。石皮破仍坚，古木枯不死。可人何当来，意若重千里。永言咏黄鹤，志士心未已。"前五句和第七句，都是用的二字合为一字法，分别是明、岚、破、枯、何、咏；第六句和第八句用的是一字拆为二字法，重拆为千里，志拆为士心。至于以文字游戏为酒令，春秋战国时期就已经有"当筵歌诗"和"即席作歌"，汉代以后，文字游戏酒令经常出现在文人宴会中。明清时期文字游戏酒令更是花样翻新，各种名目繁多，拆字、字谜、俗语、顶针、续麻、谐音、歇后语、绕口令，以及戏曲小说、《千字文》等，都进入文字游戏酒令中，极大地丰富了文字游戏酒令的内容。清代张潮的《下酒物》、俞敦培的《酒令丛抄》、莲海居士的《红楼梦觥史》、佚名《新刻时尚华筵趣乐谈笑酒令》等，皆载有许多文字游戏酒令。有的文字游戏酒令很有智慧，如"锄麑触槐，死作木边之鬼；豫让吞炭，终为山下之灰"，属于拆字酒令，讲了两个历史故事，赞美了锄麑和豫让两位义士，也流露出行令人的思想倾向。

骨牌酒令。骨牌亦称牙牌，传说始于北宋宣和年间。《正字通》有这样的记载："牙牌，今戏具，俗传宋宣和二年，臣某疏请设牙牌三十二扇，计点一百二十有七，以按星宿布列之。"到了南宋高宗时，骨牌令才正式颁行天下。骨牌是用象牙或动物的骨、角以及竹木等制成，长方形，一面颜色一致为背面，一面刻有点数为正面，总计三十六张，天牌、地牌、人牌、和牌各二张，其余各张骨牌都有名称，依次是三六、四五、三五、二六、三四、二五、么四、二三、二四、么二各一张，长五、长三、长二、五六、四六、么六、么五各二张。行酒令时，以几张骨牌为准，由令官决定。若是想轻松一点，就一张一张地进行，轮到谁行令时，谁就随意摸一张骨牌，交给令官。令官说出这张骨牌的名称和点数，行令的人就要说一句和骨牌名称押韵的诗，诗中还要含有这张骨牌的点数，否则就是违例，罚酒一杯。有的则要求先说一句古人的诗句，然后把骨牌的点数变成一句话，破解前面的诗意。若不符合要求，罚酒一杯。比如抽得的骨牌是长二，二为双，就要用单来破解，行令的人如果说"自来自去梁上燕，正双飞"，"自来自去"有孤单的意思，就算是破解了；另如"门泊东吴万里船，铁锁缆孤舟"，则是以"万"字来破解骨牌的"孤"（即么）。这种酒令难度比较大，所以，通常是数点数，点数对住谁，谁就喝酒，比较简单易行。

筹子酒令。筹令是一种古老的酒令。清郎廷极《胜饮编》有"古人饮酒，率多用筹，盖以行令记数也"之说。唐代诗人对筹令多有咏赞，

唐代八棱人物金杯

白居易的"碧筹攒米碗，红袖拂骰盘""稍催朱蜡炬，徐动碧牙筹"，元稹的"何如有态一曲终，牙筹记令红螺碗"，刘禹锡的"罚筹长竖蠹，觥盏样如舠"，王建的"替饮觥筹知户小，助成书库见家贫"，徐铉的"歌舞送飞毬，金觥碧玉筹"，都是吟咏筹令的。行筹令所用的筹子，一般都是用竹签制成。根据筹令的不同，在上面刻上不同的酒令令词。有钱人家也用象牙或动物的角做筹子，显得十分大气。但因喝酒事常有，而酒筹不常备，所以有时就因地制宜，就地取材，用别的东西来代替酒筹，譬如草梗、花枝之类，冯异诗"折草为筹箸，铺花作锦裀"，白居易诗"花时同醉破春愁，醉折花枝当酒筹"，描写的就是这种情况。以草梗或树枝做筹子行酒令，与用骨牌行酒令相似，都是数数，或者由所有参加宴会的人猜点数，猜对者不饮，猜不中者饮。不同的筹子令，使用的筹子数目则不同。具体数目则视情况而定。常见的有《饮中八仙歌》筹令、《九歌》十二筹令、二十四筹花风令、唐诗百筹令、《西厢记》百筹令等。筹子上不仅要刻上筹子的顺序号和筹子令的内容，而且要注明得此筹子，何人饮酒，饮几杯。有的筹子令在签上还特别注明，得此签者需要行何种酒令，和多少人行酒令。行酒令时，视宴席中人数多少，可随意取不同数目的筹子，由令官执筹子筒，轮流抽签。一人按签上所说，完成各项使命之后，下家接着抽签，再按签上所说进行。这些筹子令都很有特色，游戏取乐的味道很浓，同时又蕴含着丰富的文化内容，可以增加人们在诗、词、曲诸方面的文化知识。

诗词酒令。中国是诗的国度。早在春秋末年，孔子就曾说过："不学诗，无以言。"写诗、诵诗、联诗，不仅显示出一个人的文化水平和文化修养，而且也是社交活动必不可少的一种本领。西周诸侯国的外交官员，奉命出使其他国家，常常用《诗经》中的话作为外交辞令。在后来的史书记载中，也能找到许多类似的情形。《三国演义》第八十六回写西蜀秦宓和东吴张温辩论，也是用《诗经》作为自己立论的根据。张温问："天有头乎？"秦宓说："有头。"张温又问："头在何方？"秦宓说："在西方。《诗》云'乃眷西顾'。以此推之，头在西方。"张温又问："天有耳乎？"秦宓回答说："天处高而听卑。《诗》云'鹤鸣九皋，声闻于天'。无耳何以能听？"张温又问："天有足乎？"秦宓回答说："有足。《诗》云'天步艰难'。无足何能步？"正因为诗歌已经深入到人们的社会文化生活中，在酒席宴会上，人们才会常常以诗词为酒令，用吟诗联句的方式侑酒助兴。中国古代的诗词酒令有很多种，常见的也不下几十种。清代佚名《新刻时尚华筵趣乐谈笑酒令》和其他一些酒文化著作，都收有许多诗词酒令。最为常见者是飞觞，即用某一字行飞觞令，每人吟诗一句，诗句中应嵌入约定的字，譬如"花"字，所吟的诗句中必须有"花"字。有时对所飞之字的位置有要求，有时则随意，但不论怎样，自吟诗之人数起，所飞之字数到某人，某人就要饮酒。

"四书五经"酒令。"四书五经"入酒令由来已久。北宋时期，参知政事王安石实行变法，苏轼因与王安石政见不合，就常常发些牢骚。一天，他和三位文友小酌，提议用《易经》中的卦名为酒令。此令是先说一件事情，最后应以卦名，卦名和所说的事情要相契合，不然的话就算违例，罚酒一杯。此后，"四书五经"入酒令的例子屡见不鲜。到了清代，乾嘉学派主导文坛时，"四书酒令"大行其道，在文人学子中很是流行。"四书酒令"是当时莘莘学子的必修课，为了科举高中，必须熟背"四书酒令"。加之当时考据之风甚盛，对许多人来说，"四书酒令"已经烂熟于胸，所以，今天看来颇为繁难的"四书酒令"酒令，在当时的文士中却是很有市场。有些酒令很有意思，如"孟尝门下三千客，大有同人。湟水渡头十万羊，未济小畜"，一个酒令包含《易经》中的大有、同人、未济、小畜四个卦名。有时为了增加难度，令官临时还有一些特殊的规定，比如要把"四书酒令"和某件事情或某部小说、某一出戏联系起来。于是，"四书酒令"令越来越繁杂，名目也越来越多。明清以后，这种酒令很少有人再用了。

安雅堂酒令。这是明人创制的一种酒令，它取宋明之前的著名人物和某些广为人知的人物计一百名，根据他们的生平事迹和酒联系最为紧密的事件，加以编制。其体例是先用四句五言诗述其性格特点及与酒有关的事件，然后再说如何行酒令，如何饮酒。这种酒令对饮酒和饮酒过程中应该做的一些事情规定得十分具体而明确。如"齐人乞余第七"，则是根据《孟子·离娄章》中齐人有一妻一妾的故事编制的。其诗云："乞余真可鄙，不足又之他。妻妾交相讪，施施尚欲夸。"关于饮酒的规定和饮酒情况的描写，也紧扣齐人乞墦的故事："得令者领折杯中酒，饮些子，复于坐客处求酒食，既而夸之。席有妓，则作妻妾骂之。无妓，则以处左右邻为妻妾。"从这些描述中不难看出，这种酒令是一种趣味性很强的酒令。

此外，姓名酒令也有一定的影响。姓名酒令，顾名思义就是用人的姓名来行酒令。中国有很多姓氏，编定于宋朝的《百家姓》收有姓氏四百七十二姓。此外，宋人和明人都编有《千家姓》。保守估计，中国的姓氏不下万种，这就为用姓氏行酒令提供了很大方便。姓氏酒令五花八门，千奇百怪，除了文人学子刻意为之，与人们的姓氏名号太多、太复杂、太富有趣味有很大关系。

雅俗共赏之通令

在各种宴会上，最为流行的是通令。所谓通令，就是很多人都能参与的酒令，是一种大众化的酒令，也是最受欢迎的酒令。它不受时间、地域的限制，不论天南海北，僻壤闹市，甚至不论古今中外，只要一说出来，大家就能心领神会，一说即懂，一看即会，不必进行过多的演习和操练。这种酒令不要求参与者有多高的文化水平，也不需要多么广博的文化知识，它可以因地制宜，随席择项，随意性很大。令官随便说出一种方法，只要众人一致同意，就可以开始行令。比较流行的有掷骰子、划拳、讲笑话等。

掷骰子是一种很古老的酒令。据文献记载，唐代皇甫嵩《醉乡日月》原列有"骰子令"一门，可惜其书已散佚。最早的掷骰子是怎么回事，已经无从考知，现在仅能从一些佚文中窥知一二。关于骰子令，有"大凡初筵，皆先用骰子。盖欲微酣，然后迤俪入令"（《醉乡日月》）一段佚文，可知是在宴会之中，人们饮酒至微醺的时候，才开始行掷骰子的酒令。《唐语林》也记载了骰子令的一段佚文，其文云："聚十只骰子齐掷，自出手之人，依采饮焉。'堂印'，本彩人劝合席；'碧油'，劝掷外三人。骰子聚于一处，谓之'酒星'。依采聚散。骰子令中，改易不过三章。次改《鞍马令》，不过一章。"这段话中的"堂印""碧油"等彩名，宋人李清照的《打马图》有记载。王昆吾《唐代酒令艺术》以为"《醉乡日月》所说的'堂印''碧油''酒星'，均是双陆骰中的贵彩。其中'堂印'即'重四'，也叫'浑四'，指所掷之骰皆为四点。'堂印'原指宰相政事堂所用的官印，此印形正方而色红。自唐玄宗为'重四'赐绯之后，骰子中的四点染成红色，故以'堂印'为其彩名。此彩在唐代为最贵之彩，所以《醉乡日月》说掷到'堂印'，掷骰人须举酒，劝合席同饮，以表庆贺。其中的'碧油'又称'浑六'，由三个六点组成。六点是双陆骰中最多的点数，'六'且谐音'绿'，故染成绿色。此'浑六'的颜色和形状均与唐代御史乘舆所用的'碧油幢'相似，故又名'碧油'。'碧油'是次贵之彩，所以《醉乡日月》说掷得'碧油'，掷骰人可举酒劝席中任三人同饮。其中的'酒星'又称'浑么',亦即李清照《打马图》中的'满盆星',指所掷三骰同为一点。一点是双陆骰中最少的点数,此点镂为圆圈形,较其他各点为大,故称'星'"。骰子为正四方体,六面,每面皆有点数,从一至六,有不同的名称。掷骰子时,可以用一枚,也可以用多枚。

最早的骰子令是什么样子,今天已很难见其全貌了。今天所能见到的骰子令,则多出自明清人之手。明清酒令类著作所说的骰子令,就是以骰子为行酒令的工具。令官根据参加宴会人数的多少,决定用一枚、两枚或是多枚。若是只有三四个人,用一枚也就够了。若是八人以上,通常情况下用两枚。因为所用的工具是骰子,而且骰子是以枚来数的,所以,这种酒令又叫"猜枚"。骰子令简便易行,不需要多大技巧,会数数就行,而且令官也不容易作弊,猜的人不论猜什么点数,都有很大的偶然性。一般情况下,一局只有一人饮酒。有时,令官为了加快进度,也可以另行规定猜不中者饮酒的杯数。

划拳又称拇战,即行酒令双方用伸出的手指头多少之和决定胜负。划拳是从唐代的手势令演变而来。唐人皇甫崧对当时流行的手势令有一段很精彩的描述,他说:"大凡放令,欲端其颈,如一枝之孤柏;澄其神,如万里之长江;扬其膺,如猛虎蹲踞;运其眸,如烈日飞动;差其指,如鸾欲翔舞;柔其腕,如龙欲蜿蜒;旋其盏,如羊角高风;飞其袂,如鱼跃大浪,然后可以畋渔风月,缯缴笙竽。"(引自清郎廷极《胜饮编》)清人则称划拳为豁拳、豁指头、拇战,有的地方也叫"猜拳",是明清以来较为流行的一种大众酒令。郎廷极《胜饮编》引李日华之语说:"俗饮,以手指屈伸相搏,谓之豁拳,又名豁指头。盖以目遥觇人,为己伸缩之数,隐机斗捷。"清代小说中有许多饮酒划拳的描写,《红楼梦》第六十二回写宝玉生日,众人来给贾宝玉祝寿,宝玉提议行酒令,于是,香菱就把射覆、骰令、拇战等酒令写好搓成阄，放在一个瓶子里，让众人抓阄，结果平儿拈了个"射覆"，袭人拈了个"拇战"。小说写众人划拳，颇有声色：先是湘云等不得，早和宝玉"三""五"乱叫，猜起拳来。那边，尤氏和鸳鸯隔着席，也"七""八"乱叫，划起拳来。后来是"大家又该对点撆拳，这些人因贾母、王夫人不在家，没了管束，便任意取乐，呼三喝四，喊七叫八，满厅中红飞翠舞，玉动珠摇，真是十分热闹"。划拳是二人对战的酒令，有时较为随便，有时则有严格的要求，比如说划拳的人胳膊肘支在桌面上，不能弯曲，不得移动，伸手指时不能慢，不能拖泥带水，不能藏藏掖掖。至于皇甫松笔下的划拳，看着就是一种享受。当然，有时为示公平，还需要一个令官在一旁督战，以便发生异议时充当裁判。

作为如今最为流行的酒令，划拳的方式和口令，在不同的地方有不同的规则和表现。但不论如何不同，总是离不开从零到十这些数目，而且多是赢拳者不饮，输拳者饮。其口令，同一数字有多种说法，意义各不相同。下面把划拳的口令略作介绍：一又作一枝花、一条龙、一心敬你、一心一意、一飞冲天、一阳指等，二又作哥俩好、并蒂莲、连理枝、二度梅、二指禅、二郎神等，三又作桃园三、三结义、日月星、三星高照、三阳开泰、三清相随、日见三清等，四又作四季发财、四喜临门、四方朝贡、乾隆通宝、四只眼（戏谑戴眼镜者），五又作五魁首、五花马、五子登科、五方土地、五金魁首等，六又作六六顺、六六六、六月飞雪、横扫六合、跳出六道，七又作巧七枚、七巧巧、七仙女、七步才、北斗七星等，八又作八匹马、八大仙、八斗才、八面风、八面光、八拜交等，九又作九连环、九重天、重阳到、九九天、九五尊、九品官等，十又作十全十美、十全大补、满堂彩、全来到、拿得稳等，零又作两元宝、宝拳一对等。各地方言不同，对数字的叫法不同，对划拳的十个数字的说法各异。但总的原则是：划拳的双方各叫一个数字，同时伸出一只手来，把要出的手指伸出来。二人伸出的手指数加在一起，对住谁说的数字，就算谁赢，对不上者为输，要按照事先约定饮酒。如果双方都没有对上，接着叫数字，接着出手指，直到分出输赢。

讲笑话或讲故事。有一次和朋友一起饮酒，酒过三巡之后，主人说准备行酒令，让人暂停。接着，他就讲了一个笑话："有父子二人，平常难得喝一次酒，临近年节，二人去小酒店打了一坛酒抬回家。刚刚下过雪，路很滑，一不小心摔倒了，酒坛子摔破了。父亲急忙趴下去，饮雪地上的酒。儿子为酒坛打破还在发愣。父亲见儿子站在那里发愣，训斥说：'还在那里愣什么，难道还等人上菜不成？'"人们听了，轰然一笑。主人说："各位都笑过了。这就是我出的酒令，每人讲一个笑话，要能够让大家发笑，如果大家不笑，不能过关，要罚酒两杯。从下家开始，轮流讲。"原来，他是以笑话为酒令，行笑话酒令。喝酒，不是为喝酒而喝酒，而是为了相互了解，加强交流，彼此沟通。人们坐在一起，一边喝酒，一边聊天，用聊天消解酒意，用喝酒刺激聊天。酒桌之上，即使是平常不善言谈的人，也常常反应机敏，妙语惊人。笑话酒令，给人们聊天谈笑留下了发挥想象的空间，不论是听来的，现编的，只要妙语连珠，语出惊人，令人捧腹，让人喷饭，都可能成为好酒令。然而，近年来酒桌上讲的一些笑话，却是越讲越离谱，荤的素的，荤素夹杂的，橙的、黄的、粉的、灰的，应有尽有，有的还很流行。这样的笑话虽然可以让人一时发笑，却很难成为具有生命力的笑话酒令。因为，那些流传很久的笑话酒令，嘲讽的对象大都是荒谬的、大乖常理的、违背事理逻辑的人或事，它们不仅能够让人开怀解颐、喷饭捧腹，而且具有一定的文化意蕴，较高的审美价值，能够引起人们的思考。如果仅仅是为了博人一笑，那就会流于油滑甚至是低级趣味，意义不大。

古典小说与酒令

《三国演义》《水浒传》《西游记》《金瓶梅》《红楼梦》等五大古典小说以及《镜花缘》等名著，在中国有广泛影响。文人雅士要读，寻常百姓也会读。其中的人物、故事、情节等，人们非常熟悉，所以有时会在酒会上取其中的人物、故事、情节等作酒令，于是就有了以古典小说为主要题材的灯谜令、人名令、人镜令、筹子令等。

《镜花缘》灯谜令。清代李汝珍的小说《镜花缘》是一部神魔小说，小说写众花神因触犯天条，被贬到人间。众花神饮酒聚会时，必定行酒令，而灯谜令就是其中的一种。其中的灯谜令有地名灯谜令，如：天下太平——普安，天地一洪炉——大冶；有六经字谜令，如：昱——《诗经》"上下其音"，走马灯——《礼记》"无烛则止"；有四书字谜令，如：

唐代"论语玉烛"酒筹筒　镇江博物馆藏

无人不道看花回——《论语》"言游过矣",直把官场作戏场——《论语》"仕而优",何谓信——《论语》"不失人,亦不失言",鸣金——《孟子》"使毕战",他——《孟子》"人也,合而言之",三——《孟子》"二之中,四之下",席地谈天——《孟子》"位卑而言高";有事物字谜令,如:天上碧桃和露种,日边红杏倚云栽——"凌霄花",疏影横斜水清浅——"梅花塘",刮地风——"拂尘",称人心——"如意",橘逾淮北则为枳,橘至江北则为橙——"果化";有曲牌字谜令,如:张别古寄信——"货郎儿""一封书",老莱子戏彩——"孝顺儿""舞霓裳",高朋满座、胜友如云——"集贤宾",等等。这些字谜令颇具匠心,如"音",打《诗经》一句,把"音"的上半部分移到下面,是一个"音"字,所以谜底是《诗经》"上下其音"。

《三国演义》人名令。这种酒令要求行令者先说一个四字句,不论成语还是短语均可,然后再说一个和此句有关的《三国演义》人名,两者在语意上要有某种内在联系。此令自令官开始,依次往下说,说不出者,罚酒一杯。这种酒令虽然属于姓名酒令一类,但其形式却和谜语有些相似,因而也有人把它归入谜语令中。如:凿壁偷光——孔明,存以后用——刘备,孔雀收屏——关羽,展翅凌云——张飞,桃李逢春——张苞,人才得失——关兴,相貌堂堂——颜良,不许干涉——杜预,不看言辞——蒋干,赤兔殉主——马忠,汉朝文书——刘表,四面囤粮——周仓,告诉众人——周瑜,山东点心——鲁肃,城墙坚实——郭嘉,洞中雪消——孔融,等等。

《水浒传》人名令。这种酒令和《三国演义》人名令相似,行酒令时,每人先说一个四字句,然后再说一个和此句相关的《水浒传》中的人物名字,两者要文意贯通,相互联系,要求人物名字不能在四字句中有相同的字出现。说不出者罚酒一杯。如:斗转星移——时迁,万紫千红——

花荣，元前明后——宋清，通灵宝玉——石秀，单刀相会——关胜，后生可畏——童威，粗中有细——鲁智深，功夫欠佳——武松，不许搬动——杜迁，对手弃权——白胜，废弃物品——吴用，绳子多余——索超，敕令大赦——施恩，不喜张狂——郝思文，四方烽火——魏定国，冬去夏来——穆春，室内旋转——李衮，四方顺畅——周通，等等。

《水浒传》人物绰号令。绰号不仅是一种称呼，也是人物性格的反映。不同的绰号，不仅可以帮助人们认识一个人，还能使人过目不忘，牢牢地记住和这个人物相关的一些事情。因此，古典小说常常使用人物绰号，最典型的就是《水浒传》。《水浒传》中的一百单八将，上自三十六天罡之首的呼保义宋江，下至七十二地煞的最后一人金毛犬段景柱，每人都有一个绰号。所以，有人就用《水浒传》的人物绰号作酒令。行酒令时，自令官开始，每人轮流说《水浒传》中人物的绰号，先从三十六天罡说起，再说七十二地煞，天罡地煞的顺序不能混淆，如果说到天罡星，反而说到地煞星，罚酒一杯，反之亦然。其三十六天罡是：及时雨宋江、玉麒麟卢俊义、智多星吴用、入云龙公孙胜、大刀关胜、豹子头林冲、霹雳火秦明、双鞭呼延灼、小李广花荣、小旋风柴进、扑天雕李应、美髯公朱仝、花和尚鲁智深、行者武松、双枪将董平、没羽箭张清、青面兽杨志、金枪手徐宁、急先锋索超、神行太保戴宗、赤发鬼刘唐、黑旋风李逵、九纹龙史进、没遮拦穆弘、插翅虎雷横、混江龙李俊、立地太岁阮小二、船火儿张横、短命二郎阮小五、浪里白条张顺、活阎罗阮小七、病关索杨雄、拼命三郎石秀、两头蛇解珍、双尾蝎解宝、浪子燕青。七十二地煞也各有绰号，不再赘述。

《红楼梦》人名令。用《红楼梦》中的人物名来行酒令，也是要求自令官开始，每人先说一个四字句，然后再说一个《红楼梦》中的人物名字，前后要相互连贯，文意相通，构成一个完整的意思。如果不合要求，罚酒一杯。《红楼梦》人名令有很多，这里仅举数例：正月初一——元春，踏雪寻梅——探春，除旧布新——迎春，香气扑鼻——花袭人，芝兰其气——蕙香，稀世之簪——宝钗，凤鸣岐山——周瑞，微火烹茶——焙茗，貌似端庄——贾政，貌似清廉——贾琏，冒牌猫眼——贾宝玉，戏中老旦——贾母，隐姓埋名——甄士隐，道学随俗——贾雨村，等等。

《三国演义》歇后语令。这种酒令要求每人说一个《三国演义》人名，并用这个名字打一歇后语。行令时，自令官开始，按顺序每人说一句，说出者饮门杯，说不出者加罚一杯。举数例如下：刘备摔孩子——收买人心，刘备借荆州——有借无还，刘备的江山——越哭越稳，刘备的夫人——没事（糜氏），周瑜打黄盖——一个愿打一个愿挨，徐庶进曹营——一言不发，许褚战马超——赤膊上阵，关云长放曹操——念的是旧情，吕布掉进井里——使不得急（戟），庞统做知县——大材小用，等等。

《水浒传》歇后语令。这种酒令要求先说《水浒传》中的一个人物名字，再用这个名字说一句歇后语。自令官开始，按顺序来说，说出者饮门杯，说不出者加罚一杯。举数例如下：武松打虎——硬上纲（冈），孙二娘开店——进不得，林冲上梁山——被逼无奈，李逵打宋江——事后赔不是，李鬼拦路劫李逵——遇上真的了，鲁智深出家——是个花和尚，潘金莲的竹竿子——惹祸的根苗，潘金莲给武松敬酒——心怀鬼胎，晁盖的军师——无（吴）用，武大郎开店——高的不要，石秀进祝家庄——少不了走盘陀路，等等。

《西游记》歇后语令。这种酒令要求每人先说一个《西游记》中的人名，再用这个人物说一句歇后语。自令官开始，每人按顺序说，说出者饮门杯，说不出者另罚一杯。举数例如下：孙悟空到南天门——慌了神，齐天大圣做弼马温——不知官大小，牛魔王请客——净是妖，白骨精叫阵——就看猴哥的了，猪八戒的脊梁骨——无（悟）能之辈（背），海龙王搬家——厉害（离海），如来佛捉孙悟空——易如反掌，如来佛手中的孙猴子——逃不出手心，唐僧念紧箍咒——约束别人，海龙王找女婿——汤里来水里去，白骨精见唐僧——净是骗，铁扇公主肚子里的孙猴子——祸胎，等等。

《红楼梦》歇后语令。这种酒令要求用《红楼梦》中的人名，行酒令时先说一个《红楼梦》中的人物名字，再用这个名字说一句歇后语。说出者饮门杯，说不出者另罚一杯。举数例于后：贾宝玉的丫鬟——喜（袭）人，贾宝玉结婚——不是心上的人儿，贾宝玉的父亲——假正（贾政），刘姥姥进大观园——开了眼了，刘姥姥上席——净出洋相，刘姥姥出大观园——满载而归，鸳鸯戏水——一对下人，梅香拜把子——都是奴才，林黛玉看《西厢记》——入神，焦大不爱林妹妹——有自知之明，等等。

《红楼梦》人镜令。所谓人镜，是说人物的性格境遇与《红楼梦》中的人物相似，可以作为人们的镜鉴。这种酒令是先说一《红楼梦》人名，说明其属于什么样的人物，然后说明怎样饮酒。行酒令时，自令官开始，依次轮流掣筹，按筹子上所说决定饮酒行令的方式。该酒令属于筹子令一类，共有筹子六十四枝。这里简略介绍一些。第一筹：史太君——有福之人，合席饮，多子孙者饮一杯；第二筹：贾宝玉——我多情却被无情恼，凡黛玉、宝钗酒准代饮，新科得捷者、新得子者、善书者各饮一杯；第三筹：林黛玉——多半是相思泪，宝玉代饮一杯，善琴者、惜花者、烧香炉者、二月生日者，各饮一杯；第四筹：薛宝钗——大人家举止端庄，与宝玉饮合卺酒一杯，谈家务者、熟曲文者、体丰者各饮一杯；第四筹：邢夫人——夫人他心数多情性，清闲无职事者饮一杯；第五筹：王夫人——有心待举案齐眉，正印、正席、齐眉者，持斋者，抱孙者，各饮一杯；第六筹：贾元妃——我只道玉天仙离碧霄，具庆者、品位最尊者、正月生日者、后至者，各饮一杯；第七筹：迎春——时乖不遂男儿愿，谈因果者饮一杯；第八筹：探春——这人一事精百事精，得此筹者监令，饮令酒一杯，将远行者、三月生日者，饮一杯；第九筹：惜春——有心听讲，善书者、信佛者、年少者，各饮一杯；第十筹：李纨——一个士女班头，课子者饮一杯；第十一筹：王熙凤——你试虑过空算长，说笑话免饮，说不笑，仍饮，九月生日者、当家者、放债者，各饮一杯。其他各筹酒令大致类此。

《红楼梦》筹子令。取《红楼梦》人物名，根据人物身份特点制筹子若干根，上书人物名字，下书《红楼梦》中的语言一句，最后写明如何饮酒行令。如：警幻仙姑，人间天上——学仙者饮；空空道人，天际秋云卷——脱帽者饮；茫茫大士，浑俗和光——发脱者饮；贾宝玉，愿天下有情的都成眷属——主人遍酌座客，仍自饮一杯；林黛玉，泪珠儿似露滴花稍——汗多者饮；薛宝钗，据相貌，凭才性——有貌饮，有才饮，全者饮双杯；元春，好事从天降——有喜庆事者饮；探春，这人一事精百事精——多才多艺者饮；李纨，节操凛冰霜——孤客饮；王熙凤，天生是敢——打通关拳；等等。《三国演义》《水浒传》《金瓶梅》等，也都有筹子令，不再赘述。

《镜花缘》筹子令很有特色。第八十二回"行酒令书句飞双声，辨古文字音讹叠韵"，写到众才女行酒令之事。兰芝道："拜恳诸位姊姊行一酒令，或将昨日未完之令接着顽顽，借此既可多饮几杯，彼此也不致冷淡。"哀萃芳道："酒令虽多，但要百人全能行到，又不太促，又不过繁，何能如此凑巧？据妹子愚见，与其勉强行那俗令，倒不如就借评论诗句，说说闲话，未尝不能下酒。"紫芝道："妹子今日叨在主人之列，意欲抛砖引玉，出个酒令。如大家务要清谈，也不敢勉强。"师兰言道：

"主人既有现成之令,无有不遵的。是何酒令?请道其详。"于是,紫芝吩咐丫鬟把签筒送交兰言,说:"此筒之内,共牙签一百枝,就从姐姐掣起,随便挨次掣去,将所剩末签给我,以免猜疑。掣过,妹子自有道理。"众佳丽按照紫芝的吩咐,逐次开始掣签。若花掣得一签,上写:"奉求姐姐出一酒令,普席无论宾主,各饮两杯。"旁边又有几个小字:"此签倘我自己掣了,即求自己出令,所谓求人不如求己,普席也饮双杯。"于是,若花就取过四五十枝筹子,上写天文、地理、鸟兽、虫鱼、果木、花卉、饮食等,旁边俱注明双声或叠韵,再制一枝令签,掣到令签的人饮一杯令酒,开始出令。行令时要求飞觞,所飞之句也须是双声或者叠韵,错一个罚酒一杯。如果有两个双声或两个叠韵,接令的人或者说一个笑话,或者行一个酒令,或者唱一支小曲,合席各饮一杯。所用之书,必须是隋朝以前的,而且,前面的人用过的,一律不准再用,否则罚酒两杯。如果没有相当的文化根底,根本不可能行这样的酒令。但是,这些佳丽都受过良好的家庭教育,说几句古文或古诗,找到双声叠韵的字词,并不是什么难事儿。

饮者留名

结束语

大诗人李白有诗曰："古来圣贤皆寂寞，惟有饮者留其名。"虽然不乏浪漫诗人的夸张，但与文化相关的饮者，包括饮酒者和写酒者，更容易留下姓名、更容易让人们记住，确实是不争的事实。在勾勒酒文化与中华传统文化的关系时，我们不仅发现二者的发展演变始终保持同向同步，而且发现那些在中国历史和文化史占有一席之地的人，多多少少都与酒文化有些关系。《觞政》列举了一些酒文化中的典范人物，把他们称作饮者。如称曹参和蒋琬为"饮国者"，意思是他们身居丞相之位为国家尽心尽力，可以称作为国而饮的人；陆贾和陆遵都是放达的人，可以称为饮达；张齐贤和寇准是豪放的人，可以称为饮豪；王远达和何录裕是俊逸之人，可以称为饮俊；蔡邕是汉末文豪，可以称为饮而文；郑康成汉末大儒，可以称为饮而儒；淳于髡擅长诙谐，可以称为饮而俳；广野君郦食其能言善辩，可以称为饮而辩；孔融任情自然，可以称为饮而肆。醉颠和法常都是禅门大德，可以称为禅饮；孔元和张志和都是企慕仙道的人，可以称为仙饮；扬雄和管辂精于玄理，可以称为玄饮。白居易之饮适，苏子美之饮愤，陈暄之饮骇，颜延之之饮矜，荆轲和灌夫之饮怒，信陵君和东阿王曹植之饮悲，都是性情所在，兴寄所托，都可以称作饮者之典范。他们都干出了一番事业，同时也都是有性情、有个性、有特点的人。他们的性情、个性和特点，以及对传统文化的传承，让后人记住了他们。他们在酒文化方面的表现，也让后人刮目相看。从他们身上，我们不仅可以看到中国酒文化的丰富多彩，而且可以看到传统文化的发展演变。

在回首那些饮者身影的同时，我们应该向那些记载和传播中国酒文化的先贤致敬。是他们留下的那些宝贵文化遗产，清晰地留下了酒文化与中华文脉的缕缕痕迹，彰显着中华文脉的延续过程。从《尚书·酒诰》到"三礼"中的饮酒礼仪，人们不仅看到了酒文化与中国传统礼仪文化的内在联系，而且看到了"酒以成礼"在酒文化中的核心价值和意义；从三代之前的陶器酒具、三代的青铜酒具，到后来的漆器酒具、瓷器酒具等，无不承载着人们的文化观念和思想意识，承载着那渊源有自的礼仪规范和风俗习惯。而递代传承的各种酒会、酒令、酒俗等，则留下了中国传统文化发展演进的轨迹，为人们认识和了解中国传统文化提供了一个独特的视角。

在检视中国酒文化与中华文脉的内在联系时，我们应该特别向那些有关酒文化的古代文献致敬。从《尚书·酒诰》、江统《酒诰》到刘伶《酒德颂》、王绩《酒经》，从窦苹《酒谱》、朱翼中《酒经》到侯白《酒律》、袁宏道《觞政》，从王绩《醉乡记》、白居易《醉吟先生传》、皇甫崧《醉乡日月》到欧阳修《醉翁亭记》、戴名世《醉乡记》，不仅展示了古代文献中的酒文化，展示了中国酒文化的发展演变轨迹，而且让人们感受到了酒文化对人们的日常生活的影响，看到了酒文化在人们性格形成中的独特作用；而那些历史风云人物对酒文化的巧妙借用，则从不同角度和层面揭示出酒文化对中国历史深刻而广泛的影响。

当然，最能揭橥酒文化与中华文脉之关系的，当数中国传统的文学艺术。从文人笔下的诗词歌赋到艺术家笔下的书法绘画，从歌者舞者的音乐舞蹈到精彩纷呈的各种酒令，皆是从文学艺术的层面展示了中国酒文化的风采，揭示了酒文化与中国传统文化的深层联系。无论是《三国演义》中的"宴桃园英雄三结义""青梅煮酒论英雄"、《水浒传》中的"吴用智取生辰纲""武松醉打蒋门神"，还是《金瓶梅》中的"西门庆热结十兄弟""定挨光王婆受贿"、《红楼梦》中的"荣国府元宵开夜宴""寿怡红群芳开夜宴"，都让人们看到了文人笔下酒文化的身影，看到了酒文化在世俗生活中的光影；而透过各色酒会、民间节庆和五花八门的酒令，人们会发现传统礼仪规范已经融为人们流动的血液，成为人们心灵深处的记忆，折射出人们日常生活中的智慧与幽默，透露出人们多样的性格特征与精神风貌，也反映出中华文明发展演进的丝丝印痕与轨迹。

在本书即将画上句号的时候，我们要举樽鞠躬，致敬先贤，致敬先贤留下的宝贵文化遗产！